建模篇

习题名称	课后习题——制作衣柜
视频位置	多媒体教学>第2章>课后习题——制作衣柜.flv
学习目标	练习长方体和圆柱体的创建方法
难易指数	★★☆☆☆ 所在页码 36

习题名称	课后习题——制作时尚台灯
视频位置	多媒体教学>第2章>课后习题——制作时尚台灯.flv
学习目标	练习样条线的绘制方法
难易指数	★★☆☆☆ 所在页码 36

案例名称	课堂案例——制作石膏组合
视频位置	多媒体教学>第2章>课堂案例——制作石膏组合.flv
学习目标	学习各种标准基本体的创建方法
难易指数	★☆☆☆☆ 所在页码 19

案例名称	课堂案例——制作旋转花瓶
视频位置	多媒体教学>第2章>课堂案例——制作旋转花瓶.flv
学习目标	学习"放样"工具 的使用方法
难易指数	★★★☆☆ 所在页码 29

习题名称	课堂练习——制作积木组合
视频位置	多媒体教学>第2章>课堂练习——制作积木组合.flv
学习目标	练习各种标准基本体的创建方法
难易指数	★★☆☆☆ 所在页码 35

案例名称	课堂案例——制作罗马柱
视频位置	多媒体教学>第2章>课堂案例——制作罗马柱.flv
学习目标	学习样条线的用法
难易指数	★★☆☆☆ 所在页码 33

灯光与摄影机篇

习题名称	课后习题——制作卧室柔和灯光
视频位置	多媒体教学>第4章>课后习题——制作卧室柔和灯光.flv
学习目标	练习目标灯光、目标聚光灯和VRay光源的用法
难易指数	★★★☆☆ 所在页码 102

习题名称	课后习题——制作休闲室夜景
视频位置	多媒体教学>第4章>课后习题——制作休闲室夜景.flv
学习目标	练习目标灯光和VRay光源的用法
难易指数	★★☆☆☆ 所在页码 102

灯光与摄影机篇

案例名称	课堂案例——制作灯泡照明			习题名称	课堂练习——制作落地灯	
视频位置	多媒体教学>第4章>课堂案例——制作灯泡照明.flv			视频位置	多媒体教学>第4章>课堂练习——制作落地灯.flv	
学习目标	学习如何使用VRay球体光源模拟灯泡照明			学习目标	练习如何用VRay光源模拟落地灯照明及电脑屏幕照明	
难易指数	★★★☆☆	所在页码	93	难易指数	★★☆☆☆	所在页码 101

案例名称	课堂案例——制作射灯			案例名称	课堂案例——制作卧室日光效果	
视频位置	多媒体教学>第4章>课堂案例——制作射灯.flv			视频位置	多媒体教学>第4章>课堂案例——制作卧室日光效果.flv	
学习目标	学习如何使用目标灯光模拟射灯照明			学习目标	学习如何使用目标平行光模拟日光效果	
难易指数	★★★☆☆	所在页码	75	难易指数	★★☆☆☆	所在页码 84

案例名称	课堂案例——制作玻璃珠景深特效	视频位置	多媒体教学>第5章>课堂案例——制作玻璃珠景深特效.flv	学习目标	学习如何使用目标摄影机制作景深特效	难易指数	★★★☆☆	所在页码	107

灯光与摄影机篇

习题名称	课后习题——制作运动模糊特效	习题名称	课堂练习——制作玫瑰花景深特效
视频位置	多媒体教学>第5章>课后习题——制作运动模糊特效.flv	视频位置	多媒体教学>第5章>课堂练习——制作玫瑰花景深特效.flv
学习目标	练习使用目标摄影机制作运动模糊特效的方法	学习目标	练习使用目标摄影机制作景深特效的方法
难易指数	★★☆☆☆　　所在页码　114	难易指数	★★☆☆☆　　所在页码　114

材质与贴图篇

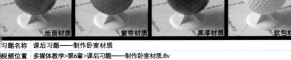

地面材质　　窗帘材质　　黑漆材质　　软包材质　　不锈钢　　黑色皮革　　地砖材质　　柜子材质

习题名称	课后习题——制作卧室材质	习题名称	课后习题——制作办公室材质
视频位置	多媒体教学>第6章>课后习题——制作卧室材质.flv	视频位置	多媒体教学>第6章>课后习题——制作办公室材质.flv
学习目标	练习各种常用材质的制作方法	学习目标	练习各种常用材质的制作方法
难易指数	★★★☆☆　　所在页码　147	难易指数	★★★☆☆　　所在页码　148

环境和效果篇

| 习题名称 | 课后习题——加载环境贴图 | 视频位置 | 多媒体教学>第7章>课后习题——加载环境贴图.flv | 学习目标 | 练习环境贴图的加载方法 | 难易指数 | ★★☆☆☆ | 所在页码 | 162 |

| 习题名称 | 课后习题——制作雪山雾 | 视频位置 | 多媒体教学>第7章>课后习题——制作雪山雾.flv | 学习目标 | 练习"雾"效果的用法 | 难易指数 | ★★☆☆☆ | 所在页码 | 162 |

| 案例名称 | 课堂案例——为效果图添加环境贴图 | 视频位置 | 多媒体教学>第7章>课堂案例——为效果图添加环境贴图.flv | 学习目标 | 学习如何为场景添加环境贴图 | 难易指数 | ★★☆☆☆ | 所在页码 | 150 |

习题名称	课堂练习——家装卧室日光表现		
视频位置	多媒体教学>第8章>课堂练习——家装卧室日光表现.flv		
学习目标	练习家装场景材质、灯光和渲染参数的设置方法		
难易指数	★★☆☆☆	所在页码	203

床单材质　　床头材质　　灯罩材质

地毯材质　　地砖材质　　木纹材质

玻璃材质　　不锈钢

黑漆材质　　地板材质

皮椅子　　墙面材质

| 案例名称 | 课堂案例——家装书房阴天效果表现 | 视频位置 | 多媒体教学>第8章>课堂案例——家装书房阴天效果表现.flv | 学习目标 | 阴天效果表现 | 难易指数 | ★★☆☆☆ | 所在页码 | 185 |

渲染技术篇

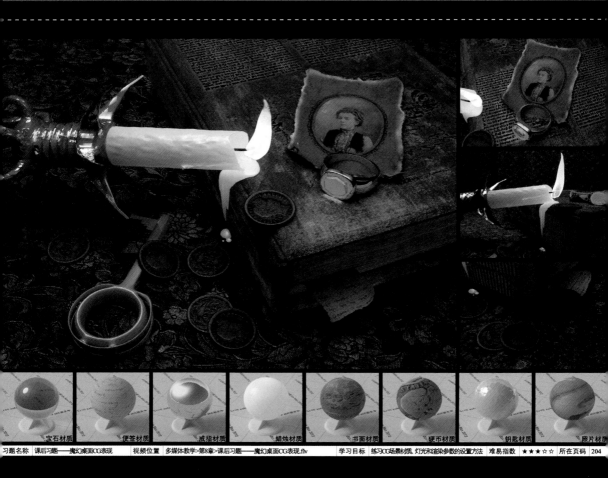

宝石材质　便签材质　戒指材质　蜡烛材质　书面材质　硬币材质　钥匙材质　照片材质

| 习题名称 | 课后习题——魔幻桌面CG表现 | 视频位置 | 多媒体教学>第8章>课后习题——魔幻桌面CG表现.flv | 学习目标 | 练习CG场景材质、灯光和渲染参数的设置方法 | 难易指数 | ★★★☆☆ | 所在页码 | 204 |

粒子系统与空间扭曲篇

| 习题名称 | 课后习题——制作烟花爆炸动画 | 视频位置 | 多媒体教学>第9章>课后习题——制作烟花爆炸动画.flv | 学习目标 | 练习PFSource（粒子流源）的用法 | 难易指数 | ★★☆☆☆ | 所在页码 | 214 |

动力学篇

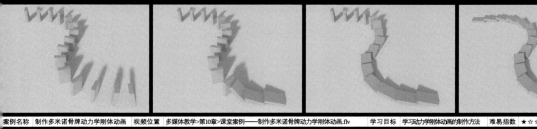

| 案例名称 | 制作多米诺骨牌动力学刚体动画 | 视频位置 | 多媒体教学>第10章>课堂案例——制作多米诺骨牌动力学刚体动画.flv | 学习目标 | 学习动力学刚体动画的制作方法 | 难易指数 | ★☆☆☆☆ | 所在页码 | 217 |

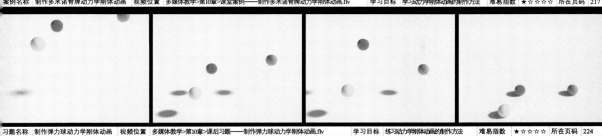

| 习题名称 | 制作弹力球动力学刚体动画 | 视频位置 | 多媒体教学>第10章>课后习题——制作弹力球动力学刚体动画.flv | 学习目标 | 练习动力学刚体动画的制作方法 | 难易指数 | ★☆☆☆☆ | 所在页码 | 224 |

毛发系统篇

案例名称	课堂案例—制作化妆刷
视频位置	多媒体教学>第11章>课堂案例——制作化妆刷.flv
学习目标	学习如何使用Hair和Fur（WSN）修改器制作毛发
难易指数	★☆☆☆☆	所在页码	226

习题名称	课堂练习——制作毛巾
视频位置	多媒体教学>第11章>课堂练习——制作毛巾.flv
学习目标	练习VRay毛发的制作方法
难易指数	★★☆☆☆	所在页码	234

习题名称	课后习题——制作刷子
视频位置	多媒体教学>第11章>课后习题——制作刷子.flv
学习目标	练习Hair和Fur（WSM）（头发和毛发（WSM））修改器的用法
难易指数	★★☆☆☆	所在页码	234

动画技术篇

| 案例名称 | 课堂案例——制作钟表动画 | 视频位置 | 多媒体教学>第12章>课堂案例——制作钟表动画.flv | 学习目标 | 学习自动关键点动画的制作方法 | 难易指数 | ★★☆☆☆ | 所在页码 | 236 |

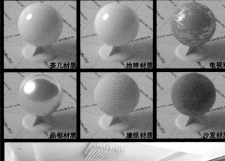

茶几材质　地砖材质　电视墙

画框材质　墙纸材质　沙发材质

习题名称	课后习题——家装客厅日光表现	
视频位置	多媒体教学>第13章>课后习题——家装客厅日光表现.flv	
学习目标	练习家装客厅场景材质、灯光和渲染参数的设置方法	
难易指数	★★☆☆☆	所在页码 280

地面材质　井材质

木头材质　墙面1材质

墙面2材质　石头材质

中文版

3ds Max 2012
基础培训教程

（第2版）

时代印象 编著

人民邮电出版社

北　京

图书在版编目（ＣＩＰ）数据

中文版3ds Max 2012基础培训教程 / 时代印象编著
. -- 2版. -- 北京：人民邮电出版社，2017.6
ISBN 978-7-115-45435-5

Ⅰ. ①中… Ⅱ. ①时… Ⅲ. ①三维动画软件－教材
Ⅳ. ①TP391.414

中国版本图书馆CIP数据核字(2017)第076158号

内 容 提 要

这是一本全面介绍中文版 3ds Max 2012 基本功能及实际应用的书，内容包含 3ds Max 的建模、灯光、摄影机、材质、环境和效果、渲染、粒子系统、动力学、毛发系统和动画技术等。本书主要针对零基础读者编写，是入门级读者快速、全面掌握 3ds Max 2012 的必备参考书。

本书内容以各种重要软件技术为主线，通过课堂案例的实际操作，读者可以快速上手，熟悉软件功能和制作思路。课堂练习和课后习题可以拓展读者的实际操作能力，提高读者的软件使用技巧。商业案例制作实训是实际工作中经常会遇到的案例项目，它们既达到了强化训练的目的，又可以让读者了解在实际工作中会做些什么，该做些什么。

本书附带下载资源，内容包括本书所有案例的源文件、效果图、场景文件、贴图文件与多媒体教学录像。读者可通过在线方式获取这些资源，具体方法请参看本书前言。

本书非常适合作为院校和培训机构艺术专业课程的教材，也可以作为 3ds Max 2012 自学人员的参考用书。另外，请读者注意，本书所有内容均采用中文版 3ds Max 2012、VRay 2.0 SP1 进行编写。

◆ 编　著　时代印象
　　责任编辑　张丹丹
　　责任印制　陈　犇

◆ 人民邮电出版社出版发行　　北京市丰台区成寿寺路 11 号
　　邮编　100164　　电子邮件　315@ptpress.com.cn
　　网址　http://www.ptpress.com.cn
　　北京九州迅驰传媒文化有限公司印刷

◆ 开本：787×1092　1/16　　　　彩插：4
　　印张：18.25　　　　　　　2017 年 6 月第 2 版
　　字数：530 千字　　　　　2024 年 8 月北京第 24 次印刷

定价：49.90 元

读者服务热线：(010)81055410　 印装质量热线：(010)81055316
反盗版热线：(010)81055315
广告经营许可证：京东市监广登字 20170147 号

前 言

  Autodesk公司的3ds Max是一款优秀的三维动画软件，3ds Max强大的功能使其从诞生以来就一直受到CG艺术家的喜爱。3ds Max在模型塑造、场景渲染、动画及特效等方面都能制作出高品质的对象，这也使其在室内设计、建筑表现、影视与游戏制作等领域中占据重要地位，成为全球最受欢迎的三维制作软件之一。目前，我国很多院校和培训机构的艺术专业，都将3ds Max作为一门重要的专业基础课程。为了帮助院校和培训机构的教师能够比较全面、系统地讲授这门课，使读者能够熟练地使用3ds Max进行效果图制作和动画制作，成都时代印象文化传播有限公司组织专业从事3ds Max教学的高级教师以及效果图设计师共同编写了本书。

  我们对本书的编写体系做了精心的设计，按照"课堂案例—软件功能解析—课堂练习—课后习题"这一思路进行编排，通过课堂案例演练使读者快速熟悉软件功能和设计思路，通过软件功能解析使读者深入学习软件功能和制作特色，并通过课堂练习和课后习题拓展读者的实际操作能力。在内容编写方面，我们力求通俗易懂、细致全面；在文字叙述方面，我们注意言简意赅、突出重点；在案例选取方面，我们强调案例的针对性和实用性。

  为了让读者学到更多的知识和技术，我们在编排本书的时候专门设计了"技巧与提示"，千万不要跳读这些知识点，它们会给您带来意外的惊喜。

  随书资源中包含书中所有课堂案例、课堂练习和课后习题的源文件、效果图和场景文件。同时，为了方便读者学习，本书还配备所有案例的大型多媒体有声视频教学录像，这些录像均由专业人员录制，详细记录了每一个操作步骤，尽量让读者一看就懂。另外，为了方便教师教学，本书还配备了PPT课件等丰富的教学资源，任课教师可直接拿来使用。

  本书的参考学时为70学时，其中讲授环节为44学时，实训环节为26学时，各章的参考学时如下表所示。

章	课程内容	学时分配	
		讲授	实训
第1章	认识3ds Max 2012	2	
第2章	基础建模	4	2
第3章	高级建模	6	4
第4章	灯光技术	3	2
第5章	摄影机技术	2	1
第6章	材质与贴图技术	5	3
第7章	环境和效果	3	1
第8章	渲染技术	5	3
第9章	粒子系统与空间扭曲	2	1
第10章	动力学	2	1
第11章	毛发系统	2	1
第12章	动画技术	2	1
第13章	商业案例制作实训	6	6
学时总计		44	26

  由于编写水平有限，书中难免出现疏漏和不足之处，还请广大读者包涵并指正。

  本书所有的学习资源文件均可在线下载（或在线观看视频教程），扫描封底的"资源下载"二维码，关注我们的微信公众号即可获得资源文件下载方式。资源下载过程中如有疑问，可通过我们的在线客服或客服电话与我们联系。在学习的过程中，如果遇到问题，也欢迎读者与我们交流，我们将竭诚为读者服务。

资源下载

  读者可以通过以下方式来联系我们。

  客服邮箱：press@iread360.com

  客服电话：028-69182687、028-69182657

时代印象

2017年3月

目录

目录

第1章

认识3ds Max 2012

本章将带领读者进入3ds Max 2012的神秘世界。首先介绍3ds Max 2012的应用领域，然后系统介绍3ds Max 2012的界面组成及各种重要基本工具和命令的用法。通过对本章的学习，读者可以对3ds Max 2012产生一个基本的认知。

课堂学习目标

了解3ds Max 2012的应用领域

熟悉3ds Max 2012的操作界面

掌握3ds Max 2012的常用工具

掌握3ds Max 2012的基本操作

1.1 3ds Max 2012的应用领域

Autodesk公司出品的3ds Max是一款优秀的三维软件，3ds Max强大的功能使其从诞生以来就一直受到CG艺术家的喜爱。随着3ds Max软件的升级，其功能也变得更加强大。

3ds Max在模型塑造、场景渲染、动画及特效等方面都能制作出高品质的作品，这也使其在插画、影视动画、游戏、产品造型和效果图等领域中占据领导地位，成为全球最受欢迎的三维制作软件之一。

技巧与提示

从3ds Max 2009开始，Autodesk公司推出了两个版本的3ds Max，一个是面向影视动画专业人士的3ds Max，另一个是专门为建筑师、设计师以及可视化设计量身定制的3ds Max Design，对于大多数用户而言，这两个版本是没有任何区别的。本书均采用中文版3ds Max 2012版本来编写，请读者注意。

1.2 3ds Max 2012的工作界面

安装好3ds Max 2012后，可以通过以下两种方法来启动软件。

第1种：双击桌面上的快捷图标。

第2种：在"开始"菜单中执行"程序>Autodesk>Autodesk 3ds Max 2012 32-bit-Simplified Chinese>Autodesk 3ds Max 2012 32-bit-Simplified Chinese"命令，如图1-1所示。

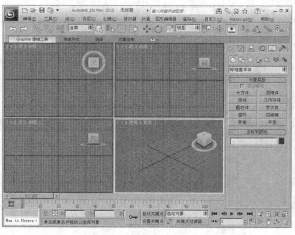

图1-1

启动3ds Max 2012后，其工作界面如图1-2所示。3ds Max 2012是四视图显示，如果要切换到单一的视图显示，可以单击界面右下角的"最大化视口切换"按钮或按Alt+W组合键，如图1-3所示。

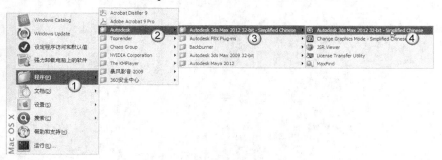

图1-2   图1-3

技巧与提示

初次启动3ds Max 2012时，系统会自动弹出"欢迎使用3ds Max"对话框，其中包括6个入门视频教程，若想在启动3ds Max 2012时不弹出"欢迎使用3ds Max"对话框，只需要在该对话框左下角关闭"在启动时显示此欢迎屏幕"选项即可；若要恢复"欢迎使用3ds Max"对话框，可以执行"帮助>基本技能影片"菜单命令来打开该对话框，如图1-4所示。

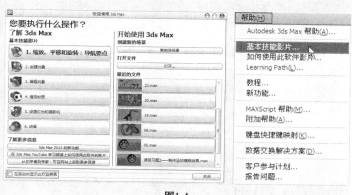

图1-4

3ds Max 2012的工作界面分为"标题栏""菜单栏""主工具栏"、视口区域、"命令"面板、"时间尺""状态栏"、时间控制按钮和视口导航控制按钮9大部分，如图1-5所示。

默认状态下的"主工具栏"和"命令"面板分别停靠在界面的上方和右侧，可以通过拖曳的方式将其移动到视图的其他位置，这时的"主工具栏"和"命令"面板将以浮动的面板形态呈现在视图中，如图1-6所示。

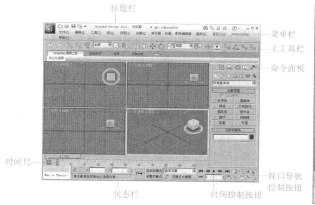

图1-5

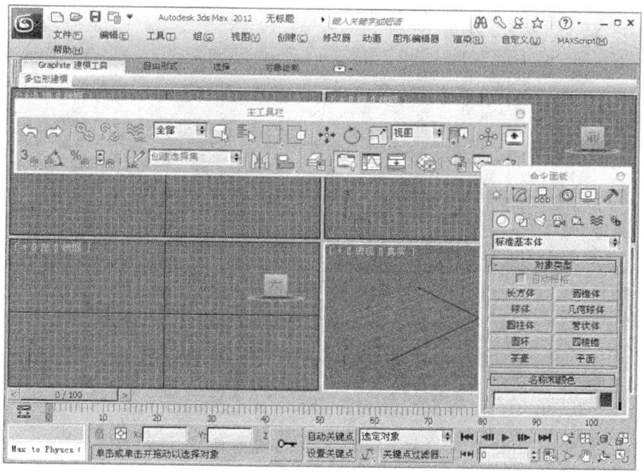

图1-6

技巧与提示

若想将浮动的面板切换回停靠状态，可以将浮动的面板拖曳到任意一个面板或工具栏的边缘，或直接双击面板的标题也可返回到停靠状态。

本节内容介绍

名称	作用	重要程度
标题栏	显示当前编辑的文件名称及软件版本信息	中
菜单栏	包含所有用于编辑对象的菜单命令	高
主工具栏	包含最常用的工具	高
视口区域	用于实际工作的区域	高
命令面板	包含用于创建/编辑对象的常用工具和命令	高
时间尺	预览动画及设置关键点	高
状态栏	显示选定对象的数目、类型、变换值和栅格数目等信息	中
时间控制按钮	控制动画的播放效果	高
视图导航控制按钮	控制视图的显示和导航	高

1.2.1 标题栏

3ds Max 2012的"标题栏"位于界面的最顶部。"标题栏"上包含当前编辑的文件名称、软件版本信息，同时还有软件图标（也称为应用程序图标）、快速访问工具栏和信息中心3个非常人性化的工具栏，如图1-7所示。

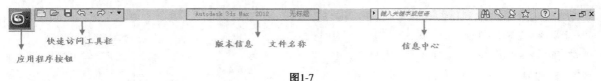

图1-7

1.2.2 菜单栏

"菜单栏"位于工作界面的顶端，包含"编辑""工具""组""视图""创建""修改器""动画""图形编辑器""渲染""自定义"、MAXScript（MAX脚本）和"帮助"12个主菜单，如图1-8所示。

| 编辑(E) | 工具(T) | 组(G) | 视图(V) | 创建(C) | 修改器 | 动画 | 图形编辑器 | 渲染(R) | 自定义(U) | MAXScript(M) | 帮助(H) |

图1-8

重要参数解析

※ 编辑："编辑"菜单主要包括"撤销""重做""暂存""取回""删除"等常用命令，这些命令都配有快捷键。

※ 工具："工具"菜单主要包括对物体进行操作的常用命令，这些命令在"主工具栏"中也可以找到并可以直接使用。

※ 组："组"菜单中的命令可以将场景中的两个或两个以上的物体编成一组，同样也可以将成组的物体拆分为单个物体。

※ 视图："视图"菜单中的命令主要用来控制视图的显示方式以及视图的相关参数设置（例如视图的配置与导航器的显示等）。

※ 创建："创建"菜单中的命令主要用来创建几何物体、二维物体、灯光和粒子等，在"创建"面板中也可以执行相同的操作。

※ 修改器："修改器"菜单中的命令包含了"修改"面板中的所有修改器。

※ 动画："动画"菜单主要用来制作动画，包括正向动力学、反向动力学以及创建和修改骨骼的命令。

※ 图形编辑器："图形编辑器"菜单是场景元素之间用图形化视图方式来表达关系的菜单，包括"轨迹视图-曲线编辑器""轨迹视图-摄影表""新建图解视图"和"粒子视图"等方式。

※ 渲染："渲染"菜单主要是用于设置渲染参数，包括"渲染""环境"和"效果"等命令。

※ 自定义："自定义"菜单主要用来更改用户界面或系统设置。通过这个菜单可以定制自己的界面，同时还可以对3ds Max系统进行设置，例如设置单位和自动备份文件等。

※ MAXScript：3ds Max支持脚本程序设计语言，可以用书写脚本语言的短程序来自动执行某些命令。在MAXScript（MAX脚本）菜单中包括新建、测试和运行脚本的一些命令。

※ 帮助："帮助"菜单中主要是3ds Max的一些帮助信息，可以供用户参考学习。

1.设置文件自动备份

3ds Max 2012在运行过程中对计算机的配置要求比较高，占用系统资源也比较大。在运行3ds Max 2012时，由于某些较低的计算机配置和系统性能的不稳定性等原因会导致文件关闭或发生死机现象。当进行较为复杂的计算（如光影追踪渲染）时，一旦出现无法恢复的故障，就会丢失所做的各项操作，造成无法弥补的损失。

解决这类问题除了提高计算机硬件的配置外，还可以通过增强系统稳定性来减少死机现象。在一般情况下，可以通过以下3种方法来提高系统的稳定性。

第1种：要养成经常保存场景的习惯。

第2种：在运行3ds Max 2012时，尽量不要或少启动其他程序，而且硬盘也要留有足够的缓存空间。

第3种：如果当前文件发生了不可恢复的错误，可以通过备份文件来打开前面自动保存的场景。

下面介绍一下设置自动备份文件的方法。

执行"自定义>首选项"菜单命令，然后在弹出的"首选项设置"对话框中单击"文件"选项卡，接着在"自动备份"选项组下勾选"启用"选项，最后单击"确定"按钮 确定，如图1-9所示。如有特殊需要，可以适当加大或降低"Autobak文件数"和"备份间隔（分钟）"的数值。

图1-9

2.设置单位

在通常情况下，制作场景之前都要对3ds Max的单位进行设置，这样才能制作出精确的对象。执行"自定义>单位设置"菜单命令，打开"单位设置"对话框，然后在"显示单位比例"选项组下选择一个"公制"单位（一般选择"毫米"），如图1-10（左）所示，接着单击"系统单位设置" 系统单位设置 按钮，打开"系统单位设置"对话框，最后选择一个"系统单位比例"（一般选择"毫米"），如图1-10（右）所示。

图1-10

3.菜单命令的基础知识

在执行菜单栏中的命令时可以发现，某些命令后面有与之对应的快捷键，例如"移动"命令的快捷键为W键，也就是说按W键就可以切换到"选择并移动"工具 ，如图1-11所示。牢记这些快捷键能够节省很多操作时间。

若下拉菜单命令的后面带有省略号，则表示执行该命令后会弹出一个独立的对话框，如图1-12所示。

若下拉菜单命令的后面带有小箭头图标，则表示该命令还含有子命令，如图1-13所示。

图1-11　　　　图1-12　　　　图1-13

　　部分菜单命令的字母下有下画线，需要执行该命令时可以先按住Alt键，然后在键盘上按该命令所在主菜单的下画线字母，接着在键盘上按下命令的下画线字母即可执行相应的命令。以"撤销"命令为例，先按住Alt键，然后按E键，接着按U键即可撤销当前操作，返回到上一步（按Ctrl+Z组合键也可以达到相同的效果），如图1-14所示。

　　仔细观察菜单命令，会发现某些命令显示为灰色，这表示这些命令不可用，这是因为在当前操作中该命令没有合适的操作对象。比如在没有选择任何对象的情况下，"组"菜单下只有一个"集合"命令处于可用状态，如图1-15所示；而在选择了对象以后，"成组"命令和"集合"命令都可用，如图1-16所示。

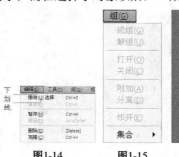

图1-14　　　　　图1-15 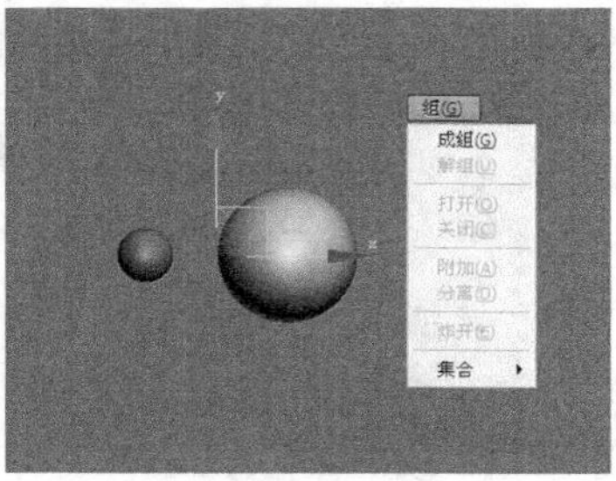　　　　　　　　图1-16

1.2.3 主工具栏

　　"主工具栏"中集合了最常用的一些编辑工具。图1-17所示为默认状态下的"主工具栏"。某些工具的右下角有一个三角形图标，单击该图标就会弹出下拉工具列表。以"捕捉开关"为例，单击"捕捉开关"按钮 就会弹出捕捉工具列表，如图1-18所示。

图1-17

图1-18

> **技巧与提示**
>
> 若显示器的分辨率较低，"主工具栏"中的工具可能无法完全显示出来，这时可以将光标放置在"主工具栏"上的空白处，当光标变成手形 时，按住鼠标左键左右移动"主工具栏"即可查看没有显示出来的工具。

　　在默认情况下，很多工具栏都处于隐藏状态，如果要调出这些工具栏，可以在"主工具栏"的空白处单击鼠标右键，然后在弹出的菜单中选择相应的工具栏即可，如图1-19所示。如果要调出所有隐藏的工具栏，可以执行"自定义>显示UI>显示浮动工具栏"菜单命令，如图1-20所示；再次执行"显示浮动工具栏"命令可以将浮动的工具栏隐藏起来。

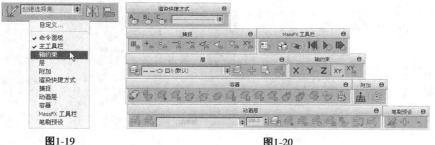

图1-19　　　　　　　　　　图1-20

技巧与提示

按Alt+6组合键可以隐藏"主工具栏",再次按Alt+6组合键可以显示出"主工具栏"。

重要参数解析

※ "撤销"工具 ：撤销上一步执行的操作。在该按钮上单击鼠标右键,会弹出一个撤销列表,选择相应的操作以后,单击"撤销"按钮 撤消 即可撤销执行的操作,如图1-21所示。

图1-21

※ "重做"工具 ：取消上一次的"撤销"操作。

※ "选择并链接"工具 ：该按钮主要用于建立对象之间的父子链接关系与定义层级关系,但是只能父级物体带动子级物体;而子级物体的变化不会影响到父级物体。比如,使用"选择并链接"工具 将一个球体拖曳到一个导向板上,可以让球体与导向板建立链接关系,使球体成为导向板的子对象,那么移动导向板,则球体也会跟着移动,但移动球体时,则导向板不会跟着移动,如图1-22所示。

※ "断开当前选择链接"工具 ：该工具与"选择并链接"工具 的作用恰好相反,用来断开链接关系。

※ "绑定到空间扭曲"工具 ：使用该工具可以将对象绑定到空间扭曲对象上。比如,在图1-23中有一个风力和一个雪粒子,此时没有对这两个对象建立绑定关系,拖曳时间线滑块,发现雪粒子向左飘动,这说明雪粒子没有受到风力的影响。使用"绑定到空间扭曲"工具 将雪粒子拖曳到风力上,但光标变成 形状时松开鼠标即可建立绑定关系,如图1-24所示。绑定以后,拖曳时间线滑块,可以发现雪粒子受到风力的影响而向右飘落,如图1-25所示。

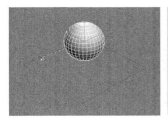
图1-22

图1-23

图1-24　　　　图1-25

※ "过滤器"工具 全部 ：主要用来过滤不需要选择的对象类型,这对于批量选择同一种类型的对象非常有用,如图1-26所示。比如在下拉列表中选择"L-灯光"选项,那么在场景中选择对象时,只能选择灯光,而几何体、图形、摄影机等对象不会被选中,如图1-27所示。

※ "选择对象"工具 ：这是最重要的工具之一,主要用来选择对象,对于想选择对象而又不想移动它的时候,这个工具是最佳选择。使用该工具单击对象即可选择相应的对象,如图1-28所示。

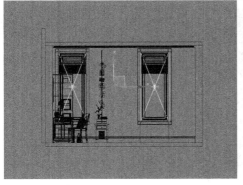

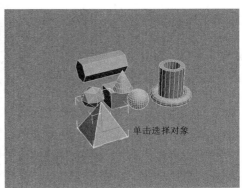

图1-26　　　　　　　图1-27　　　　　　　　　图1-28

技巧与提示

上面介绍使用"选择对象"工具圆单击对象即可将其选择，这只是选择对象的一种方法。下面介绍一下框选、加选、减选、反选、孤立选择对象的方法。

框选对象：这是选择多个对象的常用方法之一，适合选择一个区域的对象，比如使用"选择对象"工具圆在视图中拉出一个选框，那么处于该选框内的所有对象都将被选中（这里以在"过滤器"列表中选择"全部"类型为例）。另外，在使用"选择对象"工具圆框选对象时，按Q键可以切换选框的类型，比如当前使用的是"矩形选择区域"模式□，按一次Q键可切换为"圆形选择区域"模式○（如图1-30所示）继续按Q键又会切换到"围栏选择区域"模式□、"套索选择区域"模式○、"绘制选择区域"模式○，并一直按此顺序循环下去。

加选对象：如果当前选择了一个对象，还想加选其他对象，可以按住Ctrl键的同时单击其他对象。

减选对象：如果当前选择了多个对象，想减去某个不想选择的对象，可以按住Alt键单击想要减去的对象。

反选对象：如果当前选择了某些对象，想要反选其他的对象，可以按Ctrl+I组合键来完成。

孤立选择对象：这是一种特殊选择对象的方法，可以将选择的对象单独地显示出来，以方便对其进行编辑。切换孤立选择对象的方法主要有两种，一种是执行"工具>孤立当前选择"菜单命令或直接按Alt+Q组合键；另一种是在视图中单击鼠标右键，然后在弹出的菜单中选择"孤立当前选择"命令。

※ "按名称选择"工具圖：单击该工具会弹出"从场景选择"对话框，在该对话框中选择对象的名称后，单击"确定"按钮 确定 即可将其选择。例如，在"从场景选择"该对话框中选择了Sphere01，单击"确定"按钮 确定 后即可选择这个球体对象，如图1-29所示。

※ 选择区域：选择区域工具包含5种模式，如图1-30所示，主要用来配合"选择对象"工具圆一起使用。在前面已经介绍了其用法。

图1-29

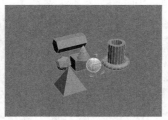
图1-30

※ "窗口/交叉"工具圆：当"窗口/交叉"工具处于突出状态（即未激活状态）时，其显示效果为圆，这时如果在视图中选择对象，那么只要选择的区域包含对象的一部分即可选中该对象，如图1-31所示；当"窗口/交叉"工具圆处于凹陷状态（即激活状态）时，其显示效果为圆，这时如果在视图中选择对象，那么只有选择区域包含对象的全部才能将其选中，如图1-32所示。在实际工作中，一般都要让"窗口/交叉"工具圆处于未激活状态。

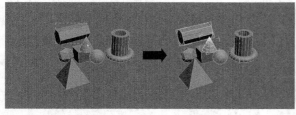
图1-31

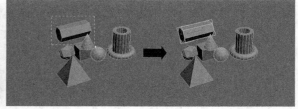
图1-32

※ "选择并移动"工具✛：这是最重要的工具之一（快捷键为W键），主要用来选择并移动对象，其选择对象的方法与"选择对象"工具圆相同。使用"选择并移动"工具✛可以将选中的对象移动到任何位置。当使用该工具选择对象时，在视图中会显示出坐标移动控制器，在默认的四视图中只有透视图显示的是x、y、z这3个轴向，而其他3个视图中只显示其中的某两个轴向，如图1-33所示。若想要在多个轴向上移动对象，可以将光标放在轴向的中间，然后拖曳光标即可，如图1-34所示；如果想在单个轴向上移动对象，可以将光标放在这个轴向上，然后拖曳光标即可，如图1-35所示。

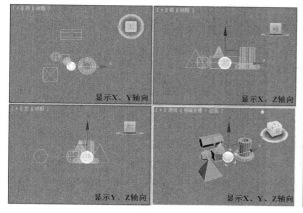

图1-34

图1-33

图1-35

※ "选择并旋转"工具：这是最重要的工具之一（快捷键为E键），主要用来选择并旋转对象，其使用方法与"选择并移动"工具相似。当该工具处于激活状态（选择状态）时，被选中的对象可以在x、y、z这3个轴上进行旋转。

※ 选择并缩放：这是最重要的工具之一（快捷键为R键），主要用来选择并缩放对象，"选择并缩放"工具包含3种，如图1-36所示。使用"选择并均匀缩放"工具可以沿所有3个轴以相同量缩放对象，同时保持对象的原始比例，如图1-37所示；使用"选择并非均匀缩放"工具可以根据活动轴约束以非均匀方式缩放对象，如图1-38所示；使用"选择并挤压"工具可以创建"挤压和拉伸"效果，如图1-39所示。

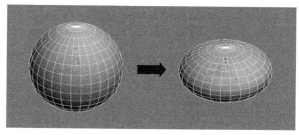

图1-37

图1-36

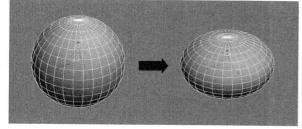

图1-38

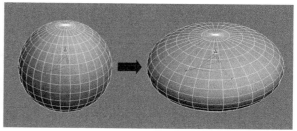

图1-39

技巧与提示

若想将对象精确移动、旋转或缩放，可以在"选择并移动"工具、"选择并旋转"工具或"选择并缩放"工具上单击鼠标右键，然后在弹出的对话框中输入精确数值即可，如图1-40所示。

图1-40

※ 参考坐标系："参考坐标系"可以用来指定变换操作（如移动、旋转、缩放等）所使用的坐标系统，包括视图、屏幕、世界、父对象、局部、万向、栅格、工作区和拾取9种坐标系，如图1-41所示。

※ 轴点中心："轴点中心"工具有3种，如图1-42所示。"使用轴点中心"工具可以围绕其各自的轴点旋转或缩放一个或多个对象；"使用选择中心"工具可以围绕其共同的几何中心旋转或缩放一个或多个对象（如果变换多个对象，该工具会计算所有对象的平均几何中心，并将该几何中心用作变换中心）；"使用变换坐标中心"工具可以围绕当前坐标系的中心旋转或缩放一个或多个对象（当使用"拾取"功能将其他对象指定为坐标系时，其坐标中心在该对象的轴的位置上）。

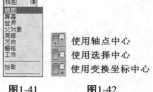

图1-41　　　　图1-42

※ 选择并操纵：使用该工具可以在视图中通过拖曳"操纵器"来编辑修改器、控制器和某些对象的参数。

技巧与提示

"选择并操纵"工具与"选择并移动"工具不同，它的状态不是唯一的。只要选择模式或变换模式之一为活动状态，并且启用了"选择并操纵"工具，那么就可以操纵对象。但是在选择一个操纵器辅助对象之前必须禁用"选择并操纵"工具。

※ "键盘快捷键覆盖切换"工具：当关闭该工具时，只识别"主用户界面"快捷键；当激活该工具时，可以同时识别主UI快捷键和功能区域快捷键。

※ 捕捉开关："捕捉开关"工具包含3种，如图1-43所示。"2D捕捉"工具主要用于捕捉活动的栅格；"2.5D捕捉"工具主要用于捕捉结构或捕捉根据网格得到的几何体；"3D捕捉"工具可以捕捉3D空间中的任何位置。

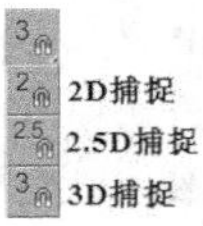

2D捕捉
2.5D捕捉
3D捕捉

图1-43

技巧与提示

在"捕捉开关"上单击鼠标右键，可以打开"栅格和捕捉设置"对话框，在该对话框中可以设置捕捉类型和捕捉的相关选项，如图1-44所示。

图1-44

※ "角度捕捉切换"工具：该工具可以用来指定捕捉的角度（快捷键为A键）。激活该工具后，角度捕捉将影响所有的旋转变换，在默认状态下以5°为增量进行旋转。

技巧与提示

※ 若要更改旋转增量，可以在"角度捕捉切换"工具上单击鼠标右键，然后在弹出的"栅格和捕捉设置"对话框中单击"选项"选项卡，接着在"角度"选项后面输入相应的旋转增量角度即可，如图1-45所示。

图1-45

※ "百分比捕捉切换"工具：该工具可以将对象缩放捕捉到自定的百分比（快捷键为Shift+Ctrl+P组合键），在缩放状态下，默认每次的缩放百分比为10%。

技巧与提示

若要更改缩放百分比，可以在"百分比捕捉切换"工具  上单击鼠标右键，然后在弹出的"栅格和捕捉设置"对话框中单击"选项"选项卡，接着在"百分比"选项后面输入相应的百分比数值即可，如图1-46所示。

图1-46

※ "微调器捕捉切换"工具 ：该工具可以用来设置微调器单次单击的增加值或减少值。

技巧与提示

若要设置微调器捕捉的参数，可以在"微调器捕捉切换"工具 上单击鼠标右键，然后在弹出的"首选项设置"对话框中单击"常规"选项卡，接着在"微调器"选项组下设置相关参数即可，如图1-47所示。

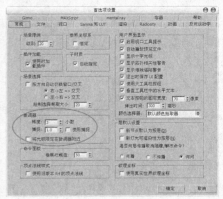

图1-47

※ "编辑命名选择集"工具 ：使用该工具可以为单个或多个对象创建选择集。选中一个或多个对象后，单击"编辑命名选择集"工具 可以打开"命名选择集"对话框，在该对话框中可以创建新集、删除集以及添加、删除选定对象等操作，如图1-48所示。

图1-48

※ "创建选择集"工具  ：如果选择了对象，在这里输入名称以后就可以创建一个新的选择集；如果已经创建了选择集，在列表中可以选择创建的集。

※ "镜像"工具 ：使用该工具可以围绕一个轴心镜像出一个或多个副本对象。选中要镜像的对象后，单击"镜像"工具 ，可以打开"镜像:世界坐标"对话框，在该对话框中可以对"镜像轴""克隆当前选择"和"镜像IK限制"进行设置，如图1-49所示。

图1-49

※ 对齐："对齐"工具包括6种，如图1-50所示。使用"对齐"工具 （快捷键为Alt+A组合键）可以将当前选定对象与目标对象进行对齐；使用"快速对齐"工具 （快捷键为Shift+A组合键）可以立即将当前选定对象的位置与目标对象的位置进行对齐；使用"法线对齐"工具 （快捷键为Alt+N组合键），可以基于每个对象的面或是以选择的法线方向来对齐两个对象；使用"放置高光"工具 （快捷键为Ctrl+H组合键）可以将灯光或对象对齐到另一个对象，以便可以精确定位其高光或反射；使用"对齐摄影机"工具 可以将摄影机与选定的面法线进行对齐；使用"对齐到视图"工具 可以将对象或子对象的局部轴与当前视图进行对齐。

图1-50

※ "层管理器"工具 ：使用该工具可以创建和删除层，也可以用来查看和编辑场景中所有层的设置以及与其相关联的对象。单击"层管理器"工具 可以打开"层"对话框，在该对话框中可以指定光能传递中的名称、可见性、渲染性、颜色以及对象和层的包含关系等，如图1-51所示。

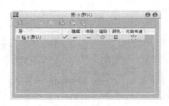

图1-51

※ "Graphite建模"工具：这是一种建模工具，与多边形建模相似，在后面的内容中将有专门的内容对其进行介绍。

※ "曲线编辑器（打开）"工具：单击该按钮可以打开"轨迹视图-曲线编辑器"对话框，如图1-52所示。"曲线编辑器"是一种"轨迹视图"模式，可以用曲线来表示运动，而"轨迹视图"模式可以使运动的插值以及软件在关键帧之间创建的对象变换更加直观化。

※ "图解视图（打开）"工具：："图解视图"是基于节点的场景图，通过它可以访问对象的属性、材质、控制器、修改器、层次和不可见场景关系，同时在"图解视图"对话框中可以查看、创建并编辑对象间的关系，也可以创建层次、指定控制器、材质、修改器和约束等，如图1-53所示。

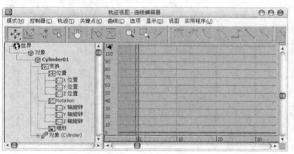

图1-52

图1-53

※ 材质编辑器：这是最重要的编辑器之一（快捷键为M键），在后面的章节中将有专门的内容对其进行介绍，主要用来编辑材质对象的材质。3ds Max 2012的"材质编辑器"分为"精简材质编辑器"和"Slate材质编辑器"两种。

※ "渲染设置"工具：单击该按钮或按F10键可以打开"渲染设置"对话框，几乎所有的渲染设置参数都在该对话框中完成，如图1-54所示。"渲染设置"对话框同样非常重要，在后面的章节中也有专门的内容对其进行介绍。

※ "渲染帧窗口"工具：单击该按钮可以打开"渲染帧窗口"对话框，在该对话框中可执行选择渲染区域、切换图像通道和储存渲染图像等任务，如图1-55所示。"渲染帧窗口"对话框在后面的章节中也有相应的内容进行介绍。

※ 渲染产品："渲染产品"工具包含"渲染产品"工具、"渲染迭代"工具和ActiveShade工具3种类型，如图1-56所示。这3种工具在后面的章节中也有相应的内容进行介绍。

图1-54

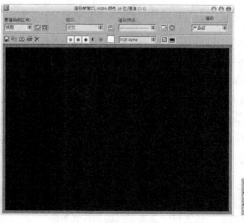

图1-55

渲染产品
渲染迭代
ActiveShade

图1-56

1.2.4 视口区域

视口区域是操作界面中最大的一个区域，也是3ds Max中用于实际工作的区域，默认状态下为四视图显示，包括顶视图、左视图、前视图和透视图4个视图，在这些视图中可以从不同的角度对场景中的对象进行观察和编辑。

每个视图的左上角都会显示视图的名称以及模型的显示方式，右上角有一个导航器（不同视图显示的状态也不同），如图1-57所示。

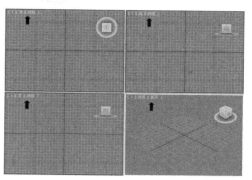

图1-57

技巧与提示

常用的几种视图都有其相对应的快捷键，顶视图的快捷键是T键、底视图的快捷键是B键、左视图的快捷键是L键、前视图的快捷键是F键、透视图的快捷键是P键、摄影机视图的快捷键是C键。

3ds Max 2012中视图的名称被分为3个小部分，用鼠标右键分别单击这3个部分会弹出不同的菜单，如图1-58所示。第1个菜单用于还原、激活、禁用视口以及设置导航器等；第2个菜单用于切换视口的类型；第3个菜单用于设置对象在视口中的显示方式。

图1-58

1.2.5 命令面板

"命令"面板非常重要，场景对象的操作都可以在"命令"面板中完成。"命令"面板由6个用户界面面板组成，默认状态下显示的是"创建"面板 ，其他面板分别是"修改"面板 、"层次"面板 、"运动"面板 、"显示"面板 和"实用程序"面板 ，如图1-59所示。

图1-59

1.创建面板

在"创建"面板中可以创建7种对象，分别是"几何体""图形""灯光""摄影机""辅助对象""空间扭曲"和"系统"，如图1-60所示。

图1-60

重要参数解析

※ "几何体"按钮○：主要用来创建长方体、球体和锥体等基本几何体，同时也可以创建出高级几何体，比如布尔、阁楼以及粒子系统中的几何体。

※ "图形"按钮○：主要用来创建样条线和NURBS曲线。

技巧与提示
虽然样条线和NURBS曲线能够在2D空间或3D空间中存在，但是它们只有一个局部维度，可以为形状指定一个厚度以便于渲染，但这两种线条主要用于构建其他对象或运动轨迹。

※ "灯光"按钮○：主要用来创建场景中的灯光。灯光的类型有很多种，每种灯光都可以用来模拟现实世界中的灯光效果。

※ "摄影机"按钮○：主要用来创建场景中的摄影机。

※ "辅助对象"按钮○：主要用来创建有助于场景制作的辅助对象。这些辅助对象可以定位、测量场景中的可渲染几何体，并且可以设置动画。

※ "空间扭曲"按钮≋：使用空间扭曲功能可以在围绕其他对象的空间中产生各种不同的扭曲效果。

※ "系统"按钮○：可以将对象、控制器和层次对象组合在一起，提供与某种行为相关联的几何体，并且包含模拟场景中的阳光系统和日光系统。

技巧与提示
关于各种对象的创建方法将在后面中的章节中进行详细讲解。

2.修改面板

"修改"面板主要用来调整场景对象的参数，同样可以使用该面板中的修改器来调整对象的几何形体，如图1-61所示是默认状态下的"修改"面板。

图1-61

技巧与提示
关于如何在"修改"面板中的参数将在后面的章节中进行详细讲解。

3.层次面板

在"层次"面板中可以访问调整对象间的层次链接信息，通过将一个对象与另一个对象相链接，可以创建对象之间的父子关系，如图1-62所示。

图1-62

重要参数解析

※ "轴"按钮 轴：该按钮下的参数主要用来调整对象和修改器中心位置，以及定义对象之间的父子关系和反向动力学IK的关节位置等，如图1-63所示。

※ IK按钮 IK：该按钮下的参数主要用来设置动画的相关属性，如图1-64所示。

※ "链接信息"按钮 链接信息：该按钮下的参数主要用来限制对象在特定轴中的移动关系，如图1-65所示。

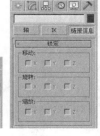

图1-63　　　　图1-64　　　　图1-65

4.运动面板

"运动"面板中的工具与参数主要用来调整选定对象的运动属性，如图1-66所示。

图1-66

技巧与提示

可以使用"运动"面板中的工具来调整关键点的时间及其缓入和缓出效果。"运动"面板还提供了"轨迹视图"的替代选项来指定动画控制器，如果指定的动画控制器具有参数，则在"运动"面板中可以显示其卷展栏；如果"路径约束"指定给对象的位置轨迹，则"路径参数"卷展栏将添加到"运动"面板中。

5.显示面板

"显示"面板中的参数主要用来设置场景中控制对象的显示方式，如图1-67所示。

6.实用程序面板

在"实用程序"面板中可以访问各种工具程序，包含用于管理和调用的卷展栏，如图1-68所示。

图1-67　　　　　图1-68

1.2.6 时间尺

"时间尺"包括时间线滑块和轨迹栏两大部分。时间线滑块位于视图的最下方，主要用于制定帧，默认的帧数为100帧，具体数值可以根据动画长度来进行修改。拖曳时间线滑块可以在帧之间迅速移动，单击时间线滑块左右的向左箭头图标 < 与向右箭头图标 > 可以向前或者向后移动一帧，如图1-69所示；轨迹栏位于时间线滑块的下方，主要用于显示帧数和选定对象的关键点，在这里可以移动、复制、删除关键点以及更改关键点的属性，如图1-70所示。

图1-69　　　　　　　　　　　　　　　　图1-70

技巧与提示

在"轨迹栏"的左侧有一个"打开迷你曲线编辑器"按钮，单击该按钮可以显示轨迹视图。

1.2.7 状态栏

状态栏位于轨迹栏的下方，它提供了选定对象的数目、类型、变换值和栅格数目等信息，并且状态栏可以基于当前光标位置和当前活动程序来提供动态反馈信息，如图1-71所示。

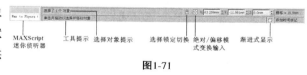

图1-71

1.2.8 时间控制按钮

时间控制按钮位于状态栏的右侧，这些按钮主要用来控制动画的播放效果，包括关键点控制和时间控制等，如图1-72所示。

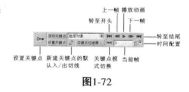

图1-72

技巧与提示

关于时间控制按钮的用法将在后面的动画章节中进行详细介绍。

1.2.9 视图导航控制按钮

视图导航控制按钮在状态栏的最右侧，主要用来控制视图的显示和导航。使用这些按钮可以缩放、平移和旋转活动的视图，如图1-73所示。

图1-73

重要参数解析

※ "缩放"工具 ：使用该工具可以在透视图或正交视图中通过拖曳光标来调整对象的显示比例。

※ "缩放所有视图"工具 ：使用该工具可以同时调整透视图和所有正交视图（正交视图包括顶视图、前视图和左视图）中的对象的显示比例。

※ "最大化显示"工具 ：将当前活动视图最大化显示出来。

※ "最大化显示选定对象"工具 ：将选定的对象在当前活动视图中最大化显示出来。

※ "所有视图最大化显示"工具 ：将场景中的对象在所有视图中居中显示出来。

※ "所有视图最大化显示选定对象"工具：将所有可见的选定对象或对象集在所有视图中以居中最大化的方式显示出来。

※ "缩放区域"工具 ：可以放大选定的矩形区域，该工具适用于正交视图、透视和三向投影视图，但是不能用于摄影机视图。

※ "平移视图"工具 ：使用该工具可以将选定视图平移到任何位置。按住鼠标中键也可以平移视图。

技巧与提示

按住Ctrl键可以随意移动平移视图；按住Shift键可以在垂直方向和水平方向平移视图。

※ "环绕"工具 ：使用该工具可以将视口边缘附近的对象旋转到视图范围以外。

※ "选定的环绕"工具 ：使用该工具可以让视图围绕选定的对象进行旋转，同时选定的对象会保留在视口中相同的位置。

※ "环绕子对象"工具 ：使用该工具可以让视图围绕选定的子对象或对象进行旋转的同时，使选定的子对象或对象保留在视口中相同的位置。

※ "最大化视口切换"工具 ：可以将活动视口在正常大小和全屏大小之间进行切换，其快捷键为Alt+W组合键。

※ 上面所讲的视图导航控制按钮属于透视图和正交视图中的控件。当创建摄影机以后，按C键切换到摄影机视图，此时的视图导航控制按钮会变成摄影机视图导航控制按钮，如图1-74所示。

图1-74

技巧与提示

在场景中创建摄影机后，按C键可以切换到摄影机视图，若想从摄影机视图切换回原来的视图，可以按相应视图名称的首字母。比如要将摄影机视图切换回透视图，可以直接按P键。

重要参数解析

※ "推拉摄影机"工具 /"推拉目标"工具 /"推拉摄影机+目标"工具 ：这3个工具主要用来移动摄影机或其目标，同时也可以移向或移离摄影机所指的方向。

※ "透视"工具 ：使用该工具可以增加透视张角量，同时也可以保持场景的构图。

※ "侧滚摄影机"工具 ：使用该工具可以围绕摄影机的视线来旋转"目标"摄影机，同时也可以围绕摄影机局部的z轴来旋转"自由"摄影机。

※ "视野"工具 ：使用该工具可以调整视图中可见对象的数量和透视张角量。视野的效果与更改摄影机的镜头相关，视野越大，观察到的对象就越多（与广角镜头相关），而透视会扭曲。视野越小，观察到的对象就越少（与长焦镜头相关），而透视会展平。

※ "平移摄影机"工具 /"穿行"工具 ：这两个工具主要用来平移和穿行摄影机视图。

技巧与提示

按住Ctrl键可以随意移动摄影机视图；按住Shift键可以将摄影机视图在垂直方向和水平方向进行移动。

※ "环游摄影机"工具 /"摇移摄影机"工具 ：使用"环游摄影机"工具 可以围绕目标来旋转摄影机；使用"摇移摄影机"工具 可以围绕摄影机来旋转目标。

第2章
基础建模

本章将介绍3ds Max 2012的基础建模技术，包括创建标准基本体、扩展基本体、复合对象和二维图形。通过对本章的学习，读者可以快速地创建出一些简单的模型。

课堂学习目标

了解建模的思路

掌握标准基本体的创建方法

掌握扩展基本体的创建方法

掌握复合对象的创建方法

掌握二维图形的创建方法

2.1 建模常识

使用3ds Max制作作品时，一般都遵循"建模→材质→灯光→渲染"这4个基本流程。建模是一幅作品的基础，没有模型，材质和灯光就是无稽之谈。

本节内容介绍

名称	作用	重要程度
建模思路解析	了解建模的思路	中
参数化对象与可编辑对象	了解参数化对象与可编辑对象的特点和区别	高
建模的常用方法	了解建模的常用方法	中

2.1.1 建模思路解析

在开始学习建模之前首先需要掌握建模的思路。在3ds Max中，建模的过程就相当于现实生活中的"雕刻"过程。下面以一个壁灯为例来讲解建模的思路，如图2-1所示。

在创建这个壁灯模型的过程中可以先将其分解为9个独立的部分来分别进行创建，如图2-2所示。

图2-1　　　　　　　图2-2

在图2-2中，第2、3、5、6、9部分的创建非常简单，可以通过修改标准基本体（圆柱体、球体）和样条线来得到；而第1、4、7、8部分可以使用多边形建模方法来进行制作。

下面以第1部分的灯座来介绍一下其制作思路。灯座形状比较接近于半个扁的球体，因此可以采用以下5个步骤来完成，如图2-3所示。

第1步：创建一个球体。

第2步：删除球体的一半。

第3步：将半个球体"压扁"。

第4步：制作出灯座的边缘。

第5步：制作灯座前面的凸起部分。

图2-3

技巧与提示

由此可见，多数模型的创建在最初阶段都需要有一个简单的对象作为基础，然后经过转换来进一步调整。这个简单的对象就是下面即将要讲解到的"参数化对象"。

2.1.2 参数化对象与可编辑对象

3ds Max中的所有对象都是"参数化对象"与"可编辑对象"中的一种。两者并非独立存在的，"可编辑对象"在多数时候都可以通过转换"参数化对象"来得到。

1.参数化对象

"参数化对象"是指对象的几何形态由参数变量来控制，修改这些参数就可以修改对象的几何形态。相对于"可编辑对象"而言，"参数化对象"通常是被创建出来的。

2.可编辑对象

在通常情况下，"可编辑对象"包括"可编辑样条线""可编辑网格""可编辑多边形""可编辑面片"和"NURBS对象"。"参数化对象"是被创建出来的,而"可编辑对象"通常是通过转换得到的,用来转换的对象就是"参数化对象"。

技巧与提示

通过转换生成的"可编辑对象"没有"参数化对象"的参数那么灵活,但是"可编辑对象"可以对子对象(点、线、面等元素)进行更灵活地编辑和修改,并且每种类型的"可编辑对象"都有很多用于编辑的工具。

2.1.3 建模的常用方法

建模的方法有很多种,大致可以分为内置模型建模、复合对象建模、二维图形建模、网格建模、多边形建模、面片建模和NURBS建模7种。确切地说他们不应该有固定的分类,因为他们之间都可以交互使用。在下面的内容中讲对这些建模方法进行详细介绍。

2.2 创建标准基本体

标准基本体是3ds Max中自带的一些模型,用户可以直接创建出这些模型。比如想创建一个台阶,可以使用长方体来创建。

在"创建"面板中单击"几何体"按钮 ○ ,然后在下拉列表中选择几何体类型为"标准基本体"。标准基本体包含10种对象类型,分别是长方体、圆锥体、球体、几何球体、圆柱体、管状体、圆环、四棱锥、茶壶和平面,如图2-4所示。

图2-4

本节内容介绍

名称	作用	重要程度
长方体	用于创建长方体	高
圆锥体	用于创建圆锥体	中
球体	用于创建球体	高
几何球体	用于创建与球体类似的几何球体	中
圆柱体	用于创建圆柱体	高
管状体	用于创建管状体	中
圆环	用于创建圆环	中
四棱锥	用于创建四棱锥	中
茶壶	用于创建茶壶	中
平面	用于创建平面	高

2.2.1 课堂案例——制作石膏组合

课堂案例

制作石膏组合

案例位置	案例文件>第2章>课堂案例——制作石膏组合>课堂案例——制作石膏组合.max
视频位置	多媒体教学>第2章>课堂案例——制作石膏组合.flv
难易指数	★☆☆☆☆
学习目标	学习各种标准基本体的创建方法,案例效果如图2-5所示

图2-5

01 使用"长方体"工具 长方体 在场景中创建一个长方体，然后在"参数"卷展栏下设置"长度"、"宽度"和"高度"为50mm，如图2-6所示。

02 使用"圆锥体"工具 圆锥体 在场景中创建一个圆锥体，然后在"参数"卷展栏下设置"半径1"为20mm、"半径2"为0mm、"高度"为40mm，如图2-7所示。

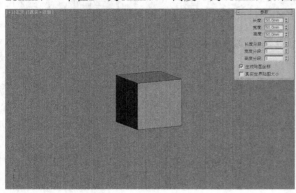
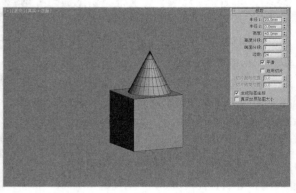

图2-6   图2-7

03 使用"球体"工具 球体 在场景中创建一个球体，然后在"参数"卷展栏下设置"半径"为13mm、"分段"为24，如图2-8所示。

04 使用"几何球体"工具 几何球体 在场景中创建一个几何球体，然后在"参数"卷展栏下设置"半径"为20mm、"分段"为4、"基点面类型"为"四面体"，如图2-9所示。

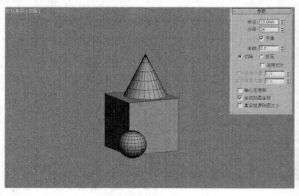
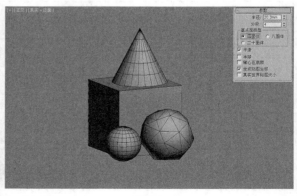

图2-8   图2-9

05 使用"圆柱体"工具 圆柱体 在场景中创建一个圆柱体，然后在"参数"卷展栏下设置"半径"为10mm、"高度"为30mm、"高度分段"为5、"边数"为18，如图2-10所示。

06 使用"管状体"工具 管状体 在场景中创建一个管状体，然后在"参数"卷展栏下设置"半径1"为10mm、"半径2"为8mm、"高度"为6mm、"高度分段"为5、"边数"为18，如图2-11所示。

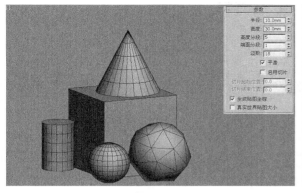
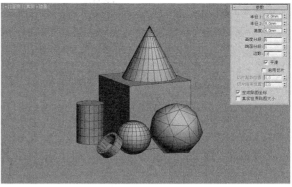

图2-10   图2-11

⑰ 使用"圆环"工具 ▢ 圆环 在场景中创建一个圆环，然后在"参数"卷展栏下设置"半径1"为6mm、"半径2"为2mm，如图2-12所示。

⑱ 使用"四棱锥"工具 ▢ 四棱锥 在场景中创建一个四棱锥，然后在"参数"卷展栏下设置"宽度""深度"和"高度"分别为40mm、30mm、30mm，如图2-13所示。

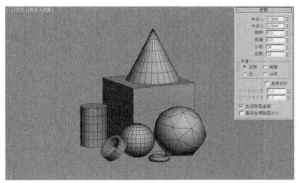
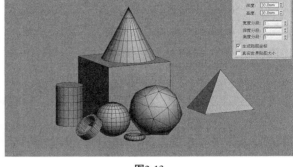

图2-12   图2-13

⑲ 使用"平面"工具 ▢ 平面 在场景中创建一个平面，然后在"参数"卷展栏下设置"长度"为400mm、"宽度"为400mm，接着设置"长度分段"和"宽度分段"为1，最终效果如图2-14所示。

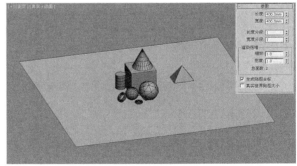

图2-14

2.2.2 长方体

长方体是建模中最常用的几何体，现实中与长方体接近的物体很多。可以直接使用长方体创建出很多模型，比如方桌、墙体等，同时还可以将长方体用作多边形建模的基础物体。长方体的参数很简单，如图2-15所示。

图2-15

21

重要参数解析

※ 长度/宽度/高度：这3个参数决定了长方体的外形，用来设置长方体的长度、宽度和高度。

※ 长度分段/宽度分段/高度分段：这3个参数用来设置沿着对象每个轴的分段数量。

2.2.3 圆锥体

圆锥体在现实生活中经常看到，比如冰激凌的外壳、吊坠等。圆锥体的参数设置面板如图2-16所示。

重要参数解析

※ 半径1/半径2：设置圆锥体的第1个半径和第2个半径，两个半径的最小值都是0。

※ 高度：设置沿着中心轴的维度。负值将在构造平面下面创建圆锥体。

※ 高度分段：设置沿着圆锥体主轴的分段数。

※ 端面分段：设置围绕圆锥体顶部和底部的中心的同心分段数。

※ 边数：设置圆锥体周围边数。

※ 平滑：混合圆锥体的面，从而在渲染视图中创建平滑的外观。

图2-16

※ 启用切片：控制是否开启"切片"功能。

※ 切片起始位置/切片结束位置：设置从局部x轴的零点开始围绕局部z轴的度数。

技巧与提示

对于"切片起始位置"和"切片结束位置"这两个选项，正数值将按逆时针移动切片的末端；负数值将按顺时针移动切片的末端。

2.2.4 球体

球体也是现实生活中最常见的物体。在3ds Max中，可以创建完整的球体，也可以创建半球体或球体的其他部分，其参数设置面板如图2-17所示。

重要参数解析

※ 半径：指定球体的半径。

※ 分段：设置球体多边形分段的数目。分段越多，球体越圆滑，反之则越粗糙，如图2-18所示是"分段"值分别为8和32时的球体对比。

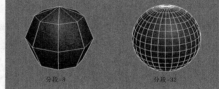

※ 平滑：混合球体的面，从而在渲染视图中创建平滑的外观。

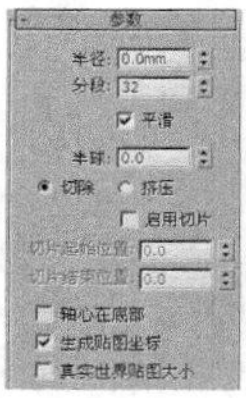

图2-17　　　　　　　图2-18

※ 半球：该值过大将从底部"切断"球体，以创建部分球体，取值范围可以从0~1。值为0可以生成完整的球体；值为0.5可以生成半球，如图2-19所示；值为1会使球体消失。

※ 切除：通过在半球断开时将球体中的顶点数和面数"切除"来减少它们的数量。

※ 挤压：保持原始球体中的顶点数和面数，将几何体向着球体的顶部挤压为越来越小的体积。

※ 轴心在底部：在默认情况下，轴点位于球体中心的构造平面上，如图2-20所示。如果勾选"轴心在底部"选项，则会将球体沿着其局部z轴向上移动，使轴点位于其底部，如图2-21所示。

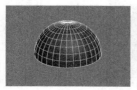 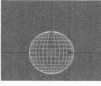 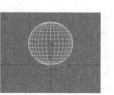

图2-19　　　　　　图2-20　　　　　　图2-21

2.2.5 几何球体

图2-22

几何球体的形状与球体的形状很接近，学习了球体的参数之后，几何球体的参数便不难理解了，如图2-22所示。

重要参数解析

※ 基点面类型：选择几何球体表面的基本组成单位类型，可供选择的有"四面体""八面体"和"二十面体"，如图2-23所示分别是这3种基点面的效果。

※ 平滑：勾选该选项后，创建出来的几何球体的表面就是光滑的，如果关闭该选项，效果则反之，如图2-24所示。

※ 半球：若勾选该选项，创建出来的几何球体会是一个半球体，如图2-25所示。

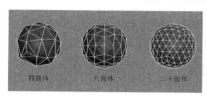

图2-23

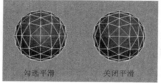

图2-24

图2-25

技巧与提示

几何球体与球体在创建出来之后可能很相似，但几何球体是由三角面构成的，而球体是由四角面构成的，如图2-26所示。

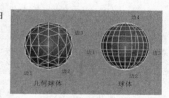

图2-26

2.2.6 圆柱体

圆柱体在现实中很常见，比如玻璃杯和桌腿等，制作由圆柱体构成的物体时，可以先将圆柱体转换成可编辑多边形，然后对细节进行调整。圆柱体的参数如图2-27所示。

重要参数解析

※ 半径：设置圆柱体的半径。

※ 高度：设置沿着中心轴的维度。负值将在构造平面下面创建圆柱体。

※ 高度分段：设置沿着圆柱体主轴的分段数量。

※ 端面分段：设置围绕圆柱体顶部和底部的中心的同心分段数量。

※ 边数：设置圆柱体周围的边数。

图2-27

2.2.7 管状体

管状体的外形与圆柱体相似，不过管状体是空心的，因此管状体有两个半径，即外径（半径1）和内径（半径2）。管状体的参数如图2-28所示。

图2-28

重要参数介绍解析

※ 半径1/半径2："半径1"是指管状体的外径，"半径2"是指管状体的内径，如图2-29所示。

图2-29

※ 高度：设置沿着中心轴的维度。负值将在构造平面下面创建管状体。

※ 高度分段：设置沿着管状体主轴的分段数量。

※ 端面分段：设置围绕管状体顶部和底部的中心的同心分段数量。

※ 边数：设置管状体周围边数。

2.2.8 圆环

圆环可以用于创建环形或具有圆形横截面的环状物体。圆环的参数如图2-30所示。

重要参数解析

※ 半径1：设置从环形的中心到横截面圆形的中心的距离，这是环形环的半径。

※ 半径2：设置横截面圆形的半径。

※ 旋转：设置旋转的度数，顶点将围绕通过环形环中心的圆形非均匀旋转。

※ 扭曲：设置扭曲的度数，横截面将围绕通过环形中心的圆形逐渐旋转。

※ 分段：设置围绕环形的分段数目。通过减小该数值，可以创建多边形环，而不是圆形。

※ 边数：设置环形横截面圆形的边数。通过减小该数值，可以创建类似于棱锥的横截面，而不是圆形。

图2-30

2.2.9 四棱锥

四棱锥的底面是正方形或矩形，侧面是三角形。四棱锥的参数如图2-31所示。

重要参数解析

※ 宽度/深度/高度：设置四棱锥对应面的维度。

※ 宽度分段/深度分段/高度分段：设置四棱锥对应面的分段数。

图2-31

2.2.10 茶壶

茶壶在室内场景中是经常使用到的一个物体，使用"茶壶"工具 茶壶 可以方便快捷地创建出一个精度较低的茶壶。茶壶的参数如图2-32所示。

重要参数解析

※ 半径：设置茶壶的半径。

※ 分段：设置茶壶或其单独部件的分段数。

※ 平滑：混合茶壶的面，从而在渲染视图中创建平滑的外观。

※ 茶壶部件：选择要创建的茶壶的部件，包含"壶体""壶把""壶嘴"和"壶盖"4个部件，如图2-33所示是一个完整的茶壶与缺少相应部件的茶壶。

图2-32

完整的茶壶　　没有壶体　　没有壶把　　没有壶嘴　　没有壶盖

图2-33

2.2.11 平面

平面在建模过程中使用的频率非常高，例如墙面和地面等。平面的参数如图2-34所示。

重要参数解析

※ 长度/宽度：设置平面对象的长度和宽度。

※ 长度分段/宽度分段：设置沿着对象每个轴的分段数量。

图2-34

技巧与提示

默认情况下创建出来的平面是没有厚度的，如果要让平面产生厚度，需要为平面加载"壳"修改器，然后适当调整"内部量"和"外部量"数值即可，如图2-35所示。关于修改器的用法将在后面的章节中进行讲解。

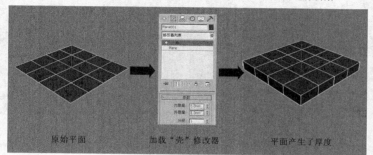

原始平面　　　　加载"壳"修改器　　　　平面产生了厚度

图2-35

2.3 创建扩展基本体

"扩展基本体"是基于"标准基本体"的一种扩展物体，共有13种，分别是异面体、环形结、切角长方体、切角圆柱体、油罐、胶囊、纺锤、L-Ext、球棱柱、C-Ext、环形波、软管和棱柱，如图2-36所示。本节只对在实际工作中比较常用的一些扩展基本体进行介绍。

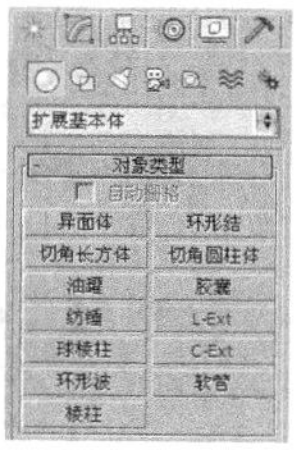

图2-36

本节内容介绍

名称	作用	重要程度
异面体	用于创建多面体和星形	中
切角长方体	用于创建带圆角效果的长方体	高
切角圆柱体	用于创建带圆角效果的圆柱体	高

2.3.1 课堂案例——制作电视柜

课堂案例

制作电视柜

案例位置	案例文件>第2章>课堂案例——制作电视柜>课堂案例——制作电视柜.max
视频位置	多媒体教学>第2章>课堂案例——制作电视柜.flv
难易指数	★★☆☆☆
学习目标	学习切角长方体的创建方法，并用"镜像"工具镜像切角长方体，案例效果如图2-37所示

图2-37

01 使用"切角长方体"工具 切角长方体 在场景中创建一个切角长方体，然后在"参数"卷展栏下设置"长度"为100mm、"宽度"为400mm、"高度"为10mm、"圆角"为1mm，如图2-38所示。

02 使用"选择并移动"工具 ✛ 选择上一步创建的切角长方体，然后按住Shift键的同时向下移动复制一个切角长方体，如图2-39所示。

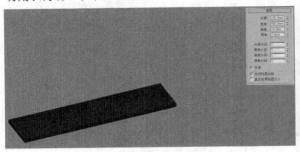

图2-38

图2-39

03 选择复制出的切角长方体，然后切换至"修改"面板调整其参数设置，如图2-40所示。

04 使用"切角长方体"工具 切角长方体 在场景中创建一个切角长方体，然后在"参数"卷展栏下设置"长度"为60mm、"宽度"为100mm、"高度"为100mm、"圆角"为1mm，如图2-41所示。

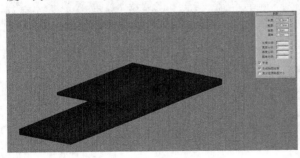

图2-40

图2-41

05 使用"选择并移动"工具 ✛ 选择上一步创建的切角长方体，然后按住Shift键的同时向上移动复制一个切角长方体，如图2-42所示。

06 选择复制出的切角长方体，切换至"修改"面板调整其参数设置，如图2-43所示。

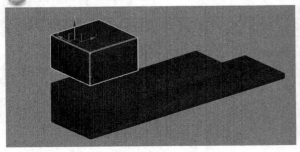

图2-42

图2-43

07 选择如图2-44所示的两个切角长方体，然后在"主工具栏"中单击"镜像"按钮，接着在弹出的对话框中设置"镜像轴"为x轴，并设置"克隆当前选择"为"实例"，最后用"选择并移动"工具 调整镜像对象的位置，如图2-45所示。

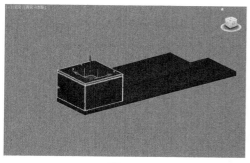
图2-44

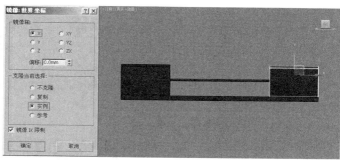
图2-45

技巧与提示

在复制对象到某个位置时，一般都不可能一步到位，这就需要调整对象的位置。调整对象位置需要在各个视图中进行调整。

08 使用"切角长方体"工具 切角长方体 在场景中创建一个切角长方体，然后在"参数"卷展栏下设置"长度"为87mm、"宽度"为28mm、"高度"为280mm、"圆角"为1mm，如图2-46所示。

09 接下来制作柜架脚模型，同样是创建一个切角长方体，然后在"参数"卷展栏下设置"长度"为27mm、"宽度"为27mm、"高度"为27mm、"圆角"为0.5mm，接着将设置好的柜架脚模型移动复制7个，并分别放置到合适的位置，最终效果如图2-47所示。

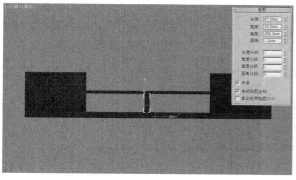
图2-46

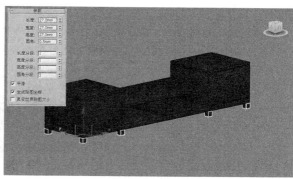
图2-47

技巧与提示

这里再介绍一下"复制"与"实例"的区别。用"复制"方式复制对象，在修改复制出来的对象的参数值时，源对象（也就是被复制的对象）不会发生变化；而用"实例"方式复制对象，在修改复制出来的对象的参数值时，源对象也会发生相同的变化。用户在复制对象时，可根据实际情况来选择复制方式。

2.3.2 异面体

异面体是一种很典型的扩展基本体，可以用它来创建四面体、立方体和星形等。异面体的参数如图2-48所示。

重要参数解析

※ 系列：在这个选项组下可以选择异面体的类型，如图2-49所示是5种异面体效果。

※ 系列参数：P、Q两个选项主要用来切换多面体顶点与面之间的关联关系，其取值范围为0~1。

※ 轴向比率：多面体可以拥有多达3种多面体的面，如三角形、方形或五角形。这些面可以是规则的，也可以是不规则的。如果多面体只有一种或两种面，则只有一个或两个轴向比率参数处于活动状态，不活动的参数不起作用。P、Q、R控制多面体一个面反射的轴。如果调整了参数，单击"重置"按钮 重置 可以将P、Q、R的数值恢复到默认值100。

图2-48

※ 顶点：这个选项组中的参数决定多面体每个面的内部几何体。"中心"和"中心和边"选项会增加对象中的顶点数，因从而增加面数。

※ 半径：设置任何多面体的半径。

图2-49

2.3.3 切角长方体

切角长方体是长方体的扩展物体，可以快速创建出带圆角效果的长方体。切角长方体的参数如图2-50所示。

重要参数解析

※ 长度/宽度/高度：用来设置切角长方体的长度、宽度和高度。

※ 圆角：切开倒角长方体的边，以创建圆角效果，如图2-51所示是长度、宽度和高度相等，而"圆角"值分别为1、3、6时的切角长方体效果。

※ 长度分段/宽度分段/高度分段：设置沿着相应轴的分段数量。

※ 圆角分段：设置切角长方体圆角边时的分段数。

图2-50

图2-51

2.3.4 切角圆柱体

切角圆柱体是圆柱体的扩展物体，可以快速创建出带圆角效果的圆柱体。切角圆柱体的参数如图2-52所示。

重要参数解析

※ 半径：设置切角圆柱体的半径。

※ 高度：设置沿着中心轴的维度。负值将在构造平面下面创建切角圆柱体。

※ 圆角：斜切切角圆柱体的顶部和底部封口边。

※ 高度分段：设置沿着相应轴的分段数量。

※ 圆角分段：设置切角圆柱体圆角边时的分段数。

※ 边数：设置切角圆柱体周围的边数。

※ 端面分段：设置沿着切角圆柱体顶部和底部的中心和同心分段的数量。

图2-52

2.4 创建复合对象

使用3ds Max内置的模型就可以创建出很多优秀的模型，但是在很多时候还会使用复合对象，因为使用复合对象来创建模型可以大大节省建模时间。复合对象包括10种建模工具，如图2-53所示。

图2-53

本节内容介绍

名称	作用	重要程度
图形合并	将图形嵌入到其他对象的网格中或从网格中移除	高
布尔	对两个以上的对象进行并集、差集、交集运算	高
放样	将二维图形作为路径的剖面生成复杂的三维对象	高

2.4.1 课堂案例——制作旋转花瓶

■ 课堂案例

制作旋转花瓶

案例位置	案例文件>第2章>课堂案例——制作旋转花瓶>课堂案例——制作旋转花瓶.max
视频位置	多媒体教学>第2章>课堂案例——制作旋转花瓶.flv
难易指数	★★★☆☆
学习目标	学习"放样"工具的使用方法，并掌握如何调节放样的形状，案例效果如图2-54所示

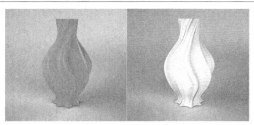

图2-54

01 在"创建"面板中单击"图形"按钮 ，然后设置图形类型为"样条线"，接着单击"星形"按钮 ，如图2-55所示。

02 在视图中绘制一个星形，然后在"参数"卷展栏下设置"半径1"为50mm、"半径2"为34mm、"点"为8、"圆角半径1"为7mm、"圆角半径2"为8mm，如图2-56所示。

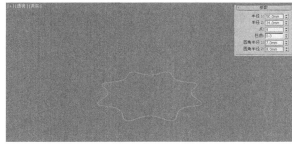

图2-55　　　　　　　　　　图2-56

03 在"图形"面板中单击"线"按钮 ，然后在前视图中按住Shift键绘制一条样条线作为放样路径，如图2-57所示。

⑭ 选择星形，设置几何体类型为"复合对象"，然后单击"放样"按钮 放样 ，接着在"创建方法"卷展栏下单击"获取路径"按钮 获取路径 ，最后在视图中拾取之前绘制的样条线路径，放样效果如图2-58所示。

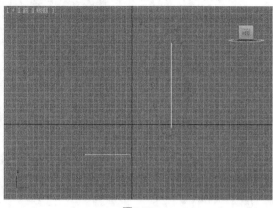

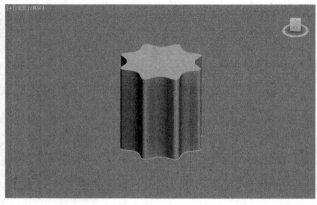

图2-57

图2-58

⑮ 进入"修改"面板，然后在"变形"卷展栏下单击"缩放"按钮 缩放 ，打开"缩放变形"对话框，接着将缩放曲线调整节成如图2-59所示的形状，模型效果如图2-60所示。

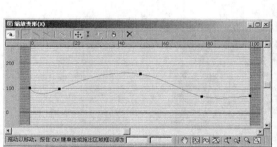

图2-59

图2-60

技巧与提示

在"缩放变形"对话框中的工具栏上有一个"移动控制点"工具✛和一个"插入角点"工具━，用这两个工具就可以调节出曲线的形状。但要注意，在调节角点前，需要在角点上单击鼠标右键，然后在弹出的菜单中选择"Bezier-平滑"命令，这样调节出来的曲线才是平滑的，如图2-61所示。

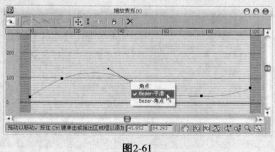

图2-61

⑯ 在"变形"卷展栏下单击"扭曲"按钮 扭曲 ，然后在弹出的"扭曲变形"对话框中将曲线调节成如图2-62所示的形状，最终效果如图2-63所示。

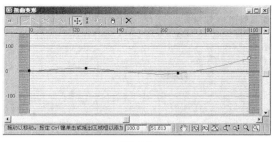

图2-62 图2-63

2.4.2 图形合并

使用"图形合并"工具 图形合并 可以将一个或多个图形嵌入到其他对象的网格中或从网格中将图形移除。"图形合并"的参数如图2-64所示。

重要参数解析

※ "拾取图形"按钮 拾取图形 ：单击该按钮，然后单击要嵌入网格对象中的图形，这样图形可以沿图形局部的z轴负方向投射到网格对象上。

※ 参考/复制/移动/实例：指定如何将图形传输到复合对象中。

※ 操作对象：在复合对象中列出所有操作对象。第1个操作对象是网格对象，以下是任意数目的基于图形的操作对象。

※ "删除图形"按钮 删除图形 ：从复合对象中删除选中图形。

※ "提取操作对象"按钮 提取操作对象 ：提取选中操作对象的副本或实例。在"操作对象"列表中选择操作对象时，该按钮才可用。

图2-64

※ 实例/复制：指定如何提取操作对象。

※ 操作：该组选项中的参数决定如何将图形应用于网格中。选择"饼切"选项时，可切去网格对象曲面外部的图形；选择"合并"选项时，可将图形与网格对象曲面合并；选择"反转"选项时，可反转"饼切"或"合并"效果。

※ 输出子网格选择：该组选项中的参数提供了指定将哪个选择级别传送到"堆栈"中。

2.4.3 布尔

"布尔"运算是通过对两个以上的对象进行并集、差集、交集运算，从而得到新的物体形态。"布尔"运算的参数如图2-65所示。

重要参数解析

※ "拾取操作对象B"按钮 拾取操作对象 B ：单击该按钮可以在场景中选择另一个运算物体来完成"布尔"运算。以下4个选项用来控制运算对象B的方式，必须在拾取运算对象B之前确定采用哪种方式。

※ 参考：将原始对象的参考复制品作为运算对象B，若以后改变原始对象，同时也会改变布尔物体中的运算对象B，但是改变运算对象B时，不会改变原始对象。

※ 复制：复制一个原始对象作为运算对象B，而不改变原始对象（当原始对象还要用在其他地方时采用这种方式）。

※ 移动：将原始对象直接作为运算对象B，而原始对象本身不再存在（当原始对象无其他用途时采用这种方式）。

图2-65

※ 实例：将原始对象的关联复制品作为运算对象B，若以后对两者的任意一个对象进行修改时都会影响另一个。

※ 操作对象：主要用来显示当前运算对象的名称。

※ 并集：将两个对象合并，相交的部分将被删除，运算完成后两个物体将合并为一个物体。

※ 交集：将两个对象相交的部分保留下来，删除不相交的部分。

※ 差集A-B：在A物体中减去与B物体重合的部分。

※ 差集B-A：在B物体中减去与A物体重合的部分。

※ 切割：用B物体切除A物体，但不在A物体上添加B物体的任何部分，共有"优化""分割""移除内部"和"移除外部"4个选项可供选择。"优化"是在A物体上沿着B物体与A物体相交的面来增加顶点和边数，以细化A物体的表面；"分割"是在B物体切割A物体部分的边缘，并且增加了一排顶点，利用这种方法可以根据其他物体的外形将一个物体分成两部分；"移除内部"是删除A物体在B物体内部的所有片段面；"移除外部"是删除A物体在B物体外部的所有片段面。

2.4.4 放样

"放样"是将一个二维图形作为沿某个路径的剖面，从而形成复杂的三维对象。"放样"是一种特殊的建模方法，能快速地创建出多种模型，其参数设置面板如图2-66所示。

重要参数解析

※ "获取路径"按钮 获取路径 ：将路径指定给选定图形或更改当前指定的路径。

※ "获取图形"按钮 获取图形 ：将图形指定给选定路径或更改当前指定的图形。

※ 移动/复制/实例：用于指定路径或图形转换为放样对象的方式。

※ "缩放"按钮 缩放 ：使用"缩放"变形可以从单个图形中放样对象，该图形在其沿着路径移动时只改变其缩放。

图2-66

※ "扭曲"按钮 扭曲 ：使用"扭曲"变形可以沿着对象的长度创建盘旋或扭曲的对象，扭曲将沿着路径指定旋转量。

※ "倾斜"按钮 倾斜 ：使用"倾斜"变形可以围绕局部x轴和y轴旋转图形。

※ "倒角"按钮 倒角 ：使用"倒角"变形可以制作出具有倒角效果的对象。

※ "拟合"按钮 拟合 ：使用"拟合"变形可以使用两条拟合曲线来定义对象的顶部和侧剖面。

2.5 创建二维图形

二维图形是由一条或多条样条线组成，而样条线又是由顶点和线段组成。所以只需要调整顶点及样条线的参数就可以生成复杂的二维图形，利用这些二维图形又可以生成三维模型。

在"创建"面板中单击"图形"按钮 ，然后设置图形类型为"样条线"，这里有11种样条线，分别是线、矩形、圆、椭圆、弧、圆环、多边形、星形、文本、螺旋线和截面，如图2-67所示。

图2-67

本节内容介绍

名称	作用	重要程度
线	绘制任意形状的样条线	高
文本	创建文本图形	中

2.5.1 课堂案例——制作罗马柱

制作罗马柱

案例位置	案例文件>第2章>课堂案例——制作罗马柱>课堂案例——制作罗马柱.max
视频位置	多媒体教学>第2章>课堂案例——制作罗马柱.flv
难易指数	★★☆☆☆
学习目标	学习样条线的用法，并学习用修改器将样条线转换为三维模型，案例效果如图2-68所示

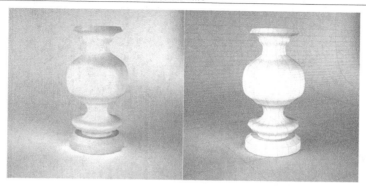

图2-68

01 使用"线"工具 _____ 在前视图中绘制出主体模型的1/2横截面，如图2-69所示。

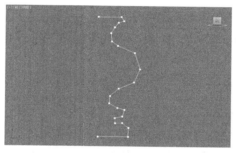

图2-69

技巧与提示

如果绘制出来的样条线不是很平滑，就需要对其进行调节，样条线形状主要是在"顶点"级别下进行调节。下面详细介绍一下如何调节样条线的形状。

进入"修改"面板，然后在"选择"卷展栏下单击"顶点"按钮 ┈ ，进入"顶点"级别，如图2-70所示。

选择需要调节的顶点，然后单击鼠标右键，接着在弹出的菜单中选择"平滑"命令，这样可以将样条线进行平滑处理，如图2-71所示。

图2-70   **图2-71**

02 选择样条线，然后切换到"修改"面板，接着在"修改器列表"中选择"车削"修改器，最终效果如图2-72所示。

图2-72

2.5.2 线

线在建模中是最常用的一种样条线，其使用方法非常灵活，形状也不受约束，可以封闭也可以不封闭，拐角处可以是尖锐也可以是平滑的。线的参数如图2-73所示。

重要参数解析

※ 在渲染中启用：勾选该选项才能渲染出样条线；若不勾选，将不能渲染出样条线。

※ 在视口中启用：勾选该选项后，样条线会以网格的形式显示在视图中。

※ 使用视口设置：该选项只有在开启"在视口中启用"选项时才可用，主要用于设置不同的渲染参数。

※ 生成贴图坐标：控制是否应用贴图坐标。

※ 真实世界贴图大小：控制应用于对象的纹理贴图材质所使用的缩放方法。

※ 视口/渲染：当勾选"在视口中启用"选项时，样条线将显示在视图中；当同时勾选"在视口中启用"和"渲染"选项时，样条线在视图中和渲染中都可以显示出来。

※ 径向：将3D网格显示为圆柱形对象，其参数包含"厚度""边"和"角度"。"厚度"选项用于指定视图或渲染样条线网格的直径，其默认值为1，范围从0~100；"边"选项用于在视图或渲染器中为样条线网格设置边数或面数（例如值为4表示一个方形横截面）；"角度"选项用于调整视图或渲染器中的横截面的旋转位置。

※ 矩形：将3D网格显示为矩形对象，其参数包含"长度""宽度""角度"和"纵横比"。

图2-73

"长度"选项用于设置沿局部 y 轴的横截面大小；"宽度"选项用于设置沿局部 x 轴的横截面大小；"角度"选项用于调整视图或渲染器中的横截面的旋转位置；"纵横比"选项用于设置矩形横截面的纵横比。

※ 自动平滑：启用该选项可以激活下面的"阈值"选项，调整"阈值"数值可以自动平滑样条线。

※ 步数：手动设置每条样条线的步数。

※ 优化：勾选该选项后，可以从样条线的直线线段中删除不需要的步数。

※ 自适应：勾选该选项后，系统会自适应设置每条样条线的步数，以生成平滑的曲线。

※ 初始类型：指定创建第1个顶点的类型，包含"角点"和"平滑"两种类型。"角点"是在顶点产生一个没有弧度的尖角；"平滑"是在顶点产生一条平滑的、不可调整的曲线。

※ 拖动类型：当拖曳顶点位置时，设置所创建顶点的类型。"角点"是在顶点产生一个没有弧度的尖角；"平滑"是在顶点产生一条平滑的、不可调整的曲线；Bezier是在顶点产生一条平滑的、可以调整的曲线。

2.5.3 文本

使用文本样条线可以很方便地在视图中创建出文字模型，并且可以更改字体类型和字体大小。文本的参数如图2-74所示（"渲染"和"插值"两个卷展栏中的参数与"线"工具的参数相同）。

图2-74

重要参数解析

※ "斜体"按钮 I：单击该按钮可以将文本切换为斜体，如图2-75所示。

※ "下画线"按钮 U：单击该按钮可以将文本切换为下画线文本，如图2-76所示。

图2-75

图2-76

※ "左对齐"按钮：单击该按钮可以将文本对齐到边界框的左侧。

※ "居中"按钮：单击该按钮可以将文本对齐到边界框的中心。

※ "右对齐"按钮：单击该按钮可以将文本对齐到边界框的右侧。

※ "对正"按钮：分隔所有文本行以填充边界框的范围。

※ 大小：设置文本高度，其默认值为100mm。

※ 字间距：设置文字间的间距。

※ 行间距：调整字行间的间距（只对多行文本起作用）。

※ 文本：在此可以输入文本，若要输入多行文本，可以按Enter键切换到下一行。

课堂练习——制作积木组合

实例文件	案例文件>第2章>课堂练习——制作积木组合>课堂练习——制作积木组合.max
视频教学	多媒体教学>第2章>课堂练习——制作积木组合.flv
难易指数	★★☆☆☆
练习目标	练习各种标准基本体的创建方法，案例效果如图2-77所示

步骤分解如图2-78所示。

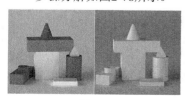

图2-77

图2-78

课堂练习——制作休闲沙发

实例文件	案例文件>第2章>课堂练习——制作休闲沙发>课堂练习——制作休闲沙发.max
视频教学	多媒体教学>第2章>课堂练习——制作休闲沙发.flv
难易指数	★★★☆☆
练习目标	练习切角圆柱体的创建方法，并用切角长方体和管状体创建支架，案例效果如图2-79所示

步骤分解如图2-80所示。

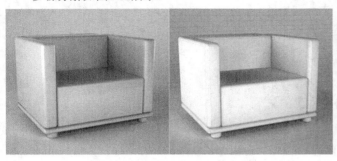 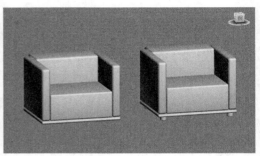

图2-79　　　　　　　　　　　　图2-80

课后习题——制作衣柜

实例文件	案例文件>第2章>课后习题——制作衣柜>课后习题——制作衣柜.max
视频教学	多媒体教学>第2章>课后习题——制作衣柜.flv
难易指数	★★☆☆☆
练习目标	练习长方体和圆柱体的创建方法，并练习移动复制功能的使用方法，案例效果如图2-81所示

步骤分解如图2-82所示。

 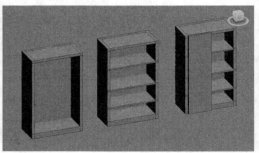

图2-81　　　　　　　　　　　　图2-82

课后习题——制作时尚台灯

实例文件	案例文件>第2章>课后习题——制作时尚台灯>课后习题——制作时尚台灯.max
视频教学	多媒体教学>第2章>课后习题——制作时尚台灯.flv
难易指数	★★☆☆☆
练习目标	练习样条线的绘制方法，并用"车削"修改器将样条线转换为三维模型，案例效果如图2-83所示

步骤分解如图2-84所示。

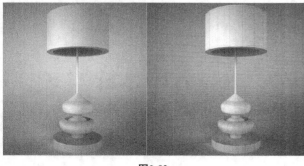 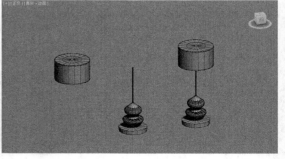

图2-83　　　　　　　　　　　　图2-84

第3章

高级建模

本章将介绍3ds Max 2012的高级建模技术，包括修改器建模、多边形建模、Graphite建模、网格建模和NURBS建模。本章是一个异常重要的章节，基本上在实际工作中运用的高级建模技术都包含在本章中（特别是修改器建模技术和多边形建模技术，读者务必要完全掌握），通过对本章的学习，读者可以掌握具有一定难度的模型的制作思路与方法。

课堂学习目标

掌握常用修改器的使用方法

掌握多边形建模的思路和相关技巧

了解"Graphite建模工具"的使用方法

了解网格建模的思路

了解NURBS建模的思路

3.1 修改器基础知识

"修改"面板是3ds Max很重要的一个组成部分，而修改器堆栈则是"修改"面板的"灵魂"。所谓"修改器"，就是可以对模型进行编辑，改变其几何形状及属性的命令。

本节内容介绍

名称	作用	重要程度
修改器堆栈	了解修改器堆栈中的工具	高
为对象加载修改器	了解为对象加载修改器的方法	高
修改器的排序	了解修改器排序的重要性	高
启用与禁用修改器	了解启用与禁用修改器的方法	高
编辑修改器	了解如何编辑修改器	高
修改器的种类	了解修改器的种类	中

3.1.1 修改器堆栈

进入"修改"面板，可以观察到修改器堆栈中的工具，如图3-1所示。

重要参数解析

※ "锁定堆栈"按钮 ：激活该按钮可以将堆栈和"修改"面板的所有控件锁定到选定对象的堆栈中。即使在选择了视图中的另一个对象之后，也可以继续对锁定堆栈的对象进行编辑。

※ "显示最终结果开/关切换"按钮 ：激活该按钮后，会在选定的对象上显示整个堆栈的效果。

※ "使唯一"按钮 ：激活该按钮可以将关联的对象修改成独立对象，这样可以对选择集中的 **图3-1**
对象单独进行操作（只有在场景中拥有选择集的时候该按钮才可用）。

※ "从堆栈中移除修改器"按钮 ：若堆栈中存在修改器，单击该按钮可以删除当前的修改器，并清除由该修改器引发的所有更改。

> **技巧与提示**
>
> 如果想要删除某个修改器，不可以在选中某个修改器后按Delete键，那样删除的将会是物体本身而非单个的修改器。

※ "配置修改器集"按钮 ：单击该按钮将弹出一个子菜单，这个菜单中的命令主要用于配置在"修改"面板中怎样显示和选择修改器，如图3-2所示。

图3-2

3.1.2 为对象加载修改器

为对象加载修改器的方法非常简单。选择一个对象后，进入"修改"面板，然后单击"修改器列表"后面的 ▼ 按钮，接着在弹出的下拉列表中就可以选择相应的修改器，如图3-3所示。

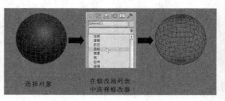

图3-3

技巧与提示

修改器可以在"修改"面板中的"修改器列表"中进行加载，也可以在菜单栏中的"修改器"菜单下进行加载，这两个地方的修改器完全一样。

3.1.3 修改器的排序

修改器的排列顺序非常重要，先加入的修改器位于修改器堆栈的下方，后加入的修改器则在修改器堆栈的顶部，不同的顺序对同一物体起到的效果是不一样的。

见图3-4，这是一个管状体，下面以这个物体为例来介绍修改器的顺序对效果的影响，同时介绍如何调整修改器之间的顺序。

先为管状体加载一个"扭曲"修改器，然后在"参数"卷展栏下设置扭曲的"角度"为360°，这时管状体便会产生大幅度的扭曲变形，如图3-5所示。

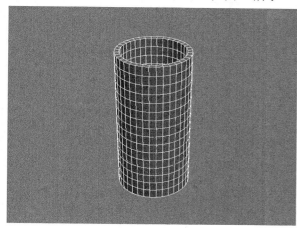

图3-4

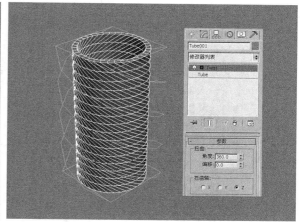

图3-5

为管状体继续加载一个"弯曲"修改器，然后在"参数"卷展栏下设置弯曲的"角度"为90°，这时管状体会发生很自然的弯曲效果，如图3-6所示。

下面调整两个修改器的位置。用鼠标左键单击"弯曲"修改器不放，然后将其拖曳到"扭曲"修改器的下方松开鼠标左键（拖曳时修改器下方会出现一条蓝色的线），调整排序后可以发现管状体的效果发生了很大的变化，如图3-7所示。

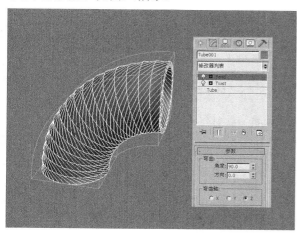

图3-6

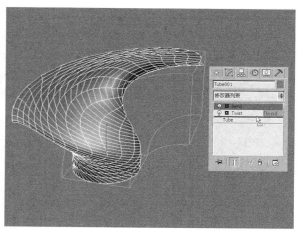

图3-7

> **技巧与提示**
>
> 在修改器堆栈中，如果要同时选择多个修改器，可以先选中一个修改器，然后按住Ctrl键单击其他修改器进行加选，如果按住Shift键则可以选中多个连续的修改器。

3.1.4 启用与禁用修改器

在修改器堆栈中可以观察到每个修改器前面都有个小灯泡图标 ，这个图标表示这个修改器的启用或禁用状态。当小灯泡显示为亮的状态时 ，代表这个修改器是启用的；当小灯泡显示为暗的状态时 ，代表这个修改器被禁用了。单击这个小灯泡即可切换启用和禁用状态。

以下面的修改器堆栈为例，这里为一个球体加载了3个修改器，分别是"晶格"修改器、"扭曲"修改器和"波浪"修改器，并且这3个修改器都被启用了，如图3-8所示。

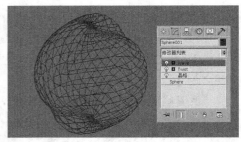

图3-8

选择底层的"晶格"修改器，当"显示最终结果"按钮 被禁用时，场景中的球体不能显示该修改器之上的所有修改器的效果，如图3-9所示。如果单击"显示最终结果"按钮 ，使其处于激活状态，即可在选中底层修改器的状态下显示所有修改器的修改结果，如图3-10所示。

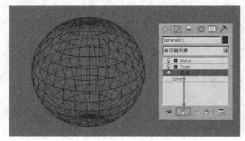

图3-9　　　　　　　　　　　　　　　　　图3-10

如果要禁用"波浪"修改器，可以单击该修改器前面的小灯泡图标 ，使其变为灰色 即可，这时物体的形状也跟着发生了变化，如图3-11所示。

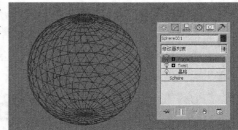

图3-11

3.1.5 编辑修改器

在修改器上单击鼠标右键会弹出一个菜单，该菜单中包括一些对修改器进行编辑的常用命令，如图3-12所示。

图3-12

1.复制与粘贴修改器

从菜单中可以观察到修改器是可以复制到其他物体上的，复制的方法有以下两种。

第1种：在修改器上单击鼠标右键，然后在弹出的菜单中选择"复制"命令，接着在需要的位置单击鼠标右键，最后在弹出的菜单中选择"粘贴"命令即可。

第2种：直接将修改器拖曳到场景中的某一物体上。

技巧与提示

在选中某一修改器后，如果按住Ctrl键将其拖曳到其他对象上，可以将这个修改器作为实例粘贴到其他对象上；如果按住Shift键将其拖曳到其他对象上，就相当于将源物体上的修改器剪切并粘贴到新对象上。

2.塌陷修改器

塌陷修改器会将该物体转换为可编辑网格，并删除其中所有的修改器，这样可以简化对象，并且还能够节约内存。但是塌陷之后就不能对修改器的参数进行调整，并且也不能将修改器的历史恢复到基准值。

塌陷修改器有"塌陷到"和"塌陷全部"两种方法。使用"塌陷到"命令可以塌陷到当前选定的修改器，也就是说删除当前及列表中位于当前修改器下面的所有修改器，保留当前修改器上面的所有修改器；而使用"塌陷全部"命令，会塌陷整个修改器堆栈，删除所有修改器，并使对象变成可编辑网格。

图3-13

以图3-13所示的修改器堆栈为例，处于最底层的是一个圆柱体，可以将其称为"基础物体"（注意，基础物体一定是处于修改器堆栈的最底层），而处于基础物体之上的是"弯曲""扭曲"和"松弛"3个修改器。

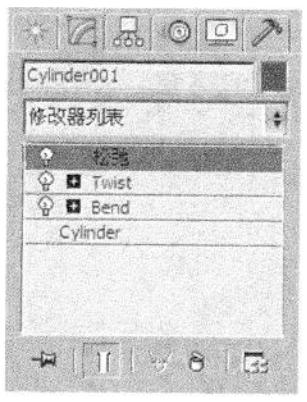

在"扭曲"修改器上单击鼠标右键，然后在弹出的菜单选择"塌陷到"命令，此时系统会弹出"警告:塌陷到"对话框，如图3-14所示。在"警告:塌陷到"对话框中有3个按钮，分别为"暂存/是"按钮 暂存(H)/是 、"是"按钮 是(Y) 和"否"按钮 否(N) 。如果单击"暂存/是"按钮 暂存(H)/是 可以将当前对象的状态保存到"暂存"缓冲区，然后才应用"塌陷到"命令，执行"编辑/取回"菜单命令，可以恢复到塌陷前的状态；如果单击"是"按钮 是(Y) ，将塌陷"扭曲"修改器和"弯曲"两个修改器，而保留"松弛"修改器，同时基础物体会变成"可编辑网格"物体，如图3-15所示。

图3-14

图3-15

下面对同样的物体执行"塌陷全部"命令。在任意一个修改器上单击鼠标右键，然后在弹出的菜单中选择"塌陷全部"命令，此时系统会弹出"警告:塌陷全部"对话框，如图3-16所示。如果单击"是"按钮 是(Y) 后，将塌陷修改器堆栈中的所有修改器，并且基础物体也会变成"可编辑网格"物体，如图3-17所示。

图3-16

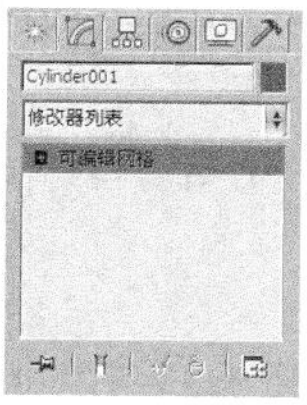

图3-17

3.1.6 修改器的种类

修改器有很多种，按照类型的不同被划分在几个修改器集合中。在"修改"面板下的"修改器列表"中，3ds Max将这些修改器默认分为"选择修改器""世界空间修改器"和"对象空间修改器"3大部分，如图3-18所示。

图3-18

1.选择修改器

"选择修改器"集合中包括"网格选择""面片选择""多边形选择"和"体积选择"4种修改器，如图3-19所示。

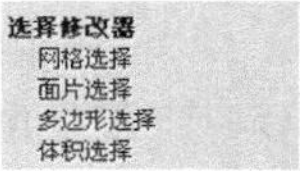

图3-19

重要参数解析

※ 网格选择：可以选择网格子对象。

※ 面片选择：选择面片子对象，之后可以对面片子对象应用其他修改器。

※ 多边形选择：选择多边形子对象，之后可以对其应用其他修改器。

※ 体积选择：可以选择一个对象或多个对象选定体积内的所有子对象。

2.世界空间修改器

"世界空间修改器"集合基于世界空间坐标，而不是基于单个对象的局部坐标系，如图3-20所示。当应用了一个世界空间修改器之后，无论物体是否发生了移动，它都不会受到任何影响。

图3-20

重要参数解析

※ Hair和Fur（WSM）（头发和毛发（WSM））：用于为物体添加毛发。该修改器可应用于要生长头发的任意对象，既可以应用于网格对象，也可以应用于样条线对象。

※ 点缓存（WSM）：该修改器可以将修改器动画存储到磁盘文件中，然后使用磁盘文件中的信息来播放动画。

※ 路径变形（WSM）：可以根据图形、样条线或NURBS曲线路径将对象进行变形。

※ 面片变形（WSM）：可以根据面片将对象进行变形。

※ 曲面变形（WSM）：该修改器的工作方式与"路径变形（WSM）"修改器相同，只是它使用的是NURBS点或CV曲面，而不是使用曲线。

※ 曲面贴图（WSM）：将贴图指定给NURBS曲面，并将其投射到修改的对象上。

※ 摄影机贴图（WSM）：使摄影机将UVW贴图坐标应用于对象。

※ 贴图缩放器（WSM）：用于调整贴图的大小，并保持贴图比例不变。

※ 细分（WSM）：提供用于光能传递处理创建网格的一种算法。处理光能传递需要网格的元素尽可能地接近等边三角形。

※ 置换网格（WSM）：用于查看置换贴图的效果。

3.对象空间修改器

"对象空间修改器"集合中的修改器非常多，如图3-21所示。这个集合中的修改器主要应用于单独对象，使用的是对象的局部坐标系，因此当移动对象时，修改器也会跟着移动。

图3-21

技巧与提示

这部分修改器非常重要，将在下面的内容中作为重点进行讲解。

3.2 常用修改器

在"对象空间修改器"集合中有很多修改器，本节就针对这个集合中最为常用的一些修改器进行详细介绍。熟练运用这些修改器，可以大量简化建模流程，节省操作时间。

本节内容介绍

名称	作用	重要程度
挤出修改器	为二维图形添加深度	高
倒角修改器	将图形挤出为3D对象，并应用倒角效果	高
车削修改器	绕轴旋转一个图形或NURBS曲线来创建3D对象	高
弯曲修改器	在任意轴上控制物体的弯曲角度和方向	高
扭曲修改器	在任意轴上控制物体的扭曲角度和方向	高
置换修改器	重塑对象的几何外形	中
噪波修改器	使对象表面的顶点随机变动	中
FFD修改器	自由变形物体的外形	高
晶格修改器	将图形的线段或边转化为圆柱形结构	高
平滑类修改器	平滑几何体	高

3.2.1 课堂案例——制作青花瓷

课堂案例

制作青花瓷

案例位置　案例文件>第3章>课堂案例——制作青花瓷>课堂案例——制作青花瓷.max
视频位置　多媒体教学>第3章>课堂案例——制作青花瓷.flv
难易指数　★★☆☆☆
学习目标　学习"挤出"修改器的使用方法，案例效果如图3-22所示

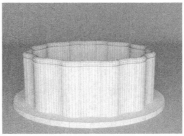

图3-22

01 使用"星形"工具 星形 在视图中绘制一个星形，然后在"参数"卷展栏下设置"半径1"为70mm、"半径2"为60mm、"点"为12、"圆角半径1"为10mm、"圆角半径2"为10mm，如图3-23所示。

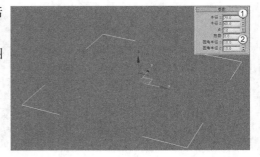

图3-23

技巧与提示

绘制"线"图形时，应该尽量减少顶点的数量，因为顶点越多，生成的三维模型的布线越复杂。

02 选择样条线，然后在"渲染"卷展栏下勾选"在渲染中启用"和"在视口中启用"选项，接着勾选"矩形"选项，最后设置"长度"为50mm、"宽度"5mm，如图3-24所示。

03 复制一个星型放置到相应的位置，然后在"渲染"卷展栏下勾选"径向"选项，接着设置"厚度"为6mm，模型效果如图3-25所示。

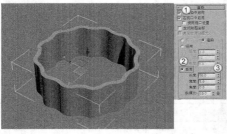

图3-24

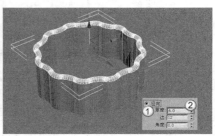

图3-25

04 使用"圆"工具 圆 在视图中绘制一条如图3-26所示的圆形样条线。

05 选择圆形样条线，然后为其加载一个"挤出"修改器，接着在"参数"卷展栏下设置"数量"为5mm，如图3-27所示。

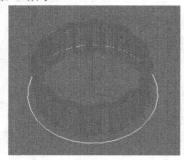

图3-26

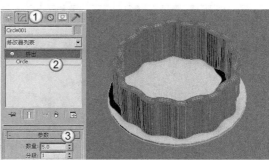

图3-27

06 将挤出的模型放置到相应的位置，最终效果如图3-28所示。

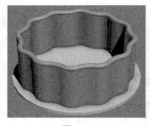

图3-28

3.2.2 挤出修改器

"挤出"修改器可以将深度添加到二维图形中，并且可以将对象转换成一个参数化对象，其参数设置面板如图3-29所示。

重要参数解析

※ 数量：设置挤出的深度。

※ 分段：指定要在挤出对象中创建的线段数目。

※ 封口：用来设置挤出对象的封口，共有以下4个选项。

* 封口始端：在挤出对象的初始端生成一个平面。

* 封口末端：在挤出对象的末端生成一个平面。

* 变形：以可预测、可重复的方式排列封口面，这是创建变形目标所必需的操作。

* 栅格：在图形边界的方形上修剪栅格中安排的封口面。

※ 输出：指定挤出对象的输出方式，共有以下3个选项。

* 面片：产生一个可以折叠到面片对象中的对象。

* 网格：产生一个可以折叠到网格对象中的对象。

* NURBS：产生一个可以折叠到NURBS对象中的对象。

※ 生成贴图坐标：将贴图坐标应用到挤出对象中。

※ 真实世界贴图大小：控制应用于对象的纹理贴图材质所使用的缩放方法。

※ 生成材质ID：将不同的材质ID指定给挤出对象的侧面与封口。

※ 使用图形ID：将材质ID指定给挤出生成的样条线线段，或指定给在NURBS挤出生成的曲线子对象。

※ 平滑：将平滑应用于挤出图形。

图3-29

3.2.3 倒角修改器

"倒角"修改器可以将图形挤出为3D对象，并在边缘应用平滑的倒角效果，其参数设置面板包含"参数"和"倒角值"两个卷展栏，如图3-30所示。

重要参数解析

※ 封口：指定倒角对象是否要在一端封闭开口。

* 开始：用对象的最低局部z值（底部）对末端进行封口。

* 结束：用对象的最高局部z值（底部）对末端进行封口。

※ 封口类型：指定封口的类型。

* 变形：创建适合的变形封口曲面。

* 栅格：在栅格图案中创建封口曲面。

※ 曲面：控制曲面的侧面曲率、平滑度和贴图。

* 线性侧面：勾选该选项后，级别之间会沿着一条直线进行分段插补。

* 曲线侧：勾选该选项后，级别之间会沿着一条Bezier曲线进行分段插补。

* 分段：在每个级别之间设置中级分段的数量。

* 级间平滑：控制是否将平滑效果应用于倒角对象的侧面。

* 生成贴图坐标：将贴图坐标应用于倒角对象。

* 真实世界贴图大小：控制应用于对象的纹理贴图材质所使用的缩放方法。

※ 相交：防止重叠的相邻边产生锐角。

* 避免线相交：防止轮廓彼此相交。

图3-30

* 分离：设置边与边之间的距离。

※ 起始轮廓：设置轮廓到原始图形的偏移距离。正值会使轮廓变大；负值会使轮廓变小。

※ 级别1：包含以下两个选项。

* 高度：设置"级别1"在起始级别之上的距离。

* 轮廓：设置"级别1"的轮廓到起始轮廓的偏移距离。

※ 级别2：在"级别1"之后添加一个级别。

* 高度：设置"级别1"之上的距离。

* 轮廓：设置"级别2"的轮廓到"级别1"轮廓的偏移距离。

※ 级别3：在前一级别之后添加一个级别，如果未启用"级别2"，"级别3"会添加在"级别1"之后。

* 高度：设置到前一级别之上的距离。

* 轮廓：设置"级别3"的轮廓到前一级别轮廓的偏移距离。

3.2.4 车削修改器

"车削"修改器可以通过围绕坐标轴旋转一个图形或NURBS曲线来生成3D对象，其参数设置面板如图3-31所示。

重要参数解析

※ 度数：设置对象围绕坐标轴旋转的角度，其范围为0°~360°，默认值为360°。

※ 焊接内核：通过焊接旋转轴中的顶点来简化网格。

※ 翻转法线：使物体的法线翻转，翻转后物体的内部会外翻。

※ 分段：在起始点之间设置在曲面上创建的插补线段的数量。

※ 封口：如果设置的车削对象的"度数"小于360°，该选项用来控制是否在车削对象的内部创建封口。

图3-31

* 封口始端：车削的起点，用来设置封口的最大程度。

* 封口末端：车削的终点，用来设置封口的最大程度。

* 变形：按照创建变形目标所需的可预见且可重复的模式来排列封口面。

* 栅格：在图形边界的方形上修剪栅格中安排的封口面。

※ 方向：设置轴的旋转方向，共有x、y和z 3个轴可供选择。

※ 对齐：设置对齐的方式，共有"最小""中心"和"最大"3种方式可供选择。

※ 输出：指定车削对象的输出方式，共有以下3种。

* 面片：产生一个可以折叠到面片对象中的对象。

* 网格：产生一个可以折叠到网格对象中的对象。

* NURBS：产生一个可以折叠到NURBS对象中的对象。

3.2.5 弯曲修改器

"弯曲"修改器可以使物体在任意3个轴上控制弯曲的角度和方向，也可以对几何体的一段限制弯曲效果，其参数设置面板如图3-32所示。

重要参数解析

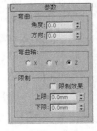

※ 角度：从顶点平面设置要弯曲的角度，范围为-999999~999999。

※ 方向：设置弯曲相对于水平面的方向，范围为-999999~999999。

※ X/Y/Z：指定要弯曲的轴，默认轴为z轴。

※ 限制效果：将限制约束应用于弯曲效果。

图3-32

※ 上限：以世界单位设置上部边界，该边界位于弯曲中心点的上方，超出该边界弯曲不再影响几何体，其范围从0~999999。

※ 下限：以世界单位设置下部边界，该边界位于弯曲中心点的下方，超出该边界弯曲不再影响几何体，其范围从-999999~0。

3.2.6 扭曲修改器

"扭曲"修改器与"弯曲"修改器的参数比较相似，但是"扭曲"修改器产生的是扭曲效果，而"弯曲"修改器产生的是弯曲效果。"扭曲"修改器可以在对象几何体中产生一个旋转效果（就像拧湿抹布），并且可以控制任意3个轴上的扭曲角度，同时也可以对几何体的一段限制扭曲效果，其参数设置面板如图3-33所示。

图3-33

技巧与提示
"扭曲"修改器与"弯曲"修改器的参数基本相同，因此这里不再重复介绍。

3.2.7 置换修改器

"置换"修改器是以力场的形式来推动和重塑对象的几何外形，可以直接从修改器的Gizmo（也可以使用位图）来应用它的变量力，其参数设置面板如图3-34所示。

图3-34

重要参数解析

（1）置换

※ 强度：设置置换的强度，数值为0时没有任何效果。

※ 衰退：如果设置"衰减"数值，则置换强度会随距离的变化而衰减。

※ 亮度中心：决定使用什么样的灰度作为0置换值。勾选该选项以后，可以设置下面的"中心"数值。

（2）图像

※ 位图/贴图：加载位图或贴图。

※ 移除位图/贴图：移除指定的位图或贴图。

※ 模糊：模糊或柔化位图的置换效果。

（3）贴图

※ 平面：从单独的平面对贴图进行投影。

※ 柱形：以环绕在圆柱体上的方式对贴图进行投影。启用"封口"选项可以从圆柱体的末端投射贴图副本。

※ 球形：从球体出发对贴图进行投影，位图边缘在球体两极的交会处均为奇点。

※ 收缩包裹：从球体投射贴图，与"球形"贴图类似，但是它会截去贴图的各个角，然后在一个单独的极点将它们全部结合在一起，在底部创建一个奇点。

※ 长度/宽度/高度：指定置换Gizmo的边界框尺寸，其中高度对"平面"贴图没有任何影响。

※ U/V/W向平铺：设置位图沿指定尺寸重复的次数。

※ 翻转：沿相应的U/V/W轴翻转贴图的方向。

※ 使用现有贴图：让置换使用堆栈中较早的贴图设置，如果没有为对象应用贴图，该功能将不起任何作用。

※ 应用贴图：将置换UV贴图应用到绑定对象。

47

（4）通道

※ 贴图通道：指定UVW通道用来贴图，其后面的数值框用来设置通道的数目。

※ 顶点颜色通道：开启该选项可以对贴图使用顶点颜色通道。

（5）对齐

※ X/Y/Z：选择对齐的方式，可以选择沿*x/y/z*轴进行对齐。

※ "适配"按钮 适配 ：缩放Gizmo以适配对象的边界框。

※ "中心"按钮 中心 ：相对于对象的中心来调整Gizmo的中心。

※ "位图适配"按钮 位图适配 ：单击该按钮可以打开"选择图像"对话框，可以缩放Gizmo来适配选定位图的纵横比。

※ "法线对齐"按钮 法线对齐 ：单击该按钮可以将曲面的法线进行对齐。

※ "视图对齐"按钮 视图对齐 ：使Gizmo指向视图的方向。

※ "区域适配"按钮 区域适配 ：单击该按钮可以将指定的区域进行适配。

※ "重置"按钮 重置 ：将Gizmo恢复到默认值。

※ "获取"按钮 获取 ：选择另一个对象并获得它的置换Gizmo设置。

3.2.8 噪波修改器

　　"噪波"修改器可以使对象表面的顶点进行随机变动，从而让表面变得起伏不规则，常用于制作复杂的地形、地面和水面效果，并且"噪波"修改器可以应用在任何类型的对象上，其参数设置面板如图3-35所示。

重要参数解析

※ 种子：从设置的数值中生成一个随机起始点。该参数在创建地形时非常有用，因为每种设置都可以生成不同的效果。

※ 比例：设置噪波影响的大小（不是强度）。较大的值可以产生平滑的噪波，较小的值可以产生锯齿现象非常严重的噪波。

图3-35

※ 分形：控制是否产生分形效果。勾选该选项以后，下面的"粗糙度"和"迭代次数"选项才可用。

※ 粗糙度：决定分形变化的程度。

※ 迭代次数：控制分形功能所使用的迭代数目。

※ X/Y/Z：设置噪波在*x/y/z*坐标轴上的强度（至少为其中一个坐标轴输入强度数值）。

3.2.9 FFD修改器

　　FFD是"自由变形"的意思，FFD修改器即"自由变形"修改器。FFD修改器包含5种类型，分别FFD 2×2×2修改器、FFD 3×3×3修改器、FFD 4×4×4修改器、FFD（长方体）修改器和FFD（圆柱体）修改器，如图3-36所示。这种修改器是使用晶格框包围住选中的几何体，然后通过调整晶格的控制点来改变封闭几何体的形状。

　　由于FFD修改器的使用方法基本都相同，因此这里选择FFD（长方体）修改器来进行讲解，其参数设置面板如图3-37所示。

重要参数解析

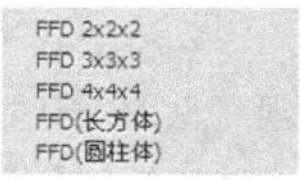

图3-36 　　　　图3-37

（1）尺寸

※ 点数：显示晶格中当前的控制点数目，例如4×4×4、2×2×2等。

※ "设置点数"按钮 设置点数 ：单击该按钮可以打开"设置FFD尺寸"

图3-38

对话框，在该对话框中可以设置晶格中所需控制点的数目，如图3-38所示。

（2）显示

※ 晶格：控制是否使连接控制点的线条形成栅格。

※ 源体积：开启该选项可以将控制点和晶格以未修改的状态显示出来。

（3）变形

※ 仅在体内：只有位于源体积内的顶点会变形。

※ 所有顶点：所有顶点都会变形。

※ 衰减：决定FFD的效果减为0时离晶格的距离。

※ 张力/连续性：调整变形样条线的张力和连续性。虽然无法看到FFD中的样条线，但晶格和控制点代表着控制样条线的结构。

（4）选择

"全部X"按钮 全部X /"全部Y"按钮 全部Y /"全部Z"按钮 全部Z ：选中沿着由这些轴指定的局部维度的所有控制点。

（5）控制点

"重置"按钮 重置 ：将所有控制点恢复到原始位置。

"全部动画"按钮 全部动画 ：单击该按钮可以将控制器指定给所有的控制点，使它们在轨迹视图中可见。

"与图形一致"按钮 与图形一致 ：在对象中心控制点位置之间沿直线方向来延长线条，可以将每一个FFD控制点移到修改对象的交叉点上。

内部点：仅控制受"与图形一致"影响的对象内部的点。

外部点：仅控制受"与图形一致"影响的对象外部的点。

偏移：设置控制点偏移对象曲面的距离。

About（关于）按钮 About ：显示版权和许可信息。

3.2.10 晶格修改器

"晶格"修改器可以将图形的线段或边转化为圆柱形结构，并在顶点上产生可选择的关节多面体，其参数设置面板如图3-39所示。

重要参数解析

（1）几何体

※ 应用于整个对象：将"晶格"修改器应用到对象的所有边或线段上。

※ 仅来自顶点的节点：仅显示由原始网格顶点产生的关节（多面体）。

※ 仅来自边的支柱：仅显示由原始网格线段产生的支柱（多面体）。

※ 二者：显示支柱和关节。

（2）支柱

※ 半径：指定结构的半径。

※ 分段：指定沿结构的分段数目。

※ 边数：指定结构边界的边数目。

※ 材质ID：指定用于结构的材质ID，这样可以使结构和关节具有不同的材质ID。

图3-39

※ 忽略隐藏边：仅生成可视边的结构。如果禁用该选项，将生成所有边的结构，包括不可见边，如图3-40所示是开启与关闭"忽略隐藏边"选项时的对比效果。

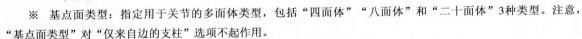

图3-40

※ 末端封口：将末端封口应用于结构。

※ 平滑：将平滑应用于结构。

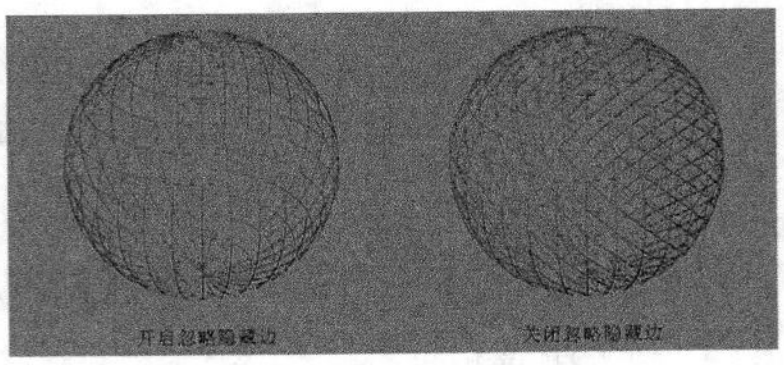

（3）节点

※ 基点面类型：指定用于关节的多面体类型，包括"四面体""八面体"和"二十面体"3种类型。注意，"基点面类型"对"仅来自边的支柱"选项不起作用。

※ 半径：设置关节的半径。

※ 分段：指定关节中的分段数目。分段数越多，关节形状越接近球形。

※ 材质ID：指定用于结构的材质ID。

※ 平滑：将平滑应用于关节。

（4）贴图坐标

※ 无：不指定贴图。

※ 重用现有坐标：将当前贴图指定给对象。

※ 新建：将圆柱形贴图应用于每个结构和关节。

 技巧与提示

使用"晶格"修改器可以基于网格拓扑来创建可渲染的几何体结构，也可以用来渲染线框图。

3.2.11 平滑类修改器

"平滑"修改器、"网格平滑"修改器和"涡轮平滑"修改器都可以用来平滑几何体，但是在效果和可调性上有所差别。简单地说，对于相同的物体，"平滑"修改器的参数比其他两种修改器要简单一些，但是平滑的强度不强；"网格平滑"修改器与"涡轮平滑"修改器的使用方法相似，但是后者能够更快并更有效率地利用内存，不过"涡轮平滑"修改器在运算时容易发生错误。因此，在实际工作中"网格平滑"修改器是其中最常用的一种。下面就针对"网格平滑"修改器进行讲解。

"网格平滑"修改器可以通过多种方法来平滑场景中的几何体，它允许细分几何体，同时可以使角和边变得平滑，其参数设置面板如图3-41所示。

图3-41

重要参数解析

※ 细分方法：选择细分的方法，共有"经典"、NURMS和"四边形输出"3种方法。"经典"方法可以生成三面和四面的多面体，如图3-42所示；NURMS方法生成的对象与可以为每个控制顶点设置不同权重的NURBS对象相似，这是默认设置，如图3-43所示；"四边形输出"方法仅生成四面多面体，如图3-44所示。

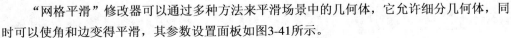

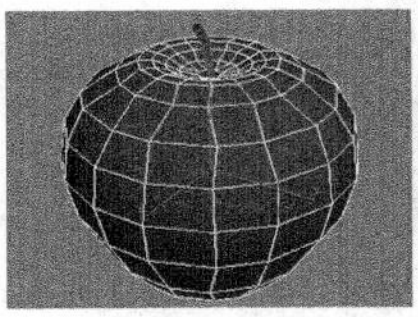

图3-42 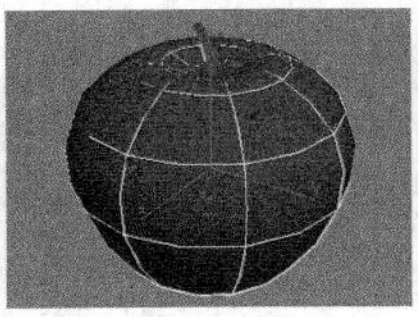　　　　　　　图3-43 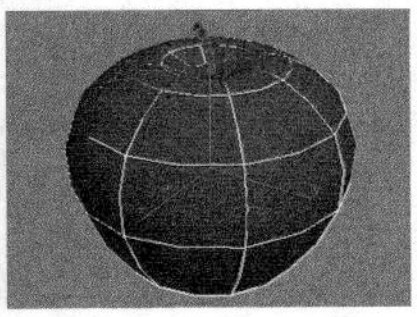　　　　　　　图3-44

※ 应用于整个网格：启用该选项后，平滑效果将应用于整个对象。

※ 迭代次数：设置网格细分的次数，这是最常用的一个参数，其数值的大小直接决定了平滑的效果，取值范围为0~10。增加该值时，每次新的迭代会通过在迭代之前对顶点、边和曲面创建平滑差补顶点来细分网格，如图3-45所示是"迭代次数"为1、2、3时的平滑效果对比。

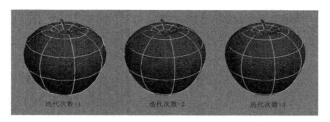

图3-45

技巧与提示

"网格平滑"修改器的参数虽然有7个卷展栏,但是基本上只会用到"细分方法"和"细分量"卷展栏下的参数,特别是"细分量"卷展栏下的"迭代次数"。

※ 平滑度:为多尖锐的锐角添加面以平滑锐角,计算得到的平滑度为顶点连接的所有边的平均角度。

※ 渲染值:用于在渲染时对对象应用不同平滑"迭代次数"和不同的"平滑度"值。在一般情况下,使用较低的"迭代次数"和较低的"平滑度"值进行建模,而使用较高值进行渲染。

3.3 多边形建模

多边形建模作为当今主流的建模方式,已经被广泛应用到游戏角色、影视、工业造型、室内外等模型制作中。多边形建模方法在编辑上更加灵活,对硬件的要求也很低,其建模思路与网格建模的思路很接近,其不同点在于网格建模只能编辑三角面,而多边形建模对面数没有任何要求,如图3-46所示的是一些比较优秀的多边形建模作品。

图3-46

本节内容介绍

名称	作用	重要程度
塌陷多边形对象	了解塌陷多边形对象的方法	高
编辑多边形对象	了解用于编辑多边形对象的各参数含义	高

3.3.1 课堂案例——制作木质茶几

课堂案例

制作木质茶几

案例位置 案例文件>第3章>课堂案例——制作木质茶几>课堂案例——制作木质茶几.max
视频位置 多媒体教学>第3章>课堂案例——制作木质茶几.flv
难易指数 ★★☆☆☆
学习目标 学习多边形建模的方法,案例效果如图3-47所示

图3-47

下载验证码: 70656

① 使用"圆柱体"工具 ▭长方体 在场景中创建一个长方体，然后在"参数"卷展栏下设置"长度"为800mm、"宽度"为400mm、"高度"为50mm、"分段"全部为1，如图3-48所示。

② 选择长方体，然后单击鼠标右键，接着在弹出的菜单中选择"转换为>转换为可编辑多边形"命令，如图3-49所示。

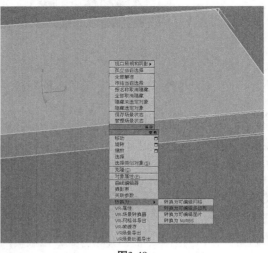

图3-48   图3-49

③ 在"选择"卷展栏下单击"多边形"按钮 ▣，进入"多边形"级别，然后选择底部的多边形，如图3-50所示，接着在"编辑多边形"卷展栏下单击"插入"按钮 插入 后面的"设置"按钮▫，最后设置"数量"为5mm，效果如图3-51所示。

图3-50   图3-51

④ 选择如图3-52所示的多边形，然后在"编辑多边形"卷展栏下单击"挤出"按钮 挤出 后面的"设置"按钮▫，接着设置"高度"为260mm，效果如图3-53所示。

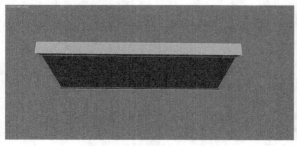

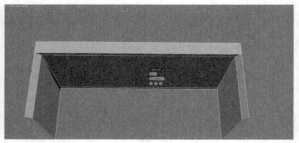

图3-52   图3-53

⑤ 选择顶部的多边形，如图3-54所示，然后在"编辑多边形"卷展栏下单击"插入"按钮 插入 后面的"设置"按钮▫，接着设置"数量"为70mm，效果如图3-55所示。

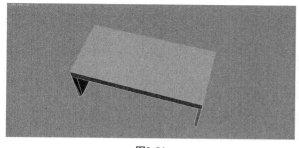
图3-54

图3-55

技巧与提示

这里插入多边形主要是为了得到更多的段值。

06 保持对多边形的选择，然后继续使用"插入"工具 插入 将多边形插入10mm，如图3-56所示。

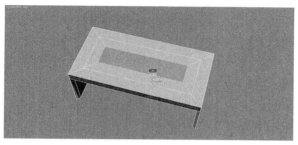
图3-56

07 在"选择"卷展栏下单击"边"按钮 ，进入"边"级别，然后选择如图3-57所示的边，接着在"编辑边"卷展栏下单击"切角"按钮 切角 后面的"设置"按钮 ，最后设置"边切角量"为4mm，效果如图3-58所示。

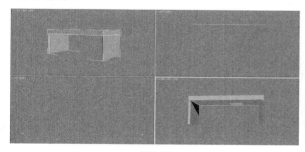
图3-57

图3-58

技巧与提示

选择边要适当配合"环形"工具 环形 、循环"工具" 循环 以及加减（按住Ctrl键可加选边，按住Alt键可减选边）运算法在各个视图中进行选择。

08 最终效果如图3-59所示。

图3-59

3.3.2 塌陷多边形对象

在编辑多边形对象之前首先要明确多边形物体不是创建出来的，而是塌陷出来的。将物体塌陷为多边形的方法主要有以下3种。

第1种：在物体上单击鼠标右键，然后在弹出的菜单中选择"转换为>转换为可编辑多边形"命令，如图3-60所示。

第2种：为物体加载"编辑多边形"修改器，如图3-61所示。

第3种：在修改器堆栈中选中物体，然后单击鼠标右键，接着在弹出的菜单中选择"可编辑多边形"命令，如图3-62所示。

图3-60　　　　图3-61　　　　图3-62

3.3.3 编辑多边形对象

将物体转换为可编辑多边形对象后，就可以对可编辑多边形对象的顶点、边、边界、多边形和元素分别进行编辑。可编辑多边形的参数设置面板中包括6个卷展栏，分别是"选择"卷展栏、"软选择"卷展栏、"编辑几何体"卷展栏、"细分曲面"卷展栏、"细分置换"卷展栏和"绘制变形"卷展栏，如图3-63所示。

请注意，在选择了不同的次物体级别以后，可编辑多边形的参数设置面板也会发生相应的变化，比如在"选择"卷展栏下单击"顶点"按钮，进入"顶点"级别以后，在参数设置面板中就会增加两个对顶点进行编辑的卷展栏，如图3-64所示。而如果进入"边"级别和"多边形"级别以后，又会增加对边和多边形进行编辑的卷展栏，如图3-65所示。

图3-63　　　图3-64　　　　　图3-65

在下面的内容中，将着重对"选择"卷展栏、"软选择"卷展栏、"编辑几何体"卷展栏进行详细讲解，同时还要对"顶点"级别下的"编辑顶点"卷展栏、"边"级别下的"编辑边"卷展栏以及"多边形"卷展栏下的"编辑多边形"卷展栏进行重点介绍。

1.选择

"选择"卷展栏下的工具与选项主要用来访问多边形子对象级别以及快速选择子对象，如图3-66所示。

图3-66

重要参数解析

※　"顶点"按钮：用于访问"顶点"子对象级别。

※　"边"按钮：用于访问"边"子对象级别。

※　"边界"按钮：用于访问"边界"子对象级别，可从中选择构成网格中孔洞边框的一系列边。边界总是由仅在一侧带有面的边组成，并总是为完整循环。

※　"多边形"按钮：用于访问"多边形"子对象级别。

※　"元素"按钮：用于访问"元素"子对象级别，可从中选择对象中的所有连续多边形。

※　按顶点：除了"顶点"级别外，该选项可以在其他4种级别中使用。启用该选项后，只有选择所用的顶点才

能选择子对象。

※ 忽略背面：启用该选项后，只能选中法线指向当前视图的子对象。比如启用该选项以后，在前视图中框选如图3-67所示的顶点，但只能选择正面的顶点，而背面不会被选择到，如图3-68所示是在左视图中的观察效果；如果关闭该选项，在前视图中同样框选相同区域的顶点，则背面的顶点也会被选择，如图3-69所示是在顶视图中的观察效果。

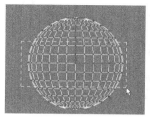 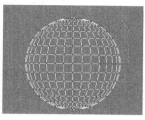 

图3-67　　　　　　　　　　图3-68　　　　　　　　　　图3-69

※ 按角度：该选项只能用在"多边形"级别中。启用该选项时，如果选择一个多边形，3ds Max会基于设置的角度自动选择相邻的多边形。

※ "收缩"按钮 收缩 ：单击一次该按钮，可以在当前选择范围中向内减少一圈对象。

※ "扩大"按钮 扩大 ：与"收缩"按钮 收缩 相反，单击一次该按钮，可以在当前选择范围中向外增加一圈对象。

※ "环形"按钮 环形 ：该工具只能在"边"和"边界"级别中使用。在选中一部分子对象后，单击该按钮可以自动选择平行于当前对象的其他对象。比如选择一条如图3-70所示的边，然后单击"环形"按钮 环形 ，可以选择整个纬度上平行于选定边的边，如图3-71所示。

"循环"按钮 循环 ：该工具同样只能在"边"和"边界"级别中使用。在选中一部分子对象后，单击该按钮可以自动选择与当前对象在同一曲线上的其他对象。比如选择如图3-72所示的边，然后单击"循环"按钮 循环 ，可以选择整个经度上的边，如图3-73所示。

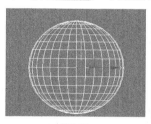 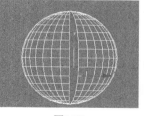 

图3-70　　　　　　　图3-71　　　　　　　图3-72　　　　　　　图3-73

※ 预览选择：在选择对象之前，通过这里的选项可以预览光标滑过处的子对象，有"禁用""子对象"和"多个"3个选项可供选择。

2.软选择

"软选择"是以选中的子对象为中心向四周扩散，以放射状方式来选择子对象。在对选择的部分子对象进行变换时，可以让子对象以平滑的方式进行过渡。另外，可以通过控制"衰减""收缩"和"膨胀"的数值来控制所选子对象区域的大小及对子对象控制力的强弱，并且"软选择"卷展栏还包含了绘制软选择的工具，如图3-74所示。

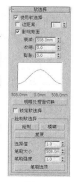

图3-74

重要参数解析

※ 使用软选择：控制是否开启"软选择"功能。启用后，选择一个或一个区域的子对象，那么会以这个子对象为中心向外选择其他对象。比如框选如图3-75所示的顶点，那么软选择就会以这些顶点为中心向外进行扩散选择，如图3-76所示。

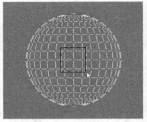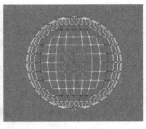

图3-75　　　　　　　　　　图3-76

技巧与提示

在用软选择选择子对象时，选择的子对象是以红、橙、黄、绿、蓝5种颜色进行显示的。处于中心位置的子对象显示为红色，表示这些子对象被完全选择，在操作这些子对象时，它们将被完全影响，然后依次是橙、黄、绿、蓝的子对象。

※ 边距离：启用该选项后，可以将软选择限制到指定的面数。

※ 影响背面：启用该选项后，那些与选定对象法线方向相反的子对象也会受到相同的影响。

※ 衰减：用以定义影响区域的距离，默认值为20mm。"衰减"数值越高，软选择的范围也就越大，如图3-77和图3-78所示是将"衰减"设置为500mm和800mm时的选择效果对比。

※ 收缩：设置区域的相对"突出度"。

※ 膨胀：设置区域的相对"丰满度"。

※ 软选择曲线图：以图形的方式显示软选择是如何进行工作的。

※ "明暗处理面切换"按钮 明暗处理面切换 ：只能用在"多边形"和"元素"级别中，用于显示颜色渐变，如图3-79所示。它与软选择范围内面上的软选择权重相对应。

※ 锁定软选择：锁定软选择，以防止对按程序的选择进行更改。

※ "绘制"按钮 绘制 ：可以在使用当前设置的活动对象上绘制软选择。

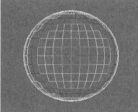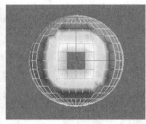

图3-77　　　　　　　　图3-78　　　　　　　　图3-79

※ "模糊"按钮 模糊 ：可以通过绘制来软化现有绘制软选择的轮廓。

※ "复原"按钮 复原 ：以通过绘制的方式还原软选择。

※ 选择值：整个值表示绘制的或还原的软选择的最大相对选择。笔刷半径内周围顶点的值会趋向于0衰减。

※ 笔刷大小：用来设置圆形笔刷的半径。

※ 笔刷强度：用来设置绘制子对象的速率。

※ "笔刷选项"按钮 笔刷选项 ：单击该按钮可以打开"绘制选项"对话框，如图3-80所示。在该对话框中可以设置笔刷的更多属性。

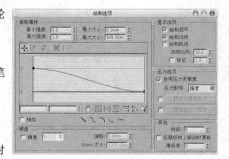

图3-80

3.编辑几何体

"编辑几何体"卷展栏下的工具适用于所有子对象级别，主要用来全局修改多边形几何体，如图3-81所示。

重要参数解析

※ "重复上一个"按钮 ▣重复上一个▣ ：单击该按钮可以重复使用上一次使用的命令。

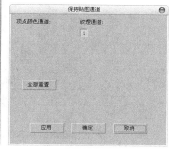

※ 约束：使用现有的几何体来约束子对象的变换，共有"无""边""面"和"法线"4种方式可供选择。

※ 保持UV：启用该选项后，可以在编辑子对象的同时不影响该对象的UV贴图。

※ "设置"按钮▣：单击该按钮可以打开"保持贴图通道"对话框，如图3-82所示。在该对话框中可以指定要保持的顶点颜色通道或纹理通道（贴图通道）。

※ "创建"按钮 ▣创建▣ ：创建新的几何体。

※ "塌陷"按钮 ▣塌陷▣ ：通过将顶点与选择中心的顶点焊接，使连续选定子对象的组产生塌陷。

图3-81　　　　图3-82

技巧与提示

"塌陷"工具 ▣塌陷▣ 类似于"焊接"工具 ▣焊接▣ ，但是该工具不需要设置"阈值"数值就可以直接塌陷在一起。

※ "附加"按钮 ▣附加▣ ：使用该工具可以将场景中的其他对象附加到选定的可编辑多边形中。

※ "分离"按钮 ▣分离▣ ：将选定的子对象作为单独的对象或元素分离出来。

※ "切片平面"按钮 ▣切片平面▣ ：使用该工具可以沿某一平面分开网格对象。

※ 分割：启用该选项后，可以通过"快速切片"工具 ▣快速切片▣ 和"切割"工具 ▣切割▣ 在划分边的位置处创建出两个顶点集合。

※ "切片"按钮 ▣切片▣ ：可以在切片平面位置处执行切割操作。

※ "重置平面"按钮 ▣重置平面▣ ：将执行过"切片"的平面恢复到之前的状态。

※ "快速切片"按钮 ▣快速切片▣ ：可以将对象进行快速切片，切片线沿着对象表面，所以可以更加准确地进行切片。

※ "切割"按钮 ▣切割▣ ：可以在一个或多个多边形上创建出新的边。

※ "网格平滑"按钮 ▣网格平滑▣ ：使选定的对象产生平滑效果。

※ "细化"按钮 ▣细化▣ ：增加局部网格的密度，从而方便处理对象的细节。

※ "平面化"按钮 ▣平面化▣ ：强制所有选定的子对象成为共面。

※ "视图对齐"按钮 ▣视图对齐▣ ：使对象中的所有顶点与活动视图所在的平面对齐。

※ "栅格对齐"按钮 ▣栅格对齐▣ ：使选定对象中的所有顶点与活动视图所在的平面对齐。

※ "松弛"按钮 ▣松弛▣ ：使当前选定的对象产生松弛现象。

※ "隐藏选定对象"按钮 ▣隐藏选定对象▣ ：隐藏所选定的子对象。

※ "全部取消隐藏"按钮 ▣全部取消隐藏▣ ：将所有的隐藏对象还原为可见对象。

※ "隐藏未选定对象"按钮 ▣隐藏未选定对象▣ ：隐藏未选定的任何子对象。

※ 命名选择：用于复制和粘贴子对象的命名选择集。

※ 删除孤立顶点：启用该选项后，选择连续子对象时会删除孤立顶点。

※ 完全交互：启用该选项后，如果更改数值，将直接在视图中显示最终的结果。

4.编辑顶点

进入可编辑多边形的"顶点"级别以后，在"修改"面板中会增加一个"编辑顶点"卷展栏，如图3-83所示。这个卷展栏下的工具全部是用来编辑顶点的。

重要参数解析

※ "移除"按钮 ▣移除▣ ：选中一个或多个顶点以后，单击该按钮可以将其移除。

图3-83

技巧与提示

这里详细介绍一下移动顶点与删除顶点的区别。

移动顶点：选中一个或多个顶点以后，单击"移除"按钮 移除 或按Backspace键即可移除顶点，但也只能是移除了顶点，而面仍然存在，如图3-84所示。注意，移除顶点可能导致网格形状发生严重变形。

删除顶点：选中一个或多个顶点以后，按Delete键可以删除顶点，同时也会删除连接到这些顶点的面，如图3-85所示。

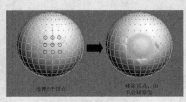

图3-84   图3-85

※ "断开"按钮 断开 ：选中顶点以后，单击该按钮可以在与选定顶点相连的每个多边形上都创建一个新顶点，这可以使多边形的转角相互分开，使它们不再相连于原来的顶点上。

※ "挤出"按钮 挤出 ：直接使用这个工具可以手动在视图中挤出顶点，如图3-86所示。如果要精确设置挤出的高度和宽度，可以单击后面的"设置"按钮 □ ，然后在视图中的"挤出顶点"对话框中输入数值即可，如图3-87所示。

图3-86   图3-87

※ "焊接"按钮 焊接 ：对"焊接顶点"对话框中指定的"焊接阈值"范围之内连续的选中的顶点进行合并，合并后所有边都会与产生的单个顶点连接。单击后面的"设置"按钮 □ 可以设置"焊接阈值"。

※ "切角"按钮 切角 ：选中顶点以后，使用该工具在视图中拖曳光标，可以手动为顶点切角，如图3-88所示。单击后面的"设置"按钮 □ ，在弹出的"切角"对话框中可以设置精确的"顶点切角量"，同时还可以将切角后的面"打开"，以生成孔洞效果，如图3-89所示。

※ "目标焊接"按钮 目标焊接 ：选择一个顶点后，使用该工具可以将其焊接到相邻的目标顶点，如图3-90所示。

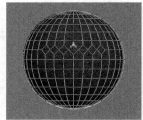  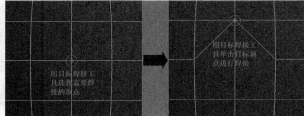

图3-88   图3-89   图3-90

技巧与提示

"目标焊接"工具 目标焊接 只能焊接成对的连续顶点。也就是说，选择的顶点与目标顶点有一个边相连。

※ "连接"按钮 连接 ：在选中的对角顶点之间创建新的边，如图3-91所示。

※ "移除孤立顶点"按钮 移除孤立顶点 ：删除不属于任何多边形的所有顶点。

※ "移除未使用的贴图顶点" 按钮 移除未使用的贴图顶点 ：某些建模操作会留下未使用的（孤立）贴图顶点，它们会显示在"展开UVW"编辑器中，但是不能用于贴图，单击该按钮就可以自动删除这些贴图顶点。

图3-91

※ 权重：设置选定顶点的权重，供NURMS细分选项和"网格平滑"修改器使用。

5.编辑边

进入可编辑多边形的"边"级别以后，在"修改"面板中会增加一个"编辑边"卷展栏，如图3-92所示。这个卷展栏下的工具全部是用来编辑边的。

重要参数解析

※ "插入顶点"按钮 <u>插入顶点</u>：在"边"
级别下，使用该工具在边上单击鼠标左键，可以在边上添加
顶点，如图3-93所示。

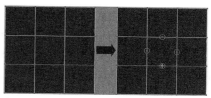

图3-92 图3-93

※ "移除"按钮 <u>移除</u>：选择边以后，单击该按钮或按Backspace键可以移除边，如图3-94所示。如果按
Delete键，将删除边以及与边连接的面，如图3-95所示。

※ "分割"按钮 <u>分割</u>：沿着选定边分割网格。对网格中心的单条边应用时，不会起任何作用。

※ "挤出"按钮 <u>挤出</u>：直接使用这个工具可以手动在视图中挤出边。如果要精确设置挤出的高度和宽度，
可以单击后面的"设置"按钮□，然后在视图中的"挤出边"对话框中输入数值即可，如图3-96所示。

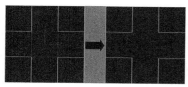
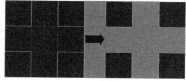
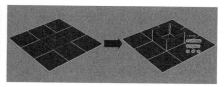

图3-94 图3-95 图3-96

※ "焊接"按钮 <u>焊接</u>：组合"焊接边"对话框指定的"焊接
阈值"范围内的选定边。只能焊接仅附着一个多边形的边，也就是边界
上的边。

※ "切角"按钮 <u>切角</u>：这是多边形建模中使用频率最高的工具
之一，可以为选定边进行切角（圆角）处理，从而生成平滑的棱角，如图
3-97所示。

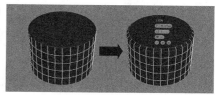

图3-97

技巧与提示

在很多时候为边进行切角处理以后，都需要模型加载"网格平滑"修改器，以生成非常平滑的模
型，如图3-98所示。

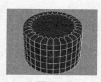

图3-98

※ "目标焊接"按钮 <u>目标焊接</u>：用于选择边并将其焊接到目标边。只能焊接仅附着一个多边形的边，也就是边
界上的边。

※ "桥"按钮 <u>桥</u>：使用该工具可以连接对象的边，但只能连接边界边，也就是只在一侧有多边形的边。

※ "连接"按钮 <u>连接</u>：这是多边形建模中使用频率最高的工具之一，可以在每对选定边之间创建新边，对
于创建或细化边循环特别有用。比如选择一对竖向的边，则可以在横向上生成边，如图3-99所示。

※ "利用所选内容创建新图形"按钮 <u>利用所选内容创建图形</u>：这是多边形建模中使用频率最高的工具之一，
可以将选定的边创建为样条线图形。选择边以后，单击该按钮可以弹出一个"创建图形"对话框，在该对话框中可以
设置图形名称以及设置图形的类型，如果选择"平滑"类型，则生成的平滑的样条线，如图3-100所示；如果选择"线
性"类型，则样条线的形状与选定边的形状保持一致，如图3-101所示。

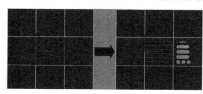
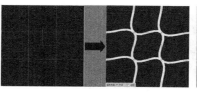
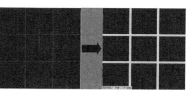

图3-99 图3-100 图3-101

※　权重：设置选定边的权重，供NURMS细分选项和"网格平滑"修改器使用。

※　拆缝：指定对选定边或边执行的折缝操作量，供NURMS细分选项和"网格平滑"修改器使用。

※　"编辑三角形"按钮 编辑三角形：用于修改绘制内边或对角线时多边形细分为三角形的方式。

※　"旋转"按钮 旋转：用于通过单击对角线修改多边形细分为三角形的方式。使用该工具时，对角线可以在线框和边面视图中显示为虚线。

6.编辑多边形

进入可编辑多边形的"多边形"级别以后，在"修改"面板中会增加一个"编辑多边形"卷展栏，如图3-102所示。这个卷展栏下的工具全部是用来编辑多边形的。

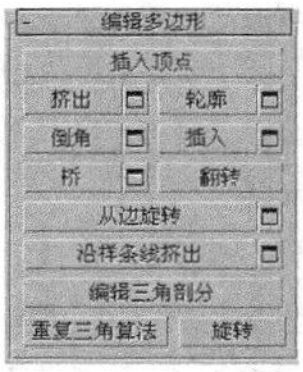

图3-102

重要参数解析

※　"插入顶点"按钮 插入顶点：用于手动在多边形插入顶点（单击即可插入顶点），以细化多边形，如图3-103所示。

※　"挤出"按钮 挤出：这是多边形建模中使用频率最高的工具之一，可以挤出多边形。如果要精确设置挤出的高度，可以单击后面的"设置"按钮□，然后在视图中的"挤出边"对话框中输入数值即可。挤出多边形时，"高度"为正值时可向外挤出多边形，为负值时可向内挤出多边形，如图3-104所示。

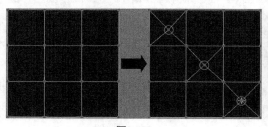

图3-103

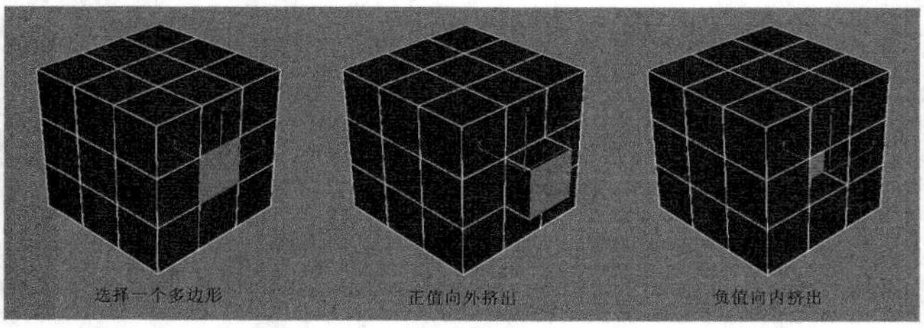

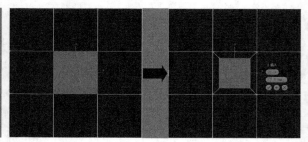

图3-104

※　"轮廓"按钮 轮廓：用于增加或减小每组连续的选定多边形的外边。

※　"倒角"按钮 倒角：这是多边形建模中使用频率最高的工具之一，可以挤出多边形，同时为多边形进行倒角，如图3-105所示。

※　"插入"按钮 插入：执行没有高度的倒角操作，即在选定多边形的平面内执行该操作，如图3-106所示。

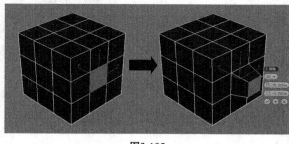

图3-105

图3-106

※　"桥"按钮 桥：使用该工具可以连接对象上的两个多边形或多边形组。

※　"翻转"按钮 翻转：反转选定多边形的法线方向，从而使其面向用户的正面。

※　"从边旋转"按钮 从边旋转：选择多边形后，使用该工具可以沿着垂直方向拖动任何边，以便旋转选定多边形。

※　"沿样条线挤出"按钮 沿样条线挤出：沿样条线挤出当前选定的多边形。

※　"编辑三角剖分"按钮 编辑三角剖分：通过绘制内边修改多边形细分为三角形的方式。

※　"重复三角算法"按钮 重复三角算法：在当前选定的一个或多个多边形上执行最佳三角剖分。

※　"旋转"按钮 旋转：使用该工具可以修改多边形细分为三角形的方式。

3.4 Graphite建模工具

在3ds Max 2010之前的版本中，"Graphite建模工具"就是3ds Max的PolyBoost插件，3ds Max 2010将该插件整合成了3ds Max内置的"Graphite建模工具"，从而使多边形建模变得更加强大。但是对于大多数用户而言，"Graphite建模工具"和多边形建模几乎没有什么区别，而且操作起来也没有多边形建模方法简便。因此在下面的内容中只简单介绍一下该工具的一些基本知识，其他的知识可参考多边形建模的相关内容。

本节内容介绍

名称	作用	重要程度
调出Graphite建模工具	了解调出"Graphite建模工具"的方法	中
切换Graphite建模工具的显示状态	了解如何切换"Graphite建模工具"的显示状态	中
Graphite建模工具的参数面板	了解"Graphite建模工具"的参数面板	高

3.4.1 课堂案例——制作床头柜

🎓 课堂案例

制作床头柜

案例位置	案例文件>第3章>课堂案例——制作床头柜>课堂案例——制作床头柜.max
视频位置	多媒体教学>第3章>课堂案例——制作床头柜.flv
难易指数	★★☆☆☆
学习目标	学习"Graphite建模工具"的用法，案例效果如图3-107所示

图3-107

01 使用"长方体"工具 [长方体] 在前视图中创建一个长方体，然后在"参数"卷展栏下设置"长度"为140mm、"宽度"为240mm、"高度"为120mm、"长度分段"为2、"宽度分段"为2，如图3-108所示。

02 选择长方体，然后在"Graphite建模工具"的工具栏中单击"Graphite建模工具"选项卡，接着在"多边形建模"面板中执行"转化为多边形"命令，如图3-109所示。

03 在"Graphite建模工具"选项卡下单击"面"按钮□，然后选择面，接着在前视图中使用"倒角"工具 [倒角] 调节"高度"为-2、"轮廓"为-7，效果如图3-110所示。

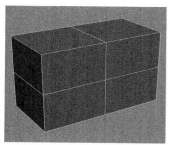

图3-108

图3-109

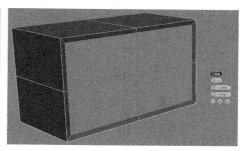

图3-110

技巧与提示

"Graphite建模工具"选项卡下有一排层级按钮，这些按钮与多边形建模的"选择"卷展栏下的层级按钮作用相同。

④ 在"Graphite建模工具"选项卡下单击"多边形"按钮 □，进入"多边形"级别，然后选择如图3-111所示的多边形，接着在"多边形"面板中单击"倒角"按钮 倒角 下面的"倒角设置"按钮 倒角设置，如图3-112所示，最后设置"高度"为4mm、"轮廓"为-2，如图3-113所示。

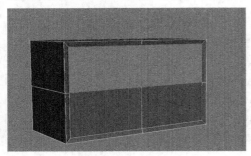

图3-111

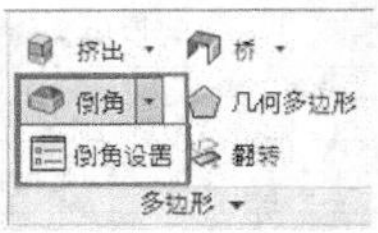

图3-112

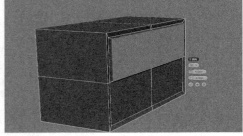

图3-113

⑤ 重复上一步操作制作一个同样的造型，如图3-114所示。

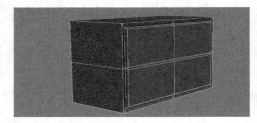

图3-114

⑥ 在"Graphite建模工具"选项卡下单击"边"按钮 ，进入"边"级别，然后选择如图3-115所示的边，接着在"边"面板中单击"切角"按钮 切角 下面的"切角设置"按钮 切角设置，并设置"边切角量"为3mm、"连接边分段"为3，如图3-116所示。

⑦ 最终效果如图3-117所示。

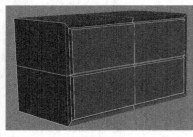

图3-115

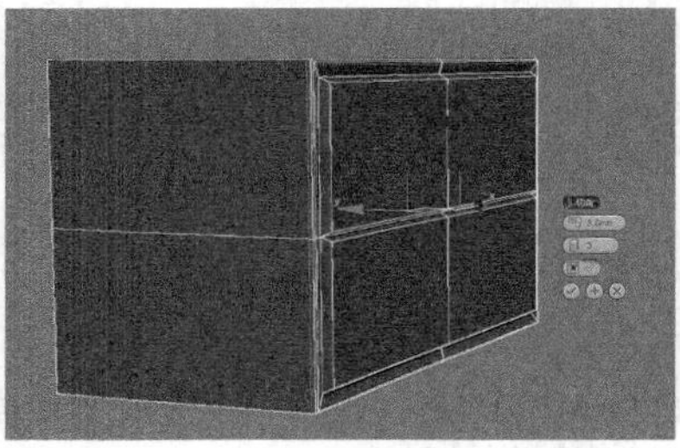

图3-116

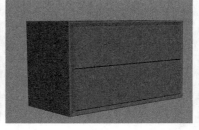

图3-117

3.4.2 调出Graphite建模工具

在默认情况下，首次启动3ds Max 2012时，"Graphite建模工具"的工具栏会自动出现在操作界面中，位于"主工具栏"的下方。如果关闭了"Graphite建模工具"的工具栏，可以在"主工具栏"上单击"Graphite建模工具"按钮 打开。

"Graphite建模工具"包含"Graphite建模工具""自由形式""选择"和"对象绘制"4个选项卡，每个选项卡下又包含了多个工具（这些工具的显示与否取决于当前建模的对象及需要），如图3-118所示。

图3-118

3.4.3 切换Graphite建模工具的显示状态

"Graphite建模工具"的界面具有3种不同的状态，单击其工具栏右侧的□按钮，在弹出的菜单中即可选择相应的显示状态，如图3-119所示。

图3-119

3.4.4 Graphite建模工具的参数面板

"Graphite建模工具"选项卡下包含了大部分多边形建模的常用工具，这些工具被分在若干不同的面板，如图3-120所示。

图3-120

> **技巧与提示**
>
> 注意，在切换不同的级别时，"Graphite建模工具"选项卡下的参数面板也会跟着发生相应的变化。关于这些面板中的参数可参考多边形建模中的相关内容。

3.5 网格建模

网格建模是3ds Max高级建模中的一种，与多边形建模的制作思路比较类似。使用网格建模可以进入到网格对象的"顶点""边""面""多边形"和"元素"级别下编辑对象，如图3-121所示是一些比较优秀的网格建模作品。

图3-121

本节内容介绍

名称	作用	重要程度
转换网格对象	了解转换网格对象的方法	低
编辑网格对象	了解编辑网格对象的方式	低

3.5.1 课堂案例——制作不锈钢餐刀

课堂案例

制作不锈钢餐刀

案例位置	案例文件>第3章>课堂案例——制作不锈钢餐刀>课堂案例——制作不锈钢餐刀.max
视频位置	多媒体教学>第3章>课堂案例——制作不锈钢餐刀.flv
难易指数	★★★☆☆
学习目标	学习网格建模的流程与方法，案例效果如图3-122所示

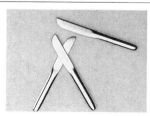 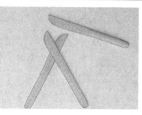

图3-122

01 使用"长方体"工具 长方体 在场景中创建一个长方体，然后在"参数"卷展栏下设置"长度"为100mm、"宽度"为20mm、"高度"为2mm、"长度分段"为8、"宽度分段"为4，如图3-123所示。

02 在长方体上单击鼠标右键，然后在弹出的菜单中选择"转换为>转换为可编辑网格"命令，如图3-124所示。

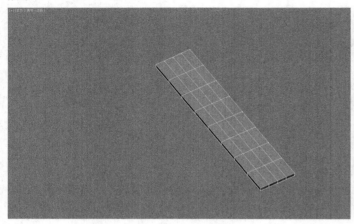

图3-123

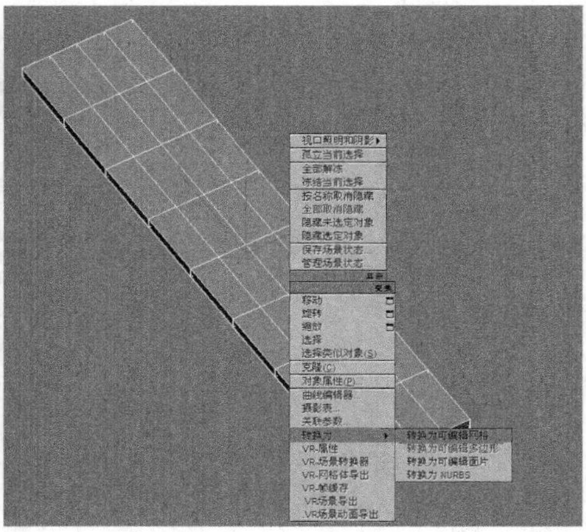

图3-124

03 在"选择"卷展栏下单击"顶点"按钮，进入"顶点"级别，然后在顶视图中把点调节成如图3-125所示的效果。

图3-125

04 在"顶点"级别中选中如图3-126所示的点，然后通过"选择并均匀缩放"工具 在z轴上压缩出刀刃的效果，接着选中如图3-127所示的点，同样通过"选择并均匀缩放"工具 在z轴上拉伸出刀柄的效果，并删除底面。

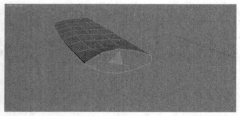

图3-126

图3-127

05 在"边"级别中选中如图3-128所示的边，然后按住Shift键的同时拖曳出刀柄部分，如图3-129所示。

图3-128

图3-129

⑥ 保持对边的选择，然后在"编辑几何体"卷展栏下单击"塌陷"按钮 塌陷 ，效果如图3-130所示，接着在"修改器列表"中为模型添加一个"网格平滑"修改器，设置"迭代次数"为2，如图3-131所示。

⑦ 最终效果如图3-132所示。

图3-130　　　　　　　　图3-131　　　　　图3-132

3.5.2　转换网格对象

与多边形对象一样，网格对象也不是创建出来的，而是经过转换而成的。将物体转换为网格对象的方法主要有以下4种。

第1种：在物体上单击鼠标右键，然后在弹出的菜单中选择"转换为>转换为可编辑网格"命令，如图3-133所示。转换为可编辑网格对象后，在修改器堆栈中可以观察到物体已经变成了"可编辑网格"对象，如图3-134所示。通过这种方法转换成的可编辑网格对象的创建参数将全部丢失。

图3-133　　　　　　图3-134

第2种：选中对象，然后进入"修改"面板，接着在修改器堆栈中的对象上单击鼠标右键，最后在弹出的菜单中选择"可编辑网格"命令，如图3-135所示。这种方法与第1种方法一样，转换成的可编辑网格对象的创建参数将全部丢失。

第3种：选中对象，然后为其加载一个"编辑网格"修改器，如图3-136所示。通过这种方法转换成的可编辑网格对象的创建参数不会丢失，仍然可以调整。

第4种：单击"创建"面板中的"实用程序"按钮，然后单击"塌陷"按钮 塌陷 ，接着在"塌陷"卷展栏下设置"输出类型"为"网格"，再选择需要塌陷的物体，最后单击"塌陷选定对象"按钮 塌陷选定对象 ，如图3-137所示。

图3-135　　　图3-136　　　图3-137

3.5.3　编辑网格对象

网格建模是一种能够基于子对象进行编辑的建模方法，网格子对象包含顶点、边、面、多边形和元素5种。网格对象的参数设置面板共有4个卷展栏，分别是"选择""软选择""编辑几何体"和"曲面属性"卷展栏，如图3-138所示。

图3-138

> **技巧与提示**
>
> 网格对象的工具与参数选项与多边形对象基本相同，用户可参考多边形对象的相应介绍。

3.6 NURBS建模

NURBS建模是一种高级建模方法，所谓NURBS就是Non—Uniform Rational B-Spline（非均匀有理B样条曲线）。NURBS建模适合于创建一些复杂的弯曲曲面，如图3-139所示是一些比较优秀的NURBS建模作品。

图3-139

本节内容介绍

名称	作用	重要程度
NURBS对象类型	了解NURBS对象的类型	低
转换NURBS对象	了解转换NURBS对象的方法	中
编辑NURBS对象	编辑NURBS对象的方法	中
NURBS工具箱	包含用于创建NURBS对象的所有工具	中

3.6.1 课堂案例——制作抱枕

课堂案例

制作抱枕

案例位置	案例文件>第3章>课堂案例——制作抱枕>课堂案例——制作抱枕.max
视频位置	多媒体教学>第3章>课堂案例——制作抱枕.flv
难易指数	★★☆☆☆
学习目标	学习NURBS曲面的创建方法，案例效果如图3-140所示

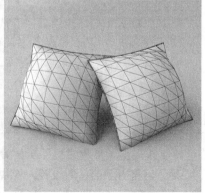

图3-140

01 使用"CV曲面"工具 CV曲面 在前视图中创建一个CV曲面，然后在"创建参数"卷展栏下设置"长度"和"宽度"为300mm、"长度CV数"和"宽度CV数"为4，接着按Enter键确认操作，如图3-141所示。

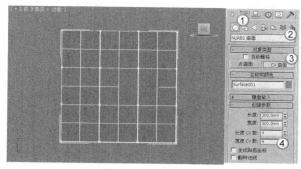

图3-141

02 进入"修改"面板，选择NURBS曲面的"曲面CV"次物体层级，然后使用"选择并均匀缩放"工具
⬜在前视图中将其调整成如图3-142所示的效果，接着使用"选择并移动"工具✥在左视图中将中间的4
个CV点向右拖曳一段距离，如图3-143所示。

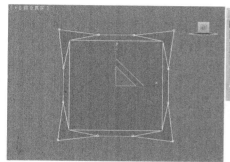

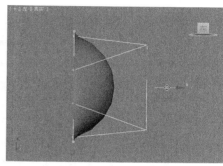

图3-142   图3-143

03 为模型加载一个"对称"修改器，然后在"参数"卷展栏下设置"镜像轴"为z轴，接着关闭"沿镜
像轴切片"选项，最后设置"阈值"为2.5mm，如图3-144所示。

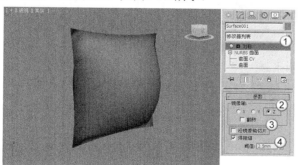

图3-144

3.6.2 NURBS对象类型

NBURBS对象包含NURBS曲面和NURBS曲线两种，如图3-145所示。

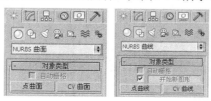

图3-145

1.NURBS曲面

NURBS曲面包含"点曲面"和"CV曲面"两种。"点曲面"由点来控制曲面的形状，每个点始终位于曲面的表面上，如图3-146所示；"CV曲面"由控制顶点（CV）来控制模型的形状，CV形成围绕曲面的控制晶格，而不是位于曲面上，如图3-147所示。

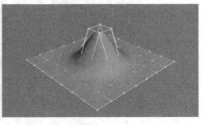

图3-146　　　　　　　　　　　　　　　图3-147

2.NURBS曲线

NURBS曲线包含"点曲线"和"CV曲线"两种。"点曲线"由点来控制曲线的形状，每个点始终位于曲线上，如图3-148所示；"CV曲线"由控制顶点（CV）来控制曲线的形状，这些控制顶点不必位于曲线上，如图3-149所示。

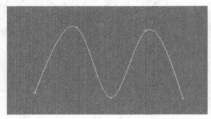

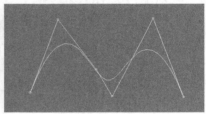

图3-148　　　　　　　　　　　　　　　图3-149

3.6.3　转换NURBS对象

NURBS对象可以直接创建出来，也可以通过转换的方法将对象转换为NURBS对象。将对象转换为NURBS对象的方法主要有以下3种。

第1种：选择对象，然后单击鼠标右键，接着在弹出的菜单中选择"转换为>转换为NURBS"命令，如图3-150所示。

第2种：选择对象，然后进入"修改"面板，接着在修改器堆栈中的对象上单击鼠标右键，最后在弹出的菜单中选择NURBS命令，如图3-151所示。

第3种：为对象加载"挤出"或"车削"修改器，然后设置"输出"为NURBS，如图3-152所示。

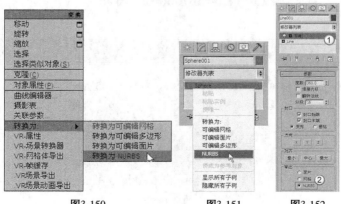

图3-150　　　　　　　　图3-151　　　　图3-152

3.6.4 编辑NURBS对象

在NURBS对象的参数设置面板中共有7个卷展栏（以NURBS曲面对象为例），分别是"常规""显示线参数""曲面近似""曲线近似""创建点""创建曲线"和"创建曲面"卷展栏，如图3-153所示。

图3-153

1.常规

"常规"卷展栏下包含用于编辑NURBS对象的常用工具以及NURBS对象的显示方式，另外还包含一个"NURBS创建工具箱"按钮 （单击该按钮可以打开"NURBS工具箱"），如图3-154所示。

2.显示线参数

"显示线参数"卷展栏下的参数主要用来指定显示NURBS曲面所用的"U向线数"和"V向线数"的数值，如图3-155所示。

3.曲面/曲线近似

"曲面近似"卷展栏下的参数主要用于控制视图和渲染器的曲面细分，可以根据不同的需要来选择"高""中""低"3种不同的细分预设，如图3-156所示；"曲线近似"卷展栏与"曲面近似"卷展栏相似，主要用于控制曲线的步数及曲线的细分级别，如图3-157所示。

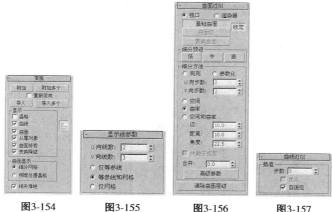

图3-154   图3-155   图3-156   图3-157

4.创建点/曲线/曲面

"创建点""创建曲线"和"创建曲面"卷展栏中的工具与"NURBS工具箱"中的工具相对应，主要用来创建点、曲线和曲面对象，如图3-158、图3-159和图3-160所示。

图3-158　　　　图3-159　　　　图3-160

3.6.5　NURBS工具箱

在"常规"卷展栏下单击"NURBS创建工具箱"按钮 打开"NURBS工具箱"，如图3-161所示。"NURBS工具箱"中包含用于创建NURBS对象的所有工具，主要分为3个功能区，分别是"点"功能区、"曲线"功能区和"曲面"功能区。

图3-161

重要参数解析

（1）创建点的工具

※　"创建点"工具 ：创建单独的点。

※　"创建偏移点"工具 ：根据一个偏移量创建一个点。

※　"创建曲线点"工具 ：创建从属曲线上的点。

※　"创建曲线-曲线点"工具 ：创建一个从属于"曲线-曲线"的相交点。

※　"创建曲面点"工具 ：创建从属于曲面上的点。

※　"创建曲面-曲线点"工具 ：创建从属于"曲面-曲线"的相交点。

（2）创建曲线的工具

※　"创建CV曲线"工具 ：创建一条独立的CV曲线子对象。

※　"创建点曲线"工具 ：创建一条独立点曲线子对象。

※　"创建拟合曲线"工具 ：创建一条从属的拟合曲线。

※　"创建变换曲线"工具 ：创建一条从属的变换曲线。

※　"创建混合曲线"工具 ：创建一条从属的混合曲线。

※　"创建偏移曲线"工具 ：创建一条从属的偏移曲线。

※　"创建镜像曲线"工具 ：创建一条从属的镜像曲线。

※　"创建切角曲线"工具 ：创建一条从属的切角曲线。

※　"创建圆角曲线"工具 ：创建一条从属的圆角曲线。

※　"创建曲面-曲面相交曲线"工具 ：创建一条从属于"曲面-曲面"的相交曲线。

※　"创建U向等参曲线"工具 ：创建一条从属的U向等参曲线。

※　"创建V向等参曲线"工具 ：创建一条从属的V向等参曲线。

※　"创建法向投影曲线"工具 ：创建一条从属于法线方向的投影曲线。

※ "创建向量投影曲线"工具 ：创建一条从属于向量方向的投影曲线。

※ "创建曲面上的CV曲线"工具 ：创建一条从属于曲面上的CV曲线。

※ "创建曲面上的点曲线"工具 ：创建一条从属于曲面上的点曲线。

※ "创建曲面偏移曲线"工具 ：创建一条从属于曲面上的偏移曲线。

※ "创建曲面边曲线"工具 ：创建一条从属于曲面上的边曲线。

（3）创建曲面的工具

※ "创建CV曲线"工具 ：创建独立的CV曲面子对象。

※ "创建点曲面"工具 ：创建独立的点曲面子对象。

※ "创建变换曲面"工具 ：创建从属的变换曲面。

※ "创建混合曲面"工具 ：创建从属的混合曲面。

※ "创建偏移曲面"工具 ：创建从属的偏移曲面。

※ "创建镜像曲面"工具 ：创建从属的镜像曲面。

※ "创建挤出曲面"工具 ：创建从属的挤出曲面。

※ "创建车削曲面"工具 ：创建从属的车削曲面。

※ "创建规则曲面"工具 ：创建从属的规则曲面。

※ "创建封口曲面"工具 ：创建从属的封口曲面。

※ "创建U向放样曲面"工具 ：创建从属的U向放样曲面。

※ "创建UV放样曲面"工具 ：创建从属的UV向放样曲面。

※ "创建单轨扫描"工具 ：创建从属的单轨扫描曲面。

※ "创建双轨扫描"工具 ：创建从属的双轨扫描曲面。

※ "创建多边混合曲面"工具 ：创建从属的多边混合曲面。

※ "创建多重曲线修剪曲面"工具 ：创建从属的多重曲线修剪曲面。

※ "创建圆角曲面"工具 ：创建从属的圆角曲面。

课堂练习——制作球形吊灯

案例文件	案例文件>第3章>课堂练习——制作球形吊灯>课堂练习——制作球形吊灯.max
视频教学	多媒体教学>第3章>课堂练习——制作球形吊灯.flv
难易指数	★☆☆☆☆
练习目标	练习多边形建模的方法，案例效果如图3-162所示

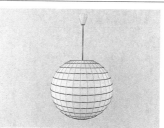

图3-162

步骤分解如图3-163所示。

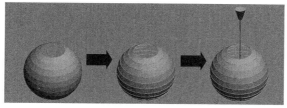

图3-163

课堂练习——制作喷泉

案例文件	案例文件>第3章>课堂练习——制作喷泉>课堂练习——制作喷泉.max
视频教学	多媒体教学>第3章>课堂练习——制作喷泉.flv
难易指数	★★☆☆☆
练习目标	练习多边形建模的方法，案例效果如图3-164所示

步骤分解如图3-165所示。

图3-164

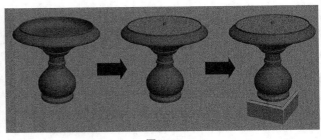

图3-165

课后习题——制作双人床

习题文件	案例文件>第3章>课后习题——制作双人床>课后习题——制作双人床.max
视频教学	多媒体教学>第3章>课后习题——制作双人床.flv
难易指数	★★☆☆☆
练习目标	练习多边形建模方法以及FFD 3×3×3修改器和"弯曲"修改器的用法，案例效果如图3-166所示

步骤分解如图3-167所示。

图3-166

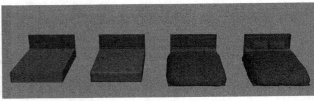

图3-167

课后习题——制作U盘

习题文件	案例文件>第3章>课后习题——制作U盘>课后习题——制作U盘.max
视频教学	多媒体教学>第3章>课后习题——制作U盘.flv
难易指数	★☆☆☆☆
练习目标	练习多边形建模方法，案例效果如图3-168所示

步骤分解如图3-169所示。

图3-168

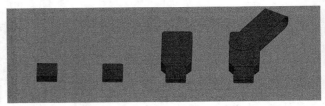

图3-169

第4章
灯光技术

本章将介绍3ds Max 2012的灯光技术，包括"光度学"灯光、"标准"灯光和VRay灯光。本章是一个很重要的章节，几乎在实际工作中运用的灯光技术都包含在本章中，特别是对于目标灯光、目标聚光灯、目标平行光、VRay光源和VRay太阳的布光思路与方法，务必要完全领会并掌握。

课堂学习目标

了解灯光的作用

掌握常用灯光的参数含义

掌握室内外场景的布光思路及相关技巧

4.1 初识灯光

没有灯光的世界将是一片黑暗，在三维场景中也是一样，即使有精美的模型、真实的材质以及完美的动画，如果没有灯光照射也毫无作用，由此可见灯光在三维表现中的重要性。自然界中存着各种形形色色的光，比如耀眼的日光、微弱的烛光以及绚丽的烟花发出来的光等，如图4-1所示。

图4-1

本节内容介绍

名称	作用	重要程度
灯光的功能	了解灯光的功能	中
3ds Max中的灯光	了解3ds Max中的灯光类型	中

4.1.1 灯光的功能

有光才有影，才能让物体呈现出三维立体感，不同的灯光效果营造的视觉感受也不一样。灯光是视觉画面的一部分，其功能主要有以下3点。

第1点：提供一个完整的整体氛围，展现出具象实体，营造空间的氛围。

第2点：为画面着色，以塑造空间和形式。

第3点：可以让人们集中注意力。

4.1.2 3ds Max中的灯光

利用3ds Max中的灯光可以模拟出真实的"照片级"画面，如图4-2所示是两张利用3ds Max制作的室内外效果图。

图4-2

在"创建"面板中单击"灯光"按钮 🔧 ，在其下拉列表中可以选择灯光的类型。3ds Max 2012包含3种灯光类型，分别是"光度学"灯光、"标准"灯光和VRay灯光，如图4-3所示。

图4-3

 技巧与提示

若没有安装VRay渲染器，系统默认的只有"光度学"灯光和"标准"灯光。

4.2 光度学灯光

"光度学"灯光是系统默认的灯光，共有3种类型，分别是"目标灯光""自由灯光"和"mr Sky门户"。

本节内容介绍

名称	作用	重要程度
目标灯光	模拟筒灯、射灯、壁灯等	高
自由灯光	模拟发光球、台灯等	中
mr Sky门户	模拟天空照明	低

4.2.1 课堂案例——制作射灯

课堂案例

制作射灯

案例位置　案例文件>第4章>课堂案例——制作射灯>课堂案例——制作射灯.max
视频位置　多媒体教学>第4章>课堂案例——制作射灯.flv
难易指数　★★★☆☆
学习目标　学习如何使用目标灯光模拟射灯照明，案例效果如图4-4所示

图4-4

01 打开本书配套资源中的"案例文件>第4章>课堂案例——制作射灯>场景.max"文件，如图4-5所示。

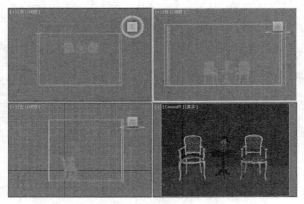

图4-5

02 设置灯光类型为"光度学"，然后在前视图中创建一盏目标灯光，其位置如图4-6所示。

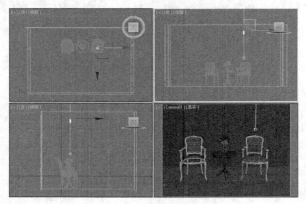

图4-6

03 选择上一步创建的目标灯光，然后进入"修改"面板，具体参数设置如图4-7所示。

设置步骤

① 展开"常规参数"卷展栏，然后在选"阴影"选项组下勾选"启用"选项，接着设置"灯光分布（类型）"为"光度学Web"。

② 展开"分布（光度学Web）"卷展栏，然后在其通道中加载本书配套资源中的"案例文件>第4章>课堂案例——制作射灯>经典筒灯.ies"文件。

③ 展开"强度/颜色/衰减"卷展栏，然后设置"过滤颜色"为（红:253，绿:204，蓝:164），接着设置"强度"为2000000。

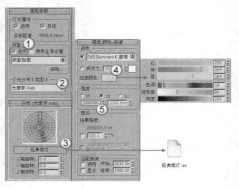

图4-7

技巧与提示

将"灯光分布（类型）"设置为"光度学Web"后，系统会自动增加一个"分布（光度学Web）"卷展栏，在"分布（光度学Web）"通道中可以加载光域网文件。

光域网是灯光的一种物理性质，用来确定光在空气中的发散方式。

不同的灯光在空气中的发散方式也不相同，比如手电筒会发出一个光束，而壁灯或台灯发出的光又是另外一种形状，这些不同的形状是由灯光自身的特性来决定的，也就是说这些形状是由光域网造成的。灯光之所以会产生不同的图案，是因为每种灯在出厂时，厂家都要对每种灯指定不同的光域网。在3ds Max中，如果为灯光指定一个特殊的文件，就可以产生与现实生活中相同的发散效果，这种特殊文件的标准格式为.ies，如图4-8所示是一些不同光域网的显示形态，图4-9所示是这些光域网的渲染效果。

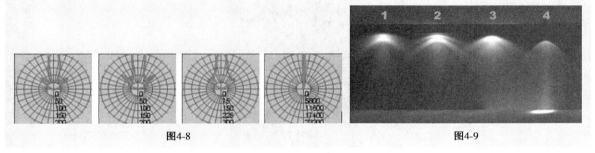

图4-8 图4-9

04 使用"选择并移动"工具 ✛ 选择目标灯光，然后按住Shift键移动复制一盏灯光到另外一把椅子的上方，如图4-10所示。

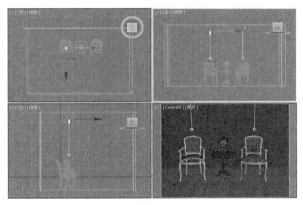

图4-10

05 设置灯光类型为VRay，然后在前视图中创建一盏VRay光源，其位置如图4-11所示。

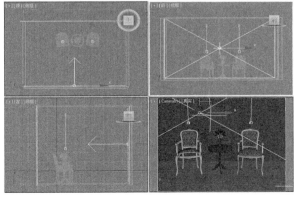

图4-11

06 选择上一步创建的VRay光源，然后展开"参数"卷展栏，具体参数设置如图4-12所示。

设置步骤

① 在"基本"选项组下设置"类型"为"平面"。

② 在"大小"选项组下设置"半长度"为18809.65mm、"半宽度"为10514.97mm。

③ 在"选项"选项组下勾选"不可见"选项。

图4-12

07 在顶视图中再次创建一盏VRay光源，其位置如图4-13所示。

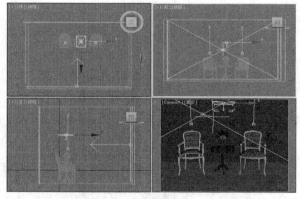

图4-13

08 选择上一步创建的VRay光源，然后展开"参数"卷展栏，具体参数设置如图4-14所示。

设置步骤

① 在"基本"选项组下设置"类型"为"平面"。

② 在"大小"选项组下设置"半长度"为1330.923mm、"半宽度"为1668.339mm。

③ 在"选项"选项组下勾选"不可见"选项。

图4-14

技巧与提示

本例的两盏VRay光源主要用来作为辅助照明。关于VRay光源的相关知识将在后面内容中进行讲解。

09 按C键切换到摄影机视图，然后按F9键渲染当前场景，最终效果如图4-15所示。

图4-15

4.2.2 目标灯光

目标灯光带有一个目标点，用于指向被照明物体，如图4-16所示。目标灯光主要用来模拟现实中的筒灯、射灯和壁灯等，其默认参数包含10个卷展栏，如图4-17所示。

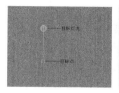

图4-16 图4-17

技巧与提示

下面主要针对目标灯光的一些常用卷展栏进行讲解。

1.常规参数

展开"常规参数"卷展栏，如图4-18所示。

图4-18

重要参数解析

（1）灯光属性

※ 启用：控制是否开启灯光。

※ 目标：启用该选项后，目标灯光才有目标点；如果禁用该选项，目标灯光没有目标点，将变成自由灯光，如图4-19所示。

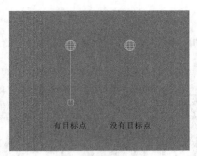

图4-19

 技巧与提示

目标灯光的目标点并不是固定不可调节的，可以对它进行移动、旋转等操作。

※ 目标距离：用来显示目标的距离。

（2）阴影

※ 启用：控制是否开启灯光的阴影效果。

※ 使用全局设置：如果启用该选项后，该灯光投射的阴影将影响整个场景的阴影效果；如果关闭该选项，则必须选择渲染器使用哪种方式来生成特定的灯光阴影。

※ 阴影类型列表：设置渲染器渲染场景时使用的阴影类型，包括"高级光线跟踪""mental ray阴影贴图""区域阴影""阴影贴图""光线跟踪阴影"、VRayShadow（VRay阴影）和"VRay阴影贴图"7种类型，如图4-20所示。

图4-20

※ 排除 排除... ：将选定的对象排除于灯光效果之外。单击该按钮可以打开"排除/包含"对话框，如图4-21所示。

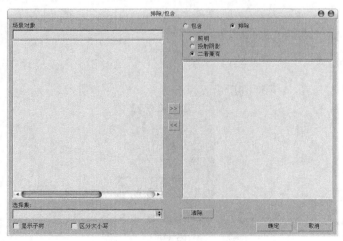

图4-21

（3）灯光分布（类型）

※ 灯光分布类型列表：设置灯光的分布类型，包含"光度学Web""聚光灯""统一漫反射"和"统一球形"4种类型。

2.强度/颜色/衰减

展开"强度/颜色/衰减"卷展栏，如图4-22所示。

图4-22

重要参数解析

（1）颜色

※ 灯光：挑选公用灯光，以近似灯光的光谱特征。

※ 开尔文：通过调整色温微调器来设置灯光的颜色。

※ 过滤颜色：使用颜色过滤器来模拟置于光源上的过滤色效果。

（2）强度

※ lm（流明）：测量整个灯光（光通量）的输出功率。100瓦的通用灯泡约有1750 lm的光通量。

※ cd（坎德拉）：用于测量灯光的最大发光强度，通常沿着瞄准发射。100瓦通用灯泡的发光强度约为139 cd。

※ lx（lux）：测量由灯光引起的照度，该灯光以一定距离照射在曲面上，并面向光源的方向。

（3）暗淡

※ 结果强度：用于显示暗淡所产生的强度。

※ 暗淡百分比：启用该选项后，该值会指定用于降低灯光强度的"倍增"。

※ 光线暗淡时白炽灯颜色会切换：启用该选项之后，灯光可以在暗淡时通过产生更多的黄色来模拟白炽灯。

（4）远距衰减

※ 使用：启用灯光的远距衰减。

※ 显示：在视口中显示远距衰减的范围设置。

※ 开始：设置灯光开始淡出的距离。

※ 结束：设置灯光减为0时的距离。

3.图形/区域阴影

展开"图形/区域阴影"卷展栏，如图4-23所示。

图4-23

重要参数解析

※ 从（图形）发射光线：选择阴影生成的图形类型，包括"点光源""线""矩形""圆形""球体"和"圆柱体"6种类型。

※ 灯光图形在渲染中可见：启用该选项后，如果灯光对象位于视野之内，那么灯光图形在渲染中会显示为自供照明（发光）的图形。

4.阴影参数

展开"阴影参数"卷展栏卷展栏，如图4-24所示。

图4-24

重要参数解析

（1）对象阴影

※ 颜色：设置灯光阴影的颜色，默认为黑色。

※ 密度：调整阴影的密度。

※ 贴图：启用该选项，可以使用贴图来作为灯光的阴影。

※ None（无）按钮 ▢None▢ ：单击该按钮可以选择贴图作为灯光的阴影。

※ 灯光影响阴影颜色：启用该选项后，可以将灯光颜色与阴影颜色（如果阴影已设置贴图）混合起来。

（2）大气阴影

※ 启用：启用该选项后，大气效果如灯光穿过它们一样投影阴影。

※ 不透明度：调整阴影的不透明度百分比。

※ 颜色量：调整大气颜色与阴影颜色混合的量。

5.阴影贴图参数

展开"阴影贴图参数"卷展栏，如图4-25所示。

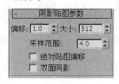

图4-25

重要参数解析

※ 偏移：将阴影移向或移离投射阴影的对象。

※ 大小：设置用于计算灯光的阴影贴图的大小。

※ 采样范围：决定阴影内平均有多少个区域。

※ 绝对贴图偏移：启用该选项后，阴影贴图的偏移是不标准化的，但是该偏移在固定比例的基础上会以3ds Max为单位来表示。

※ 双面阴影：启用该选项后，计算阴影时物体的背面也将产生阴影。

技巧与提示

注意，这个卷展栏的名称由"常规参数"卷展栏下的阴影类型来决定，不同的阴影类型具有不同的阴影卷展栏以及不同的参数选项。

6.大气和效果

展开"大气和效果"卷展栏，如图4-26所示。

图4-26

重要参数解析

※ "添加"按钮 添加 ：单击该按钮可以打开"添加大气或效果"对话框，如图4-27所示。在该对话框可以将大气或渲染效果添加到灯光中。

※ "删除"按钮 删除 ：添加大气或效果以后，在大气或效果列表中选择大气或效果，然后单击该按钮可以将其删除。

※ 大气或效果列表：显示添加的大气或效果，如图4-28所示。

※ "设置"按钮 设置 ：在大气或效果列表中选择大气或效果以后，单击该按钮可以打开"环境和效果"对话框。在该对话框中可以对大气或效果参数进行更多的设置。

图4-27   **图**4-28

 技巧与提示

关于"环境和效果"对话框将在后面的章节中单独进行讲解。

4.2.3 自由灯光

自由灯光没有目标点，常用来模拟发光球、台灯等。自由灯光的参数与目标灯光的参数完全一样，如图4-29所示。

图4-29

4.2.4 mr Sky门户

mr Sky门户灯光是一种mental ray灯光，与VRay光源比较相似，不过mr Sky门户灯光必须配合天光才能使用，其参数设置面板如图4-30所示。

图4-30

技巧与提示

mr Sky门户灯光在实际工作中基本上不会用到，因此这里不对其进行讲解。

4.3 标准灯光

"标准"灯光包括8种类型，分别是"目标聚光灯"、Free Spot（自由聚光灯）、"目标平行光""自由平行光""泛光灯""天光""mr区域泛光灯"和"mr区域聚光灯"。

本节内容介绍

名称	作用	重要程度
目标聚光灯	模拟吊灯、手电筒等	高
自由聚光灯	模拟动画灯光	低
目标平行光	模拟自然光	高
自由平行光	模拟太阳光	中
泛光灯	模拟烛光	中
天光	模拟天空光	低
mr区域泛光灯	与泛光灯类似	低
mr区域聚光灯	与聚光灯类似	低

4.3.1 课堂案例——制作卧室日光效果

课堂案例

制作卧室日光效果

案例位置	案例文件>第4章>课堂案例——制作卧室日光效果>课堂案例——制作卧室日光效果.max
视频位置	多媒体教学>第4章>课堂案例——制作卧室日光效果.flv
难易指数	★★☆☆☆
学习目标	学习如何使用目标平行光模拟日光效果，案例效果如图4-31所示

图4-31

01 打开本书配套资源中的"案例文件>第4章>课堂案例——制作卧室日光效果>场景.max"文件，如图4-32所示。

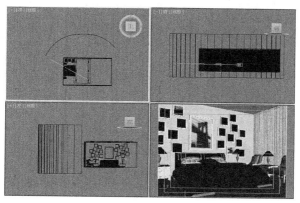

图4-32

02 设置灯光类型为"标准"，然后在室外创建一盏目标平行光，接着调整好目标点的位置，如图4-33所示。

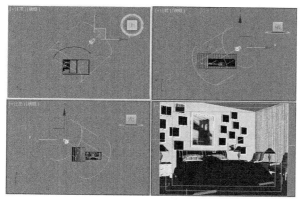

图4-33

03 选择上一步创建的目标平行光，然后进入"修改"面板，具体参数设置如图4-34所示。

设置步骤

① 展开"常规参数"卷展栏，然后在"阴影"选项组下勾选"启用"选项，接着设置阴影类型为VRayShadow（VRay阴影）。

② 展开"强度/颜色/衰减"卷展栏，然后设置"倍增"为8.0,接着设置"颜色"为（红:203，绿:225，蓝:255）。

③ 展开"平行光参数"卷展栏，然后设置"聚光区/光束"为290mm、"衰减区/区域"为292mm。

④ 展开VRayShadows params（VRay阴影参数）卷展栏，然后勾选"区域阴影"选项，接着设置"U尺寸""V尺寸"和"W尺寸"为10mm，最后设置"细分"为12。

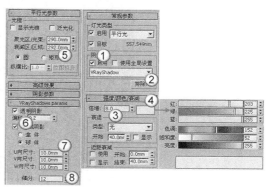

图4-34

04 设置灯光类型为VRay，然后在左侧的墙壁处创建一盏VRay光源，其位置如图4-35所示。

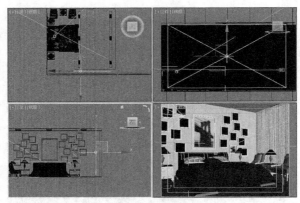

图4-35

05 选择上一步创建的VRay光源，然后进入"修改"面板，接着展开"参数"卷展栏，具体参数设置如图4-36所示。

设置步骤

① 在"基本"选项组下设置"类型"为"平面"。

② 在"亮度"选项组下设置"倍增器"为4。

③ 在"大小"选项组下设置"半长度"为82.499mm、"半宽度"为45.677mm。

图4-36

06 按C键切换到摄影机视图，然后按F9键渲染当前场景，最终效果如图4-37所示。

图4-37

4.3.2 目标聚光灯

目标聚光灯可以产生一个锥形的照射区域，区域以外的对象不会受到灯光的影响，主要用来模拟吊灯、手电筒等发出的灯光。目标聚光灯由透射点和目标点组成，其方向性非常好，对阴影的塑造能力也很强，如图4-38所示，其参数设置面板如图4-39所示。

图4-38   图4-39

1.常规参数

展开"常规参数"卷展栏，如图4-40所示。

图4-40

重要参数解析

（1）灯光类型

※ 启用：控制是否开启灯光。

※ 灯光类型列表：选择灯光的类型，包含"聚光灯""平行光"和"泛光灯"3种类型，如图4-41所示。

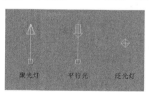

图4-41

技巧与提示

在切换灯光类型时，可以从视图中很直接地观察到灯光外观的变化。但是切换灯光类型后，场景中的灯光就会变成当前选择的灯光。

※ 目标：如果启用该选项后，灯光将成为目标聚光灯；如果关闭该选项，灯光将变成自由聚光灯。

（2）阴影

※ 启用：控制是否开启灯光阴影。

※ 使用全局设置：如果启用该选项，该灯光投射的阴影将影响整个场景的阴影效果；如果关闭该选项，则必须选择渲染器使用哪种方式来生成特定的灯光阴影。

※ 阴影类型：切换阴影的类型来得到不同的阴影效果。

※ "排除"按钮 排除... ：将选定的对象排除于灯光效果之外。

2.强度/颜色/衰减

展开"强度/颜色/衰减"卷展栏，如图4-42所示。

图4-42

重要参数解析

（1）倍增

※ 倍增：控制灯光的强弱程度。

※ 颜色：用来设置灯光的颜色。

（2）衰退

※ 类型：指定灯光的衰退方式。"无"为不衰退；"倒数"为反向衰退；"平方反比"是以平方反比的方式进行衰退。

技巧与提示

如果"平方反比"衰退方式使场景太暗，可以按大键盘上的8键打开"环境和效果"对话框，然后在"全局照明"选项组下适当加大"级别"值来提高场景亮度。

※ 开始：设置灯光开始衰退的距离。

※ 显示：在视口中显示灯光衰退的效果。

（3）近距衰减

※ 近距衰减：该选项组用来设置灯光近距离衰退的参数。

※ 使用：启用灯光近距离衰退。

※ 显示：在视口中显示近距离衰退的范围。

※ 开始：设置灯光开始淡出的距离。

※ 结束：设置灯光达到衰退最远处的距离。

（4）远距衰减

※ 远距衰减：该选项组用来设置灯光远距离衰退的参数。

※ 使用：启用灯光的远距离衰退。

※ 显示：在视口中显示远距离衰退的范围。

※ 开始：设置灯光开始淡出的距离。

※ 结束：设置灯光衰退为0的距离。

3.聚光灯参数

展开"聚光灯参数"卷展栏，如图4-43所示。

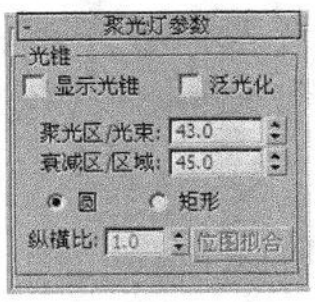

图4-43

重要参数解析

※ 显示光锥：控制是否在视图中开启聚光灯的圆锥显示效果，如图4-44所示。

※ 泛光化：开启该选项时，灯光将在各个方向投射光线。

※ 聚光区/光束：用来调整灯光圆锥体的角度。

※ 衰减区/区域：设置灯光衰减区的角度，如图4-45所示是不同"聚光区/光束"和"衰减区/区域"的光锥对比。

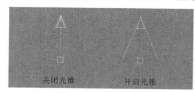 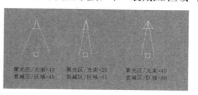

图4-44　　　　　　　　　**图4-45**

※ 圆/矩形：选择聚光区和衰减区的形状。

※ 纵横比：设置矩形光束的纵横比。

※ "位图拟合"按钮 位图拟合 ：如果灯光的投影纵横比为矩形，应设置纵横比以匹配特定的位图。

4.高级效果

展开"高级效果"卷展栏，如图4-46所示。

图4-46

重要参数解析

（1）影响曲面

※ 对比度：调整漫反射区域和环境光区域的对比度。

※ 柔化漫反射边：增加该选项的数值可以柔化曲面的漫反射区域和环境光区域的边缘。

※ 漫反射：开启该选项后，灯光将影响曲面的漫反射属性。

※ 高光反射：开启该选项后，灯光将影响曲面的高光属性。

※ 仅环境光：开启该选项后，灯光仅仅影响照明的环境光。

（2）投影贴图

※ 贴图：为投影加载贴图。

※ "无"按钮 无 ：单击该按钮可以为投影加载贴图。

4.3.3 自由聚光灯

自由聚光灯与目标聚光灯的参数基本一致，只是它无法对发射点和目标点分别进行调节，如图4-47所示。自由聚光灯特别适合用来模拟一些动画灯光，比如舞台上的射灯。

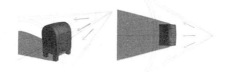

图4-47

4.3.4 目标平行光

目标平行光可以产生一个照射区域，主要用来模拟自然光线的照射效果，如图4-48所示。如果将目标平行光作为体积光来使用的话，那么可以用它模拟出激光束等效果。

图4-48

虽然目标平行光可以用来模拟太阳光，但是它与目标聚光灯的灯光类型却不相同。目标聚光灯的灯光类型是聚光灯，而目标平行光的灯光类型是平行光，从外形上看，目标聚光灯更像锥形，而目标平行光更像筒形，如图4-49所示。

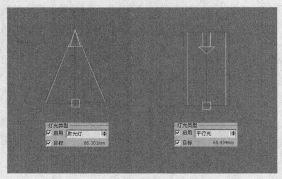

图4-49

4.3.5 自由平行光

自由平行光能产生一个平行的照射区域，常用来模拟太阳光，如图4-50所示。

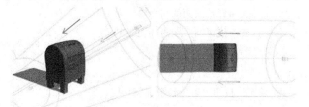

图4-50

自由平行光和自由聚光灯一样，没有目标点，当勾选"目标"选项时，自由平行光会自动变成目标平行光，如图4-51所示。因此这两种灯光之间是相互关联的。

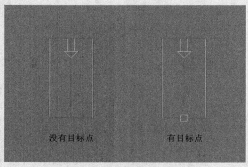

图4-51

4.3.6 泛光灯

泛光灯可以向周围发散光线,其光线可以到达场景中无限远的地方,如图4-52所示。泛光灯比较容易创建和调节,能够均匀地照射场景,但是在一个场景中如果使用太多泛光灯可能会导致场景明暗层次变暗,缺乏对比。

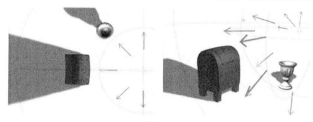

图4-52

4.3.7 天光

天光主要用来模拟天空光,以穹顶方式发光,如图4-53所示。天光不是基于物理学,可以用于所有需要基于物理数值的场景。天光可以作为场景唯一的光源,也可以与其他灯光配合使用,实现高光和投射锐边阴影。

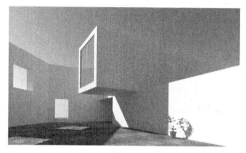

图4-53

天光的参数比较少,只有一个"天光参数"卷展栏,如图4-54所示。

图4-54

重要参数解析

※ 启用:控制是否开启天光。

※ 倍增:控制天光的强弱程度。

※ 使用场景环境:使用"环境与特效"对话框中设置的"环境光"颜色作为天光颜色。

※ 天空颜色:设置天光的颜色。

※ 贴图:指定贴图来影响天光的颜色。

※ 投影阴影:控制天光是否投射阴影。

※ 每采样光线数:计算落在场景中每个点的光子数目。

※ 光线偏移:设置光线产生的偏移距离。

4.3.8 mental ray区域泛光灯

使用mental ray（以下简称mr）渲染器渲染场景时，mr区域泛光灯可以从球体或圆柱体区域发射光线，而不是从点发射光线。如果使用的是默认扫描线渲染器，mr区域泛光灯会像泛光灯一样发射光线。

mr区域泛光灯相对于泛光灯的渲染速度要慢一些，它与泛光灯的参数基本相同，只是在mr区域泛光灯增加了一个"区域灯光参数"卷展栏，如图4-55所示。

图4-55

重要参数解析

※ 启用：控制是否开启区域灯光。

※ 在渲染器中显示图标：启用该选项后，mental ray渲染器将渲染灯光位置的黑色形状。

※ 类型：指定区域灯光的形状。球形体积灯光一般采用"球体"类型，而圆柱形体积灯光一般采用"圆柱体"类型。

※ 半径：设置球体或圆柱体的半径。

※ 高度：设置圆柱体的高度，只有区域灯光为"圆柱体"类型时才可用。

※ 采样U/V：设置区域灯光投射阴影的质量。

技巧与提示

对于球形灯光，U向将沿着半径来指定细分数，而V向将指定角度的细分数；对于圆柱形灯光，U向将沿高度来指定采样细分数，而V向将指定角度的细分数，如图4-56和图4-57所示是U、V值分别为5和30时的阴影效果。从这两张图中可以明显地观察出U、V值越大，阴影效果就越精细。

图4-56

图4-57

4.3.9 mental ray区域聚光灯

使用mental ray（以下简称mr）渲染器渲染场景时，mr区域聚光灯可以从矩形或蝶形区域发射光线，而不是从点发射光线。如果使用的是默认扫描线渲染器，mr区域聚光灯会像其他默认聚光灯一样发射光线。

mr区域聚光灯和mr区域泛光灯的参数很相似，只是mr区域聚光灯的灯光类型为"聚光灯"，因此它增加了一个"聚光灯参数"卷展栏，如图4-58所示。

图4-58

4.4 VRay灯光

安装好VRay渲染器后，在"灯光"创建面板中就可以选择VRay灯光。VRay灯光包含4种类型，分别是"VRay光源""VRayIES""VRay环境光"和"VRay太阳"，如图4-59所示。

图4-59

本节灯光介绍

名称	作用	重要程度
VRay光源	模拟室内环境的任何光源	高
VRay太阳	模拟真实的室外太阳光	高
VRay天空	用环境光模拟天光	低

4.4.1 课堂案例——制作灯泡照明

课堂案例

制作灯泡照明

案例位置　案例文件>第4章>课堂案例——制作灯泡照明>课堂案例——制作灯泡照明.max
视频位置　多媒体教学>第4章>课堂案例——制作灯泡照明.flv
难易指数　★★★☆☆
学习目标　学习如何使用VRay球体光源模拟灯泡照明，案例效果如图4-60所示

图4-60

01 打开本书配套资源中的"案例文件>第4章>课堂案例——制作灯泡照明>场景.max"文件，如图4-61所示。

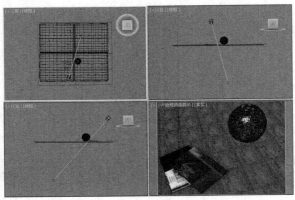

图4-61

02 设置灯光类型为VRay，然后在灯泡内创建一盏VRay光源，其位置如图4-62所示。

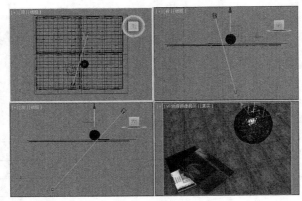

图4-62

03 选择上一步创建的VRay光源，然后进入"修改"面板，展开"参数"卷展栏，具体参数设置如图4-63所示。

设置步骤

① 在"基本"选项组下设置"类型"为"球体"。

② 在"亮度"选项组下设置"倍增器"为40，然后设置"颜色"为（红:255，绿:224，蓝:175）。

③ 在"大小"选项组下设置"半径"为23.164mm。

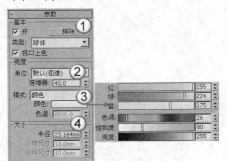

图4-63

04 按F9键测试渲染当前场景，效果如图4-64所示。

图4-64

(05) 在场景上方创建一盏VRay光源作为辅助光源，如图4-65所示。

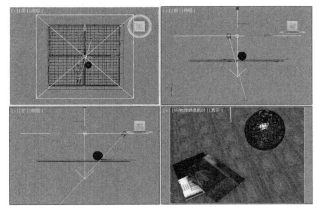

图4-65

(06) 选择上一步创建的VRay光源，然后进入"修改"面板，展开"参数"卷展栏，具体参数设置如图4-66所示。

设置步骤

① 在"基本"选项组下设置"类型"为"平面"。

② 在"亮度"选项组下设置"倍增器"为0.04，然后设置"颜色"为（红:255，绿:232，蓝:195）。

③ 在"大小"选项组下设置"半长度"为1563.48mm、"半宽度"为1383.4mm。

④ 在"选项"选项组下勾选"不可见"选项。

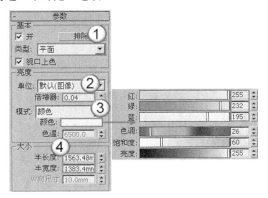

图4-66

> **技巧与提示**
>
> 注意，在创建VRay平面光源时，一般都要勾选"不可见"选项，这样在最终渲染的效果中才不会出现光源的形状。

07 按C键切换到摄影机视图，然后按F9键渲染当前场景，最终效果如图4-67所示。

图4-67

4.4.2 VRay光源

VRay光源主要用来模拟室内光源，是效果图制作中使用频率最高的一种灯光，其参数设置面板如图4-68所示。

重要参数解析

（1）基本

※ 开：控制是否开启VRay光源。

※ "排除"按钮 排除 ：用来排除灯光对物体的影响。

※ 类型：设置VRay光源的类型，共有"平面""穹顶""球体"和"网格体"4种类型，如图4-69所示。

* 平面：将VRay光源设置成平面形状。

* 穹顶：将VRay光源设置成边界盒形状。

* 球体：将VRay光源设置成穹顶状，类似于3ds Max的天光，光线来自于位于光源z轴的半球体状圆顶。

* 网格体：这种灯光是一种以网格为基础的灯光。

图4-68   图4-69

技巧与提示

"平面""穹顶""球体"和"网格体"灯光的形状各不相同，因此它们可以运用在不同的场景中，如图4-70所示。

图4-70

（2）亮度

※ 单位：指定VRay光源的发光单位，共有"默认（图像）""光通量（lm）""发光强度（lm/m²/sr）""辐射量（W）"和"辐射强度（W/m²/sr）"5种。

* 默认（图像）：VRay默认单位，依靠灯光的颜色和亮度来控制灯光的最后强弱，如果忽略曝光类型的因素，灯光色彩将是物体表面受光的最终色彩。

* 光通量（lm）：当选择这个单位时，灯光的亮度将和灯光的大小无关（100W的亮度大约等于1500lm）。

* 发光强度（lm/m²/sr）：当选择这个单位时，灯光的亮度和它的大小有关系。

* 辐射量（W）：当选择这个单位时，灯光的亮度和灯光的大小无关。注意，这里的瓦特和物理上的瓦特不一样，比如这里的100W大约等于物理上的2~3瓦特。

* 辐射强度（W/m²/sr）：当选择这个单位时，灯光的亮度和它的大小有关系。

※ 倍增器：设置VRay光源的强度。

※ 模式：设置VRay光源的颜色模式，共有"颜色"和"色温"两种。

※ 颜色：指定灯光的颜色。

※ 色温：以色温模式来设置VRay光源的颜色。

（3）大小

※ 半长度：设置灯光的长度。

※ 半宽度：设置灯光的宽度。

※ U/V/W向尺寸：当前这个参数还没有被激活（即不能使用）。另外，这3个参数会随着VRay光源类型的改变而发生变化。

（4）选项

※ 投射影阴影：控制是否对物体的光照产生阴影。

※ 双面：用来控制是否让灯光的双面都产生照明效果（当灯光类型设置为"平面"时有效，其他灯光类型无效），对比效果如图4-71所示。

图4-71

※ 不可见：这个选项用来控制最终渲染时是否显示VRay光源的形状，对比效果如图4-72所示。

图4-72

※　忽略灯光法线：这个选项控制灯光的发射是否按照光源的法线进行发射，对比效果如图4-73所示。

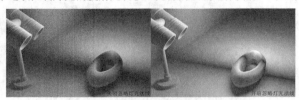

图4-73

※　不衰减：在物理世界中，所有的光线都是有衰减的。如果勾选这个选项，VRay将不计算灯光的衰减效果，对比效果如图4-74所示。

图4-74

技巧与提示

在真实世界中，光线亮度会随着距离的增大而不断变暗，也就是说远离光源的物体的表面会比靠近光源的物体表面更暗。

※　天光入口：这个选项是把VRay灯光转换为天光，这时的VRay光源就变成了"间接照明（GI）"，失去了直接照明。当勾选这个选项时，"投射影阴影""双面""不可见"等参数将不可用，这些参数将被VRay的天光参数所取代。

※　储存在发光贴图中：勾选这个选项，同时将"间接照明（GI）"里的"首次反弹"引擎设置为"发光贴图"时，VRay光源的光照信息将保存在"发光贴图"中。在渲染光子的时候将变得更慢，但是在渲染出图时，渲染速度会提高很多。当渲染完光子的时候，可以关闭或删除这个VRay光源，它对最后的渲染效果没有影响，因为它的光照信息已经保存在了"发光贴图"中。

※　影响漫反射：这选项决定灯光是否影响物体材质属性的漫反射。

※　影响高光：这选项决定灯光是否影响物体材质属性的高光。

※　影响反射：勾选该选项时，灯光将对物体的反射区进行光照，物体可以将光源进行反射。

（5）采样

※　细分：这个参数控制VRay光源的采样细分。当设置比较低的值时，会增加阴影区域的杂点，但是渲染速度比较快，如图4-75所示；当设置比较高的值时，会减少阴影区域的杂点，但是会减慢渲染速度，如图4-76所示。

图4-75　　　　　　　　　　　　　　图4-76

※　阴影偏移：这个参数用来控制物体与阴影的偏移距离，较高的值会使阴影向灯光的方向偏移。

※　阈值：设置采样的最小阈值。

（6）纹理

※　使用纹理：控制是否用纹理贴图作为半球光源。

※ None（无）按钮 [None   ]：选择纹理贴图。

※ 分辨率：设置纹理贴图的分辨率，最高为2048。

※ 自适应：设置数值后，系统会自动调节纹理贴图的分辨率。

4.4.3 VRay太阳

VRay太阳主要用来模拟真实的室外太阳光。VRay太阳的参数比较简单，只包含一个"VRay太阳参数"卷展栏，如图4-77所示。

图4-77

重要参数解析

※ 开启：阳光开关。

※ 不可见：开启该选项后，在渲染的图像中将不会出现太阳的形状。

※ 影响漫反射：这选项决定灯光是否影响物体材质属性的漫反射。

※ 影响高光：这选项决定灯光是否影响物体材质属性的高光。

※ 投射大气阴影：开启该选项以后，可以投射大气的阴影，以得到更加真实的阳光效果。

※ 混浊度：这个参数控制空气的混浊度，它影响VRay太阳和VRay天空的颜色。比较小的值表示晴朗干净的空气，此时VRay太阳和VRay天空的颜色比较蓝；较大的值表示灰尘含量重的空气（比如沙尘暴），此时VRay太阳和VRay天空的颜色呈现为黄色甚至橘黄色，如图4-78、图4-79、图4-80和图4-81所示分别是"混浊度"值为2、3、5、10时的阳光效果。

图4-78   图4-79   图4-80   图4-81

技巧与提示

当阳光穿过大气层时，一部分冷光被空气中的浮尘吸收，照射到大地上的光就会变暖。

※ 臭氧：这个参数是指空气中臭氧的含量，较小的值的阳光比较黄，较大的值的阳光比较蓝，如图4-82、图4-83和图4-84所示分别是"臭氧"值为0、0.5、1时的阳光效果。

图4-82   图4-83   图4-84

※ 强度倍增：这个参数是指阳光的亮度，默认值为1。

技巧与提示

"混浊度"和"强度倍增"是相互影响的，因为当空气中的浮尘多的时候，阳光的强度就会降低。"尺寸倍增"和"阴影细分"也是相互影响的，这主要是因为影子虚边越大，所需的细分就越多，也就是说"尺寸倍增"值越大，"阴影细分"的值就要适当增大，因为当影子为虚边阴影（面阴影）的时候，就会需要一定的细分值来增加阴影的采样，不然就会有很多杂点。

※　尺寸倍增：这个参数是指太阳的大小，它的作用主要表现在阴影的模糊程度上，较大的值可以使阳光阴影比较模糊。

※　阴影细分：这个参数是指阴影的细分，较大的值可以使模糊区域的阴影产生比较光滑的效果，并且没有杂点。

※　阴影偏移：用来控制物体与阴影的偏移距离，较高的值会使阴影向灯光的方向偏移。

※　光子发射半径：这个参数和"光子贴图"计算引擎有关。

※　天空模式：选择天空的模式，可以选晴天，也可以选阴天。

※　"排除"按钮 ▭ 排除... ▭：将物体排除于阳光照射范围之外。

4.4.4　VRay天空

VRay天空是VRay灯光系统中的一个非常重要的照明系统。VRay没有真正的天光引擎，只能用环境光来代替，如图4-85所示是在"环境贴图"通道中加载了一张"VRay天空"环境贴图，这样就可以得到VRay的天光，再使用鼠标左键将"VRay天空"环境贴图拖曳到一个空白的材质球上就可以调节VRay天空的相关参数。

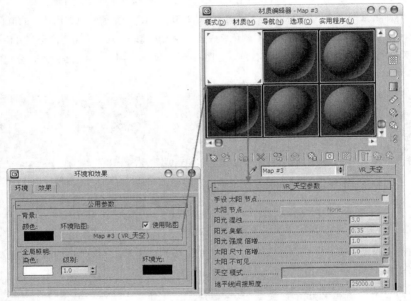

图4-85

重要参数解析

※　手设太阳节点：当关闭该选项时，VRay天空的参数将从场景中的VRay太阳的参数里自动匹配；当勾选该选项时，用户就可以从场景中选择不同的光源，在这种情况下，VRay太阳将不再控制VRay天空的效果，VRay天空将用它自身的参数来改变天光的效果。

※　太阳节点：单击后面的None（无）按钮 ▭ None ▭ 可以选择太阳光源，这里除了可以选择VRay太阳之外，还可以选择其他的光源。

※　阳光混浊：与"VRay太阳参数"卷展栏下的"混浊度"选项的含义相同。

※　阳光臭氧：与"VRay太阳参数"卷展栏下的"臭氧"选项的含义相同。

※　阳光强度倍增：与"VRay太阳参数"卷展栏下的"强度倍增"选项的含义相同。

※　太阳尺寸倍增：与"VRay太阳参数"卷展栏下的"尺寸倍增"选项的含义相同。

※　太阳不可见：与"VRay太阳参数"卷展栏下的"不可见"选项的含义相同。

※　天空模式：与"VRay太阳参数"卷展栏下的"天空模式"选项的含义相同。

技巧与提示

其实VRay天空是VRay系统中一个程序贴图，主要用来作为环境贴图或作为天光来照亮场景。在创建VRay太阳时，3ds Max会弹出如图4-86所示的对话框，提示是否将"VRay天空"环境贴图自动加载到环境中。

图4-86

课堂练习——制作阴影场景

实例文件	案例文件>第4章>课堂练习——制作阴影场景>课堂练习——制作阴影场景.max
视频教学	多媒体教学>第4章>课堂练习——制作阴影场景.flv
难易指数	★★★☆☆
练习目标	练习使用目标平行光制作物体阴影的方法，案例效果如图4-87所示

布光参考如图4-88所示。

图4-87

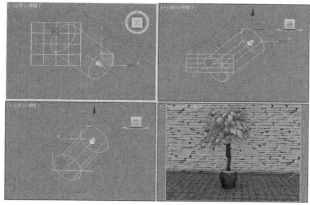

图4-88

课堂练习——制作落地灯

实例文件	案例文件>第4章>课堂练习——制作落地灯>课堂练习——制作落地灯.max
视频教学	多媒体教学>第4章>课堂练习——制作落地灯.flv
难易指数	★★☆☆☆
练习目标	练习如何用VRay光源模拟落地灯照明及电脑屏幕照明，案例效果如图4-89所示

布光参考如图4-90所示。

图4-89

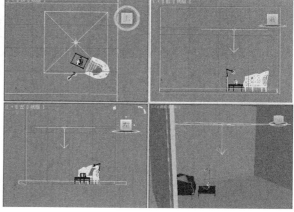

图4-90

课后习题——制作卧室柔和灯光

实例文件	案例文件>第4章>课后习题——制作卧室柔和灯光>课后习题——制作卧室柔和灯光.max
视频教学	多媒体教学>第4章>课后习题——制作卧室柔和灯光.flv
难易指数	★★★☆☆
练习目标	练习目标灯光、目标聚光灯和VRay光源的用法，案例效果如图4-91所示

布光参考如图4-92所示。

图4-91

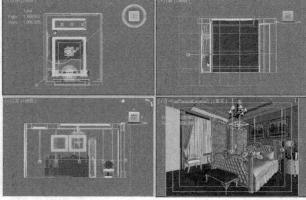
图4-92

课后习题——制作休闲室夜景

实例文件	案例文件>第4章>课后习题——制作休闲室夜景>课后习题——制作休闲室夜景.max
视频教学	多媒体教学>第4章>课后习题——制作休闲室夜景.flv
难易指数	★★☆☆☆
练习目标	练习目标灯光和VRay光源的用法，案例效果如图4-93所示

布光参考如图4-94所示。

图4-93

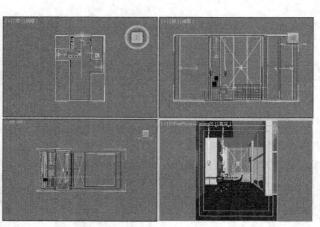
图4-94

第5章

摄影机技术

本章将介绍3ds Max 2012的摄影机技术。先介绍真实摄影机的结构及其相关术语，让读者对摄影机有一个大致的概念，然后再介绍目标摄影机与VRay物理像机。虽然一共有4种摄影机，但这两种摄影机是实际工作中使用频率最高的摄影机。

课堂学习目标

了解真实摄影机的基本原理

掌握目标摄影机的使用方法

掌握VRay物理像机的使用方法

5.1 真实摄影机的结构

在学习摄影机之前，先来了解一下真实摄影机的结构。

如果拆卸掉任何摄影机的电子装置和自动化部件，都会看到如图5-1所示的基本结构。遮光外壳的一端有一孔穴，用以安装镜头，孔穴的对面有一容片器，用以承装一段感光胶片。

为了在不同光线强度下都能产生正确的曝光影像，摄影机镜头有一可变光阑，用来调节直径不断变化的小孔，这就是所谓的光圈。打开快门后，光线才能透射到胶片上，快门给了用户选择准确瞬间曝光的机会，而且通过确定某一快门速度，还可以控制曝光时间的长短。

图5-1

5.2 摄影机的相关术语

其实3ds Max中的摄影机与真实的摄影机有很多术语都是相同的，比如镜头、焦距、曝光、白平衡等。

本节内容介绍

名称	作用	重要程度
镜头	了解摄像机的各种镜头	中
焦平面	了解焦平面的概念	低
光圈	了解光圈的概念	低
快门	了解快门的概念	低
胶片感光度	了解胶片感光度的概念	低

5.2.1 镜头

一个结构简单的镜头可以是一块凸形毛玻璃，它折射来自被摄体上每一点被扩大了的光线，然后这些光线聚集起来形成连贯的点，即焦平面。当镜头准确聚集时，胶片的位置就与焦平面互相叠合。镜头一般分为标准镜头、广角镜头、远摄镜头、鱼眼镜头和变焦镜头。

1.标准镜头

标准镜头属于校正精良的正光镜头，也是使用最为广泛的一种镜头，其焦距长度等于或近于所用底片画幅的对角线，视角与人眼的视角相近似，如图5-2所示。凡是要求被摄景物必须符合正常的比例关系，均需依靠标准镜头来拍摄。

图5-2

2.广角镜头

广角镜头的焦距短、视角广、景深长，而且均大于标准镜头，其视角超过人们眼睛的正常范围，如图5-3所示。

广角镜头的具体特性与用途表现主要有以下3点。

第1点：景深大，有利于把纵深度大的被摄物体清晰地表现在画面上。

第2点：视角大，有利于在狭窄的环境中，拍摄较广阔的场面。

第3点：景深长，可使纵深景物的近大远小比例强烈，使画面透视感强。

图5-3

技巧与提示

广角镜头的缺点是影像畸变差较大，尤其在画面的边缘部分，因此在近距离拍摄中应注意变形失真。

3.远摄镜头

远摄镜头也称长焦距镜头，它具有类似于望远镜的作用，如图5-4所示。这类镜头的焦距长于标准镜头，而视角小于标准镜头。

图5-4

远摄镜头主要有以下4个特点。

第1点：景深小，有利于摄取虚实结合的景物。

第2点：视角小，能远距离摄取景物的较大影像，对拍摄不易接近的物体，如动物、风光、人的自然神态，均能在远处不被干扰的情况下拍摄。

第3点：压缩透视，透视关系被大大压缩，使近大远小的比例缩小，使画面上的前后景物十分紧凑，画面的纵深感从而也缩短。

第4点：畸变小，影像畸变差小，这在人像摄影中经常可见。

4.鱼眼镜头

鱼眼镜头是一种极端的超广角镜头，因其巨大的视角如鱼眼而得名，如图5-5所示。它拍摄范围大，可使景物的透视感得到极大的夸张，并且可以使画面严重地桶形畸变，故别有一番情趣。

图5-5

5.变焦镜头

变焦镜头就是可以改变焦点距离的镜头，如图5-6所示。所谓焦点距离，就是从镜头中心到胶片上所形成的清晰影像上的距离。焦距决定着被摄体在胶片上所形成的影像的大小。焦点距离愈大，所形成的影像也愈大。变焦镜头是一种很有魅力的镜头，它的镜头焦距可以在较大的幅度内自由调节，这就意味着拍摄者在不改变拍摄距离的情况下，能够在较大幅度内调节底片的成像比例，也就是说，一只变焦镜头实际上起到了若干个不同焦距的定焦镜头的作用。

图5-6

5.2.2 焦平面

焦平面是通过镜头折射后的光线聚集起来形成清晰的、上下颠倒的影像的地方。经过离摄影机不同距离的运行，光线会被不同程度地折射后聚合在焦平面上，因此就需要调节聚焦装置，前后移动镜头距摄影机后背的距离。当镜头聚焦准确时，胶片的位置和焦平面应叠合在一起。

5.2.3 光圈

光圈通常位于镜头的中央，它是一个环形，可以控制圆孔的开口大小，并且控制曝光时光线的亮度。当需要大量的光线来进行曝光时，就需要开大光圈的圆孔；若只需要少量光线曝光时，就需要缩小圆孔，让少量的光线进入。

光圈由装设在镜头内的叶片控制，而叶片是可动的。光圈越大，镜头里的叶片开放越大，所谓"最大光圈"就是叶片毫无动作，让可通过镜头的光源全部跑进来的全开光圈；反之光圈越小，叶片就收缩得越厉害，最后可缩小到只剩小小的一个圆点。

光圈的功能就如同人类眼睛的虹膜，是用来控制拍摄时的单位时间的进光量，一般以f/5、F5或1:5来表示。以实际而言，较小的f值表示较大的光圈。

光圈的计算单位称为光圈值（f-number）或者是级数（f-stop）。

1.光圈值

标准的光圈值（f-number）的编号如下。

f/1、f/1.4、f/2、f/2.8、f/4、f/5.6、f/8、f/11、f/16、f/22、f/32、f/45、f/64，其中f/1是进光量最大的光圈号数，光圈值的分母越大，进光量就越小。通常一般镜头会用到的光圈号数为f/2.8～f/22，光圈值越大的镜头，镜片的口径就越大。

2.级数

级数（f-stop）是指相邻的两个光圈值的曝光量差距，例如f/8与f/11之间相差一级，f/2与f/2.8之间也相差一级。依此类推，f/8与f/16之间相差两级，f/1.4与f/4之间就差了3级。

在职业摄影领域，有时称级数为"挡"或是"格"，例如f/8与f/11之间相差了一挡，或是f/8与f/16之间相差两格。

在每一级（光圈号数）之间，后面号数的进光量都是前面号数的一半。例如f/5.6的进光量只有f/4的一半，f/16的进光量也只有f/11的一半，号数越后面，进光量越小，并且是以等比级数的方式来递减。

> **技巧与提示**
>
> 除了考虑进光量之外，光圈的大小还跟景深有关。景深是物体成像后在相片（图挡）中的清晰程度。光圈越大，景深会越浅（清晰的范围较小）；光圈越小，景深就越长（清晰的范围较大）。
>
> 大光圈的镜头非常适合低光量的环境，因为它可以在微亮光的环境下，获取更多的现场光，让我们可以用较快速的快门来拍照，以便保持拍摄时相机的稳定度。但是大光圈的镜头不易制作，必须要花较多的费用才可以获得。
>
> 好的摄影机会根据测光的结果等情况来自动计算出光圈的大小，一般情况下快门速度越快，光圈就越大，以保证有足够的光线通过，所以也比较适合拍摄高速运动的物体，比如行动中的汽车、落下的水滴等。

5.2.4 快门

快门是摄影机中的一个机械装置，大多设置于机身接近底片的位置（大型摄影机的快门设计在镜头中），用于控制快门的开关速度，并且决定了底片接受光线的时间长短。也就是说，在每一次拍摄时，光圈的大小控制了光线的进入量，快门的速度决定光线进入的时间长短，这样一次的动作便完成了所谓的"曝光"。

快门是镜头前阻挡光线进来的装置，一般而言，快门的时间范围越大越好。秒数低适合拍摄运动中的物体，某款摄影机就强调快门最快能到1/16000秒，可以轻松抓住急速移动的目标。不过当您要拍的是夜晚的车水马龙，快门时间就要拉长，常见照片中丝绢般的水流效果也要用慢速快门才能拍到。

快门以"秒"作为单位，它有一定的数字格式，一般在摄影机上可以见到的快门单位有以下15种。

B、1、2、4、8、15、30、60、125、250、500、1000、2000、4000、8000。

上面每一个数字单位都是分母，也就是说每一段快门分别是1秒、1/2秒、1/4秒、1/8秒、1/15秒、1/30秒、1/60秒、1/125秒、1/250秒（以下依此类推）等。一般中阶的单眼摄影机快门能达到1/4000秒，高阶的专业摄影机可以到1/8000秒。

B指的是慢快门Bulb，B快门的开关时间由操作者自行控制，可以用快门按钮或是快门线来决定整个曝光的时间。

每一个快门之间数值的差距都是两倍，例如1/30是1/60的两倍、1/1000是1/2000的两倍，这个跟光圈值的级数差距计算是一样的。与光圈相同，每一段快门之间的差距也被之为一级、一格或是一挡。

光圈级数跟快门级数的进光量其实是相同的，也就是说光圈之间相差一级的进光量，其实就等于快门之间相差一级的进光量，这个观念在计算曝光时很重要。

前面提到了光圈决定了景深，快门则是决定了被摄物的"时间"。当拍摄一个快速移动的物体时，通常需要比较高速的快门才可以抓到凝结的画面，所以在拍动态画面时，通常都要考虑可以使用的快门速度。

有时要抓取的画面可能需要有连续性的感觉，就像拍摄丝绸般的瀑布或是小河时，就必须要用到速度比较慢的快门，延长曝光的时间来抓取画面的连续动作。

5.2.5 胶片感光度

根据胶片感光度，可以把胶片归纳为3大类，分别是快速胶片、中速胶片和慢速胶片。快速胶片具有较高的ISO（国际标准协会）数值，慢速胶片的ISO数值较低，快速胶片适用于低照度下的摄影。相对而言，当感光性能较低的慢速胶片可能引起曝光不足时，快速胶片获得正确曝光的可能性就更大，但是感光度的提高会降低影像的清晰度，增加反差。慢速胶片在照度良好时，对获取高质量的照片非常有利。

在光照亮度十分低的情况下，例如在暗弱的室内或黄昏时分的户外，可以选用超快速胶片（即高ISO）进行拍摄。这种胶片对光非常敏感，即使在火柴光下也能获得满意的效果，其产生的景象颗粒度可以营造出画面的戏剧性氛围，以获得引人注目的效果；在光照十分充足的情况下，例如在阳光明媚的户外，可以选用超慢速胶片（即低ISO）进行拍摄。

5.3 3ds Max中的摄影机

3ds Max中的摄影机在制作效果图和动画时非常有用。3ds Max中的摄影机只包含"标准"摄影机，而"标准"摄影机又包含"目标摄影机"和"自由摄影机"两种，如图5-7所示。

安装好VRay渲染器后，摄影机列表中会增加一种VRay摄影机，而VRay摄影机又包含"VRay穹顶像机"和"VRay物理像机"两种，如图5-8所示。

图5-7　　　　图5-8

本节内容介绍

名称	作用	重要程度
目标摄影机	查看所放置的目标周围的区域	高
VRay物理像机	对场景进行"拍照"	高

5.3.1 课堂案例——制作玻璃珠景深特效

❖ 课堂案例

课堂案例——制作玻璃珠景深特效

案例位置	案例文件>第5章>课堂案例——制作玻璃珠景深特效>课堂案例——制作玻璃珠景深特效.max
视频位置	多媒体教学>第5章>课堂案例——制作玻璃珠景深特效.flv
难易指数	★★★☆☆
学习目标	学习如何使用目标摄影机制作景深特效，案例效果如图5-9所示

图5-9

01 打开本书配套资源中的"案例文件>第5章>课堂案例——制作玻璃珠景深特效>场景.max"文件，如图5-10所示。

02 设置摄影机类型为"标准"，然后在前视图中创建一台目标摄影机，使摄影机的查看方向对准玻璃珠，如图5-11所示。

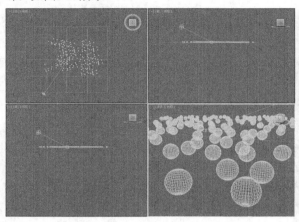

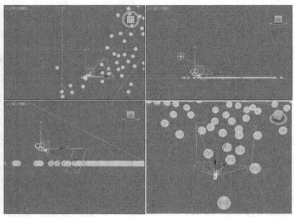

图5-10 图5-11

03 选择目标摄影机，然后在"参数"卷展栏下设置"镜头"为41.167mm、"视野"为47.234°，接着设置"目标距离"为51.231mm，如图5-12所示。

04 在透视图中按C键切换到摄影机视图，如图5-13所示，然后按F9键测试渲染当前场景，效果如图5-14所示。

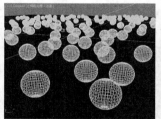

图5-12 图5-13 图5-14

技巧与提示

从图5-14中可以观察到，虽然创建了目标摄影机，但是并没用产生景深效果，这是因为还没有在渲染中开启景深的原因。

05 按F10键打开"渲染设置"对话框，然后单击"VR-基项"选项卡，接着展开"像机"卷展栏，最后在"景深"选项组下勾选"开启"选项和"从相机获取"选项，如图5-15所示。

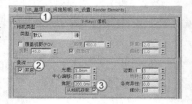

图5-15

技巧与提示

勾选"从相机获取"选项选项后，摄影机焦点位置的物体在画面中是最清晰的，而距离焦点越远的物体将会很模糊。

06 按F9键渲染当前场景，最终效果如图5-16所示。

图5-16

5.3.2 目标摄影机

目标摄影机可以查看所放置的目标周围的区域，它比自由摄影机更容易定向，因为只需将目标对象定位在所需位置的中心即可。使用"目标"工具 目标 在场景中拖曳光标可以创建一台目标摄影机，可以观察到目标摄影机包含目标点和摄影机两个部件，如图5-17所示。

图5-17

在默认情况下，目标摄影机的参数包含"参数"和"景深参数"两个卷展栏，如图5-18所示。当在"参数"卷展栏下设置"多过程效果"为"运动模糊"时，目标摄影机的参数就变成了"参数"和"运动模糊参数"两个卷展栏，如图5-19所示。

图5-18　　　图5-19

1.参数

展开"参数"卷展栏，如图5-20所示。

重要参数解析

※ 镜头：以mm为单位来设置摄影机的焦距。

※ 视野：设置摄影机查看区域的宽度视野，有"水平" ↔、"垂直" ↕ 和"对角线" ↗ 3种方式。

※ 正交投影：启用该选项后，摄影机视图为用户视图；关闭该选项后，摄影机视图为标准的透视图。

※ 备用镜头：系统预置的摄影机焦距镜头包含15mm、20mm、24mm、28mm、35mm、50mm、85mm、135mm和200mm。

※ 类型：切换摄影机的类型，包含"目标摄影机"和"自由摄影机"两种。

※ 显示圆锥体：显示摄影机视野定义的锥形光线（实际上是一个四棱锥）。锥形光线出现在其他视口，但是显示在摄影机视口中。

※ 显示地平线：在摄影机视图中的地平线上显示一条深灰色的线条。

※ 显示：显示出在摄影机锥形光线内的矩形。

图5-20

※ 近距/远距范围：设置大气效果的近距范围和远距范围。

※ 手动剪切：启用该选项可以定义剪切的平面。

※ 近距/远距剪切：设置近距和远距平面。对于摄影机，比"近距剪切"平面近或比"远距剪切"平面远的对象是不可见视的。

※ 启用：启用该选项后，可以预览渲染效果。

※ "预览"按钮 预览 ：单击该按钮可以在活动摄影机视图中预览效果。

※ 多过程效果类型：共有"景深（mental ray）""景深"和"运动模糊"3个选项，系统默认为"景深"。

※ 渲染每过程效果：启用该选项后，系统会将渲染效果应用于多重过滤效果的每个过程（景深或运动模糊）。

※ 目标距离：当使用"目标摄影机"时，该选项用来设置摄影机与其目标之间的距离。

2.景深参数

景深是摄影机的一个非常重要的功能，在实际工作中的使用频率也非常高，常用于表现画面的中心点，如图5-21所示。

当设置"多过程效果"为"景深"时，系统会自动显示出"景深参数"卷展栏，如图5-22所示。

 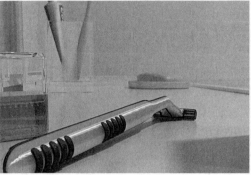 

图5-21　　　　　　　　　　　　　　　　　　　图5-22

重要参数解析

（1）焦点深度

※ 使用目标距离：启用该选项后，系统会将摄影机的目标距离用作每个过程偏移摄影机的点。

※ 焦点深度：当关闭"使用目标距离"选项时，该选项可以用来设置摄影机的偏移深度，其取值范围为0~100。

（2）采样

※ 显示过程：启用该选项后，"渲染帧窗口"对话框中将显示多个渲染通道。

※ 使用初始位置：启用该选项后，第1个渲染过程将位于摄影机的初始位置。

※ 过程总数：设置生成景深效果的过程数。增大该值可以提高效果的真实度，但是会增加渲染时间。

※ 采样半径：设置场景生成的模糊半径。数值越大，模糊效果越明显。

※ 采样偏移：设置模糊靠近或远离"采样半径"的权重。增加该值将增加景深模糊的数量级，从而得到更均匀的景深效果。

（3）过程混合

※ 规格化权重：启用该选项后可以将权重规格化，以获得平滑的结果；当关闭该选项后，效果会变得更加清晰，但颗粒效果也更明显。

※ 抖动强度：设置应用于渲染通道的抖动程度。增大该值会增加抖动量，并且会生成颗粒状效果，尤其在对象的边缘上最为明显。

※ 平铺大小：设置图案的大小。0表示以最小的方式进行平铺；100表示以最大的方式进行平铺。

（4）扫描线渲染器参数

※ 禁用过滤：启用该选项后，系统将禁用过滤的整个过程。

※ 禁用抗锯齿：启用该选项后，可以禁用抗锯齿功能。

"景深"就是指拍摄主题前后所能在一张照片上成像的空间层次的深度。简单地说,景深就是聚焦清晰的焦点前后"可接受的清晰区域",如图5-23所示。

图5-23

下面讲解景深形成的原理。

1.焦点

与光轴平行的光线射入凸透镜时,理想的镜头应该是所有的光线聚集在一点后,再以锥状的形式扩散开,这个聚集所有光线的点就称为"焦点",如图5-24所示。

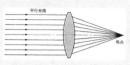

图5-24

2.弥散圆

在焦点前后,光线开始聚集和扩散,点的影像会变得模糊,从而形成一个扩大的圆,这个圆就称为"弥散圆",如图5-25所示。

每张照片都有主题和背景之分,景深和摄影机的距离、焦距和光圈之间存在着以下3种关系(这3种关系可以用图5-26来表示)。

第1种:光圈越大,景深越小;光圈越小,景深越大。

第2种:镜头焦距越长,景深越小;焦距越短,景深越大。

第3种:距离越远,景深越大;距离越近,景深越小。

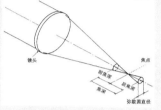

图5-25

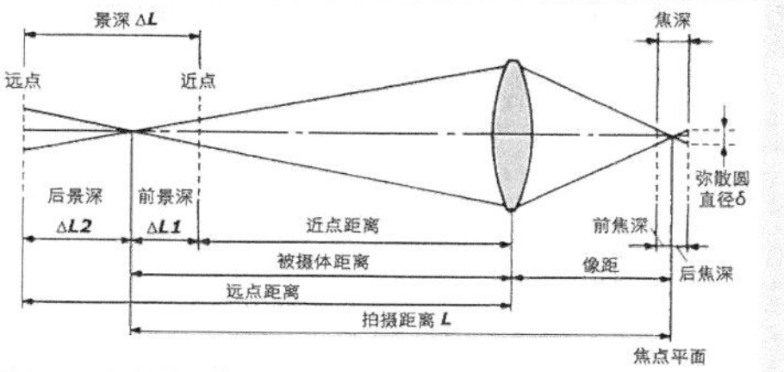

图5-26

景深可以很好地突出主题,不同的景深参数下的效果也不相同,比如图5-27突出的是蜘蛛的头部,而图5-28突出的是蜘蛛和被捕食的螳螂。

图5-27 　　图5-28

3.运动模糊参数

运动模糊一般运用在动画中,常用于表现运动对象高速运动时产生的模糊效果,如图5-29所示。

当设置"多过程效果"为"运动模糊"时,系统会自动显示出"运动模糊参数"卷展栏,如图5-30所示。

重要参数解析

(1)采样

※ 显示过程:启用该选项后,"渲染帧窗口"对话框中将显示多个渲染通道。

※ 过程总数:设置生成效果的过程数。增大该值可以提高效果的真实度,但是会增加渲染时间。

图5-29　　　　　　　　图5-30

※ 持续时间(帧):在制作动画时,该选项用来设置应用运动模糊的帧数。

※ 偏移:设置模糊的偏移距离。

(2)过程混合

※ 规格化权重:启用该选项后,可以将权重规格化,以获得平滑的效果;当关闭该选项后,效果会变得更加清

晰，但颗粒效果也更明显。

※ 抖动强度：设置应用于渲染通道的抖动程度。增大该值会增加抖动量，并且会生成颗粒状的效果，尤其在对象的边缘上最为明显。

※ 瓷砖大小：设置图案的大小。0表示以最小的方式进行平铺；100表示以最大的方式进行平铺。

（3）扫描线渲染器参数组

※ 禁用过滤：启用该选项后，系统将禁用过滤的整个过程。

※ 禁用抗锯齿：启用该选项后，可以禁用抗锯齿功能。

5.3.3 VRay物理像机

VRay物理像机相当于一台真实的摄影机，有光圈、快门、曝光、ISO等调节功能，它可以对场景进行"拍照"。使用"VRay物理像机"工具 VR_物理像机 在视图中拖曳光标可以创建一台VRay物理像机，可以观察到VRay物理像机同样包含摄影机和目标点两个部件，如图5-31所示。

VRay物理像机的参数包含5个卷展栏，如图5-32所示。

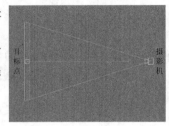

图5-31　　　　　　图5-32

技巧与提示
下面只介绍"基本参数""背景特效"和"采样"3个卷展栏下的参数。

1.基本参数

展开"基本参数"卷展栏，如图5-33所示。

重要参数解析

※ 类型：设置摄影机的类型，包含"照相机""摄影机（电影）"和"摄像机（DV）"3种类型。

＊ 照相机：用来模拟一台常规快门的静态画面照相机。

＊ 摄影机（电影）：用来模拟一台圆形快门的电影摄影机。

＊ 摄像机（DV）：用来模拟带CCD矩阵的快门摄像机。

※ 目标型：当勾选该选项时，摄影机的目标点将放在焦平面上；当关闭该选项时，可以通过下面的"目标距离"选项来控制摄影机到目标点的位置。

※ 片门大小（mm）：控制摄影机所看到的景色范围。值越大，看到的景象就越多。

※ 焦距（mm）：设置摄影机的焦长，同时也会影响到画面的感光强度。较大的数值产生的效果类似于长焦效果，且感光材料（胶片）会变暗，特别是在胶片的边缘区域；较小数值产生的效果类似于广角效果，其透视感比较强，当然胶片也会变亮。

图5-33

※ 视域：启用该选项后，可以调整摄影机的可视区域。

※ 缩放因数：控制摄影机视图的缩放。值越大，摄影机视图拉得越近。

※ 水平/垂直偏移：控制摄影机视图的水平和垂直方向上的偏移量。

※ 光圈系数：设置摄影机的光圈大小，主要用来控制渲染图像的最终亮度。值越小，图像越亮；值越大，图像越暗，如图5-34、图5-35和图5-36所示分别是"光圈"值为10、11和14的对比渲染效果。注意，光圈和景深也有关系，大光圈的景深小，小光圈的景深大。

图5-34 　　　　　　　　　　　图5-35　　　　　　　　　　　图5-36

※ 目标距离：摄影机到目标点的距离，默认情况下是关闭的。当关闭摄影机的"目标"选项时，就可以用"目标距离"来控制摄影机的目标点的距离。

※ 垂直/水平纠正：制摄影机在垂直/水平方向上的变形，主要用于纠正三点透视到两点透视。

※ 指定焦点：开启这个选项后，可以手动控制焦点。

※ 曝光：当勾选这个选项后，VRay物理像机中的"光圈系数""快门速度（s⁻1）"和"感光速度（ISO）"设置才会起作用。

※ 渐晕：模拟真实摄影机里的渐晕效果，如图5-37所示分别是勾选"渐晕"和关闭"渐晕"选项时的对比效果。

图5-37

※ 白平衡：和真实摄影机的功能一样，控制图像的色偏。例如在白天的效果中，设置一个桃色的白平衡颜色可以纠正阳光的颜色，从而得到正确的渲染颜色。

※ 快门速度（s⁻1）：控制光的进光时间，值越小，进光时间越长，图像就越亮；值越大，进光时间就越小，图像就越暗，如图5-38、图5-39和图5-40所示分别是"快门速度（s⁻1）"值为35、50和100时的对比渲染效果。

图5-38   图5-39   图5-40

※ 快门角度（度）：当摄影机选择"摄影机（电影）"类型的时候，该选项才被激活，其作用和上面的"快门速度（s⁻1）"的作用一样，主要用来控制图像的明暗。

※ 快门偏移（度）：当摄影机选择"摄影机（电影）"类型的时候，该选项才被激活，主要用来控制快门角度的偏移。

※ 延迟（秒）：当摄影机选择"摄像机（DV）"类型的时候，该选项才被激活，作用和上面的"快门速度（s⁻1）"的作用一样，主要用来控制图像的亮暗，值越大，表示光越充足，图像也越亮。

※ 感光速度（ISO）：控制图像的亮暗，值越大，表示ISO的感光系数越强，图像也越亮。一般白天效果比较适合用较小的ISO，而晚上效果比较适合用较大的ISO，如图5-41、图5-42和图5-43所示分别是"感光速度（ISO）"值为80、120和160时的渲染效果。

图5-41   图5-42   图5-43

2.背景特效

"背景特效"卷展栏下的参数主要用于控制散景效果，如图5-44所示。当渲染景深的时候，或多或少都会产生一些散景效果，这主要和散景到摄影机的距离有关，如图5-45所示是使用真实摄影机拍摄的散景效果。

图5-44   图5-45

重要参数解析

※ 叶片数：控制散景产生的小圆圈的边，默认值为5表示散景的小圆圈为正五边形。如果关闭该选项，那么散景就是个圆形。

※ 旋转（度）：散景小圆圈的旋转角度。

※ 中心偏移：散景偏移源物体的距离。

※ 各向异性：控制散景的各向异性，值越大，散景的小圆圈拉得越长，即变成椭圆。

3.采样

展开"采样"卷展栏，如图5-46所示。

图5-46

重要参数解析

※ 景深：控制是否开启景深效果。当某一物体聚焦清晰时，从该物体前面的某一段距离到其后面的某一段距离内的所有景物都是相当清晰的。

※ 运动模糊：控制是否开启运动模糊功能。这个功能只适用于具有运动对象的场景中，对静态场景不起作用。

※ 细分：设置"景深"或"运动模糊"的"细分"采样。数值越高，效果越好，但是会增长渲染时间。

课堂练习——制作玫瑰花景深特效

实例文件	案例文件>第5章>课堂练习——制作玫瑰花景深特效>课堂练习——制作玫瑰花景深特效.max
视频教学	多媒体教学>第5章>课堂练习——制作玫瑰花景深特效.flv
难易指数	★★☆☆☆
练习目标	练习使用目标摄影机制作景深特效的方法，案例效果如图5-47所示

摄影机布局如图5-48所示。

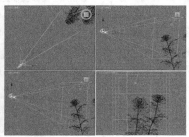

图5-47   图5-48

课后习题——制作运动模糊特效

实例文件	案例文件>第5章>课后习题——制作运动模糊特效>课后习题——制作运动模糊特效.max
视频教学	多媒体教学>第5章>课后习题——制作运动模糊特效.flv
难易指数	★★☆☆☆
练习目标	练习使用目标摄影机制作运动模糊特效的方法，案例效果如图5-49所示

摄影机布局如图5-50所示。

图5-49   图5-50

第6章
材质与贴图技术

本章的内容比较重要，读者除了需要完全掌握"材质编辑器"对话框的使用方法以外，还需要掌握常用材质与贴图的使用方法，比如"标准"材质、"混合"材质、VRayMtl材质、"不透明度"贴图、"位图"贴图和"衰减"贴图等。

课堂学习目标

掌握"材质编辑器"对话框的使用方法

掌握常用材质的使用方法

掌握常用贴图的使用方法

6.1 初识材质

材质主要用于表现物体的颜色、质地、纹理、透明度和光泽等特性，依靠各种类型的材质可以制作出现实世界中的任何物体，如图6-1所示。

图6-1

通常，在制作新材质并将其应用于对象时，应该遵循以下步骤。

第1步：指定材质的名称。

第2步：选择材质的类型。

第3步：对于标准或光线追踪材质，应选择着色类型。

第4步：设置漫反射颜色、光泽度和不透明度等各种参数。

第5步：将贴图指定给要设置贴图的材质通道，并调整参数。

第6步：将材质应用于对象。

第7步：如有必要，应调整UV贴图坐标，以便正确定位对象的贴图。

第8步：保存材质。

技巧与提示

在3ds Max中，创建材质是一件非常简单的事情，任何模型都可以被赋予栩栩如生的材质，比如在图6-2中，左图为白模，右图为赋予材质后的效果，可以明显观察到右图无论是在质感还是在光感上都要好于左图。当编辑好材质后，用户还可以随时返回到"材质编辑器"对话框中对材质的细节进行调整，以获得最佳的材质效果。

图6-2

6.2 材质编辑器

"材质编辑器"对话框非常重要，因为所有的材质都在这里完成。打开"材质编辑器"对话框的方法主要有以下两种。

第1种：执行"渲染>材质编辑器>精简材质编辑器"菜单命令或"渲染>材质编辑器>Slate材质编辑器"菜单命令，如图6-3所示。

第2种：直接按M键打开"材质编辑器"对话框，这是最常用的方法。

"材质编辑器"对话框分为4大部分，最顶端为菜单栏，充满材质球的窗口为示例窗，示例窗左侧和下部的两排按钮为工具栏，其余的是参数控制区，如图6-4所示。

图6-3

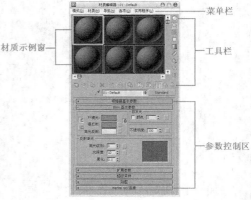

图6-4

本节内容介绍

名称	作用	重要程度
菜单栏	了解"材质编辑器"的菜单命令	高
材质球示例窗	显示材质效果	高
工具栏	编辑材质	高
参数控制区	调节材质的参数	高

6.2.1 菜单栏

　　"材质编辑器"对话框中的菜单栏包含5个菜单，分别是"模式"菜单、"材质"菜单、"导航"菜单、"选项"菜单和"实用程序"菜单。

1.模式

　　"模式"菜单主要用来切换"精简材质编辑器"和"Slate材质编辑器"，如图6-5所示。

图6-5

重要参数解析

　　※ 精简材质编辑器：这是一个简化了的材质编辑界面，它使用的对话框比"Slate材质编辑器"小，也是在3ds Max 2011版本之前唯一的材质编辑器，如图6-6所示。

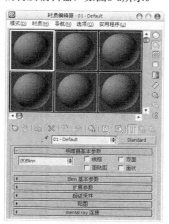

图6-6

 技巧与提示

　　在实际工作中，一般都不会用到"Slate材质编辑器"，因此本书都用"精简材质编辑器"来进行讲解。

　　※ Slate材质编辑器：这是一个完整的材质编辑界面，在设计和编辑材质时使用节点和关联以图形方式显示材质的结构，如图6-7所示。

图6-7

技巧与提示

　　虽然"Slate材质编辑器"在设计材质时功能更强大，但"精简材质编辑器"在设置材质时更方便。

2.材质

"材质"菜单主要用来获取材质、从对象选取材质等，如图6-8所示。

重要参数解析

※ 获取材质：执行该命令可以打开"材质/贴图浏览器"对话框，在该对话框中可以选择材质或贴图。

※ 从对象选取：执行该命令可以从场景对象中选择材质。

※ 按材质选择：执行该命令可以基于"材质编辑器"对话框中的活动材质来选择对象。

※ 在ATS对话框中高亮显示资源：如果材质使用的是已跟踪资源的贴图，那么执行该命令可以打开"资源跟踪"对话框，同时资源会高亮显示。

图6-8

※ 指定给当前选择：执行该命令可以将当前材质应用于场景中的选定对象。

※ 放置到场景：在编辑材质完成后，执行该命令可以更新场景中的材质效果。

※ 放置到库：执行该命令可以将选定的材质添加到材质库中。

※ 更改材质/贴图类型：执行该命令可以更改材质或贴图的类型。

※ 生成材质副本：通过复制自身的材质，生成一个材质副本。

※ 启动放大窗口：将材质示例窗口放大，并在一个单独的窗口中进行显示（双击材质球也可以放大窗口）。

※ 另存为FX文件：将材质另外为FX文件。

※ 生成预览：使用动画贴图为场景添加运动，并生成预览。

※ 查看预览：使用动画贴图为场景添加运动，并查看预览。

※ 保存预览：使用动画贴图为场景添加运动，并保存预览。

※ 显示最终结果：查看所在级别的材质。

※ 视口中的材质显示为：选择在视图中显示材质的方式，共有"没有贴图的明暗处理材质""有贴图的明暗处理材质""没有贴图的真实材质"和"有贴图的真实材质"4种方式。

※ 重置示例窗旋转：使活动的示例窗对象恢复到默认方向。

※ 更新活动材质：更新示例窗中的活动材质。

3.导航

"导航"菜单主要用来切换材质或贴图的层级，如图6-9所示。

重要参数解析

※ 转到父对象（P）向上键：在当前材质中向上移动一个层级。

※ 前进到同级（F）向右键：移动到当前材质中的相同层级的下一个贴图或材质。

图6-9

※ 后退到同级（B）向左键：与"前进到同级（F）向右键"命令类似，只是导航到前一个同级贴图，而不是导航到后一个同级贴图。

4.选项

"选项"菜单主要用来更换材质球的显示背景等，如图6-10所示。

图6-10

重要参数解析

图6-11

※ 将材质传播到实例：将指定的任何材质传播到场景中对象的所有实例。

※ 手动更新切换：使用手动的方式进行更新切换。

※ 复制/旋转拖动模式切换：切换复制/旋转拖动的模式。

※ 背景：将多颜色的方格背景添加到活动示例窗中。

※ 自定义背景切换：如果已指定了自定义背景，该命令可以用来切换自定义背景的显示效果。

※ 背光：将背光添加到活动示例窗中。

※ 循环3×2、5×3、6×4示例窗：用来切换材质球的显示方式。

※ 选项：打开"材质编辑器选项"对话框，如图6-11所示。在该对话框中可以启用材质动画、加载自定义背景、定义灯光亮度或颜色，以及设置示例窗数目等。

5.实用程序

"实用程序"菜单主要用来清理多维材质、重置"材质编辑器"对话框等，如图6-12所示。

图6-12

重要参数解析

※ 渲染贴图：对贴图进行渲染。

※ 按材质选择对象：可以基于"材质编辑器"对话框中的活动材质来选择对象。

※ 清理多维材质：对"多维/子对象"材质进行分析，然后在场景中显示所有包含未分配任何材质ID的材质。

※ 实例化重复的贴图：在整个场景中查找具有重复位图贴图的材质，并提供将它们实例化的选项。

※ 重置材质编辑器窗口：用默认的材质类型替换"材质编辑器"对话框中的所有材质。

※ 精简材质编辑器窗口：将"材质编辑器"对话框中所有未使用的材质设置为默认类型。

※ 还原材质编辑器窗口：利用缓冲区的内容还原编辑器的状态。

6.2.2 材质球示例窗

材质球示例窗主要用来显示材质效果，通过它可以很直观地观察出材质的基本属性，如反光、纹理和凹凸等，如图6-13所示。

双击材质球会弹出一个独立的材质球显示窗口，可以将该窗口进行放大或缩小来观察当前设置的材质效果，如图6-14所示。

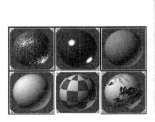

图6-13   图6-14

119

技巧与提示

在默认情况下，材质球示例窗中一共有12个材质球，可以拖曳滚动条显示出不在窗口中的材质球，同时也可以使用鼠标中键来旋转材质球，这样可以观察到材质球其他位置的效果，如图6-15所示。

图6-15

使用鼠标左键可以将一个材质球拖曳到另一个材质球上，这样当前材质就会覆盖掉原有的材质，如图6-16所示。

使用鼠标左键可以将材质球中的材质拖曳到场景中的物体上（即将材质指定给对象），如图6-17所示。将材质指定给物体后，材质球上会显示4个缺角的符号，如图6-18所示。

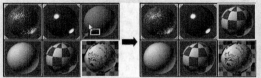
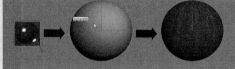

图6-16　　　　　　　　　　　　　　　　　　　图6-17　　　　　　　　　　　　图6-18

6.2.3　工具栏

下面讲解"材质编辑器"对话框中的两个工具栏，如图6-19所示。

重要参数解析

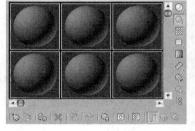

图6-19

※　"获取材质"按钮：为选定的材质打开"材质/贴图浏览器"对话框。

※　"将材质放入场景"按钮：在编辑好材质后，单击该按钮可以更新已应用于对象的材质。

※　"将材质指定给选定对象"按钮：将材质指定给选定的对象。

※　"重置贴图/材质为默认设置"按钮：删除修改的所有属性，将材质属性恢复到默认值。

※　"生成材质副本"按钮：在选定的示例图中创建当前材质的副本。

※　"使唯一"按钮：将实例化的材质设置为独立的材质。

※　"放入库"按钮：重新命名材质并将其保存到当前打开的库中。

※　"材质ID通道"按钮：为应用后期制作效果设置唯一的ID通道。

※　"在视口中显示明暗处理材质"按钮：在视口对象上显示2D材质贴图。

※　"显示最终结果"按钮：在实例图中显示材质以及应用的所有层次。

※　"转到父对象"按钮：将当前材质上移一级。

※　"转到下一个同级项"按钮：选定同一层级的下一贴图或材质。

※　"采样类型"按钮：控制示例窗显示的对象类型，默认为球体类型，还有圆柱体或立方体类型。

※　"背光"按钮：打开或关闭选定示例窗中的背景灯光。

※　"背景"按钮：在材质后面显示方格背景图像，这在观察透明材质时非常有用。

※　"采样UV平铺"按钮：为示例窗中的贴图设置UV平铺显示。

※　"视频颜色检查"按钮：检查当前材质中NTSC制式和PAL制式的不支持颜色。

※　"生成预览"按钮：用于产生、浏览和保存材质预览渲染。

※　"选项"按钮：打开"材质编辑器选项"对话框，在该对话框中可以启用材质动画、加载自定义背景、定

义灯光亮度或颜色，以及设置示例窗数目等。

※ "按材质选择"按钮：选定使用当前材质的所有对象。

※ "材质/贴图导航器"按钮：单击该按钮可以打开"材质/贴图导航器"对话框，在该对话框会显示当前材质的所有层级。

6.2.4 参数控制区

参数控制区用于调节材质的参数，基本上所有的材质参数都在这里调节。注意，不同的材质拥有不同的参数控制区，在下面的内容中将对各种重要材质的参数控制区进行详细讲解。

6.3 材质资源管理器

"材质资源管理器"主要用来浏览和管理场景中的所有材质。执行"渲染>材质资源管理器"菜单命令可以打开"材质管理器"对话框。"材质管理器"对话框分为"场景"面板和"材质"面板两大部分，如图6-20所示。

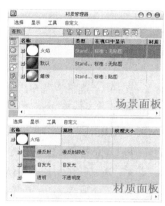

图6-20

技巧与提示

"材质管理器"对话框非常有用，使用它可以直观地观察到场景对象的所有材质，比如在图6-21中，可以观察到场景中的对象包含3个材质，分别是"火焰"材质、"默认"材质和"蜡烛"材质。

在"场景"面板中选择一个材质以后，在下面的"材质"面板中就会显示出与该材质的相关属性以及加载的纹理贴图，如图6-22所示。

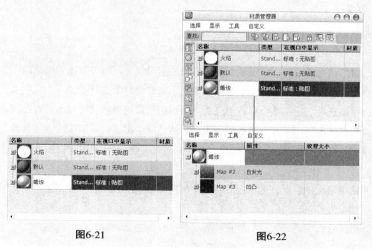

图6-21　　　　　图6-22

本节内容介绍

名称	作用	重要程度
场景面板	显示场景对象的材质	中
材质面板	显示当前材质的属性和纹理	中

6.3.1 场景面板

"场景"面板分为菜单栏、工具栏、显示按钮和列4大部分，如图6-23所示。

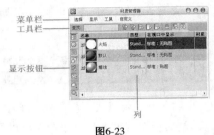

图6-23

1.菜单栏

（1）"选择"菜单

展开"选择"菜单，如图6-24所示。

重要参数解析

※ 全部选择：选择场景中的所有材质和贴图。

※ 选定所有材质：选择场景中的所有材质。

※ 选定所有贴图：选择场景中的所有贴图。

※ 全部不选：取消选择的所有材质和贴图。

※ 反选：颠倒当前选择，即取消当前选择的所有对象，而选择前面未选择的对象。

※ 选择子对象：该命令只起到切换的作用。

※ 查找区分大小写：通过搜索字符串的大小写来查处对象，比如"house"与"House"。

※ 使用通配符查找：通过搜索字符串中的字符来查找对象，比如"*"和"?"等。

※ 使用正则表达式查找：通过搜索正则表达式的方式来查找对象。

图6-24

（2）"显示"菜单

展开"显示"菜单，如图6-25所示。

重要参数解析

※ 显示缩略图：启用该选项之后，"场景"面板中将显示出每个材质和贴图的缩略图。

※ 显示材质：启用该选项之后，"场景"面板中将显示出每个对象的材质。

※ 显示贴图：启用该选项之后，每个材质的层次下面都包括该材质所使用到的所有贴图。

※ 显示对象：启用该选项之后，每个材质的层次下面都会显示出该材质所应用到的对象。

※ 显示子材质/贴图：启用该选项之后，每个材质的层次下面都会显示用于材质通道的子材质和贴图。

图6-25

※ 显示未使用的贴图通道：启用该选项之后，每个材质的层次下面还会显示出未使用的贴图通道。

※ 按材质排序：启用该选项之后，层次将按材质名称进行排序。

※ 按对象排序：启用该选项之后后，层次将按对象进行排序。

※ 展开全部：展开层次以显示出所有的条目。

※ 展开选定对象：展开包含所选条目的层次。

※ 展开对象：展开包含所有对象的层次。

※ 塌陷全部：塌陷整个层次。

※ 塌陷选定对象：塌陷包含所选条目的层次。

※ 塌陷材质：塌陷包含所有材质的层次。

※ 塌陷对象：塌陷包含所有对象的层次。

（3）"工具"菜单

展开"工具"菜单，如图6-26所示。

图6-26

重要参数解析

※ 将材质另存为材质库：将材质另存为材质库（即.mat文件）文件。

※ 按材质选择对象：根据材质来选择场景中的对象。

※ 位图/光度学路径：打开"位图/光度学路径编辑器"对话框，在该对话框中可以管理场景对象的位图的路径，如图6-27所示。

※ 代理设置：打开"全局设置和位图代理的默认"对话框，如图6-28所示。可以使用该对话框来管理3ds Max如何创建和并入到材质中的位图的代理版本。

图6-27

图6-28

※ 删除子材质/贴图：删除所选材质的子材质或贴图。

※ 锁定单元编辑：启用该选项之后，可以禁止在"材质管理器"对话框中编辑单元。

（4）"自定义"菜单

展开"自定义"菜单，如图6-29所示。

图6-29

重要参数解析

※ 配置行：打开"配置行"对话框，在该对话框中可以为"场景"面板添加队列。

※ 工具栏：选择要显示的工具栏。

※ 将当前布局保存为默认设置：保存当前"材质管理器"对话框中的布局方式，并将其设置为默认设置。

2.工具栏

工具栏中主要是一些对材质进行基本操作的工具，如图6-30所示。

图6-30

重要参数解析

※ "查找"工具 查找： ：输入文本来查找对象。

※ "选择所有材质"工具 ：选择场景中的所有材质。

※ "选择所有贴图"按钮 ：选择场景中的所有贴图。

※ "全部选择"按钮 ：选择场景中的所有材质和贴图。

※ "全部不选"按钮 ：取消选择场景中的所有材质和贴图。

※ "反选"按钮 ：颠倒当前选择。

※ "锁定单元编辑"按钮 ：激活该按钮以后，可以禁止在"材质管理器"对话框中编辑单元。

※ "同步到材质资源管理器"按钮 ：激活该按钮以后，"材质"面板中的所有材质操作将与"场景"面板保持同步。

※ "同步到材质级别"按钮 ：激活该按钮以后，"材质"面板中的所有子材质操作将与"场景"面板保持同步。

123

3.显示按钮

显示按钮主要用来控制材质和贴图的显示方式，与"显示"菜单相对应，如图6-31所示。

重要参数解析

※ "显示缩略图"按钮：激活该按钮后，"场景"面板中将显示出每个材质和贴图的缩略图。

※ "显示材质"按钮：激活该按钮后，"场景"面板中将显示出每个对象的材质。

※ "显示贴图"按钮：激活该按钮后，每个材质的层次下面都包括该材质所使用到的所有贴图。

※ "显示对象"按钮：激活该按钮后，每个材质的层次下面都会显示出该材质所应用到的对象。

※ "显示子材质/贴图"按钮：激活该按钮后，每个材质的层次下面都会显示用于材质通道的子材质和贴图。

※ "显示未使用的贴图通道"按钮：激活该按钮后，每个材质的层次下面还会显示出未使用的贴图通道。

※ "按对象排序/按材质排序"按钮：让层次以对象或材质的方式来进行排序。

图6-31

4.材质列表

材质列表主要用来显示场景材质的名称、类型、在视口中的显示方式以及材质的ID号，如图6-32所示。

重要参数解析

※ 名称：显示材质、对象、贴图和子材质的名称。

※ 类型：显示材质、贴图或子材质的类型。

※ 在视口中显示：注明材质和贴图在视口中的显示方式。

※ 材质ID：显示材质的ID号。

图6-32

6.3.2 材质面板

"材质"面板分为菜单栏和列两大部分，如图6-33所示。

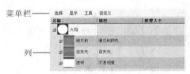

图6-33

技巧与提示

"材质"面板中的命令含义可以参考"场景"面板中的命令。

6.4 常用材质

安装好VRay渲染器后，材质类型大致可分为27种。单击Standard（标准）按钮 ，然后在弹出的"材质/贴图浏览器"对话框中可以观察到这27种材质类型，如图6-34所示。

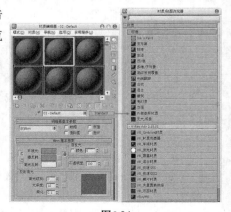

图6-34

本节内容介绍

名称	作用	重要程度
标准材质	几乎可以模拟任何真实材质类型	高
混合材质	在模型的单个面上将两种材质通过一定的百分比进行混合	中
Ink'n Paint（墨水油漆）材质	制作卡通效果	中
多维/子对象材质	采用几何体的子对象级别分配不同的材质	中
VRay发光材质	模拟自发光效果	中
VRay覆盖材质	让用户更广泛地去控制场景的色彩融合、反射、折射等	
VRay双面材质	使对象的外表面和内表面同时被渲染，并且可以使内外表面拥有不同的纹理贴图	中
VRay混合材质	可以让多个材质以层的方式混合来模拟物理世界中的复杂材质	中
VRayMtl材质	几乎可以模拟任何真实材质类型	高

6.4.1 课堂案例——制作陶瓷材质

🅒 课堂案例

制作陶瓷材质

案例位置	案例文件>第6章>课堂案例——制作陶瓷材质>课堂案例——制作陶瓷材质.max
视频位置	多媒体教学>第6章>课堂案例——制作陶瓷材质.flv
难易指数	★★☆☆☆
学习目标	学习如何使用VRayMtl材质制作陶瓷材质，案例效果如图6-35所示

陶瓷材质的模拟效果如图6-36所示。

图6-35　　　　　图6-36

⑴ 打开本书配套资源中的"案例文件>第6章>课堂案例——制作陶瓷材质>场景.max"文件，如图6-37所示。

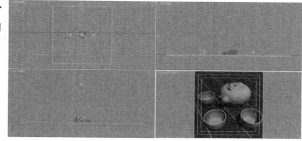

图6-37

⑵ 选择一个空白材质球，然后设置材质类型为VRayMtl材质，具体参数设置如图6-38所示。

设置步骤

① 设置"漫反射"颜色为白色。

② 设置"反射"颜色为（红:131，绿:131，蓝:131），然后勾选"菲涅耳反射"选项，接着设置"细分"为12。

③ 设置"折射"颜色为（红:30，绿:30，蓝:30），然后设置"光泽度"为0.95。

④ 设置"半透明"的"类型"为"硬（蜡）模型"，然后设置"背面颜色"为（红:255，绿:255，蓝:243），并设置"厚度"为0.05mm。

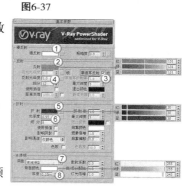

图6-38

技巧与提示

本例的陶瓷材质并非全白,如果要制作全白的陶瓷材质,可以将"反射"颜色修改为白色,但同时要将反射的"细分"增大15左右,如图6-39所示,材质球效果如图6-40所示。

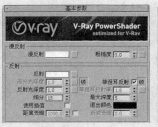 

图6-39　　　　　图6-40

03 展开"BRDF-双向反射分布功能"卷展栏,然后设置明暗器类型为Phong,接着展开"贴图"卷展栏,并在"凹凸"贴图通道中加载一张本书配套资源中的"案例文件>第6章>课堂案例——制作陶瓷材质> RenderStuff_White_porcelain_tea_set_bump.jpg"文件,最后设置凹凸的强度为11,如图6-41所示,制作好的材质球效果如图6-42所示。

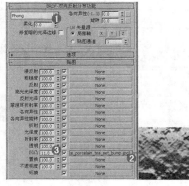 

图6-41　　　　　图6-42

04 将制作好的材质指定给场景中的模型,然后按F9键渲染当前场景,最终效果如图6-43所示。

图6-43

6.4.2 标准材质

"标准"材质是3ds Max默认的材质,也是使用频率最高的材质之一,它几乎可以模拟真实世界中的任何材质,其参数设置面板如图6-44所示。

图6-44

1.明暗器基本参数

在"明暗器基本参数"卷展栏下可以选择明暗器的类型,还可以设置"线框""双面""面贴图"和"面状"等参数,如图6-45所示。

图6-45

重要参数解析

※ 明暗器列表:在该列表中包含了8种明暗器类型,如图6-46所示。

图6-46

* 各向异性：这种明暗器通过调节两个垂直于正向上可见高光尺寸之间的差值来提供了一种"重折光"的高光效果，这种渲染属性可以很好地表现毛发、玻璃和被擦拭过的金属等物体。

* Blinn：这种明暗器是以光滑的方式来渲染物体表面，是最常用的一种明暗器。

* 金属：这种明暗器适用于金属表面，它能提供金属所需的强烈反光。

* 多层："多层"明暗器与"各向异性"明暗器很相似，但"多层"明暗器可以控制两个高亮区，因此"多层"明暗器拥有对材质更多的控制，第1高光反射层和第2高光反射层具有相同的参数控制，可以对这些参数使用不同的设置。

* Oren-Nayar-Blinn：这种明暗器适用于无光表面（如纤维或陶土），与Blinn明暗器几乎相同，通过它附加的"漫反射色级别"和"粗糙度"两个参数可以实现无光效果。

* Phong：这种明暗器可以平滑面与面之间的边缘，也可以真实地渲染有光泽和规则曲面的高光，适用于高强度的表面和具有圆形高光的表面。

* Strauss：这种明暗器适用于金属和非金属表面，与"金属"明暗器十分相似。

* 半透明明暗器：这种明暗器与Blinn明暗器类似，他们之间的最大的区别在于该明暗器可以设置半透明效果，使光线能够穿透半透明的物体，并且在穿过物体内部时离散。

※ 线框：以线框模式渲染材质，用户可以在"扩展参数"卷展栏下设置线框的"大小"参数，如图6-47所示。

※ 双面：将材质应用到选定面，使材质成为双面。

※ 面贴图：将材质应用到几何体的各个面。如果材质是贴图材质，则不需要贴图坐标，因为贴图会自动应用到对象的每一个面。

※ 面状：使对象产生不光滑的明暗效果，把对象的每个面都作为平面来渲染，可以用于制作加工过的钻石、宝石和任何带有硬边的物体表面。

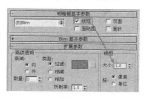

图6-47

2.Blinn基本参数

下面以Blinn明暗器来讲解明暗器的基本参数。展开"Blinn基本参数"卷展栏，在这里可以设置材质的"环境光""漫反射""高光反射""自发光""不透明度""高光级别""光泽度"和"柔化"等属性，如图6-48所示。

重要参数解析

※ 环境光：用于模拟间接光，也可以用来模拟光能传递。

※ 漫反射："漫反射"是在光照条件较好的情况下（例如在太阳光和人工光直射的情况下）物体反射出来的颜色，又被称作物体的"固有色"，也就是物体本身的颜色。

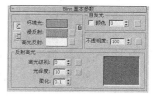

图6-48

※ 高光反射：物体发光表面高亮显示部分的颜色。

※ 自发光：使用"漫反射"颜色替换曲面上的任何阴影，从而创建出白炽效果。

※ 不透明度：控制材质的不透明度。

※ 高光级别：控制"反射高光"的强度。数值越大，反射强度越强。

※ 光泽度：控制镜面高亮区域的大小，即反光区域的大小。数值越大，反光区域越小。

※ 柔化：设置反光区和无反光区衔接的柔和度。0表示没有柔化效果；1表示应用最大化的柔化效果。

6.4.3 混合材质

"混合"材质可以在模型的单个面上将两种材质通过一定的百分比进行混合，其材质参数设置面板如图6-49所示。

重要参数解析

※ 材质1/材质2：可在其后面的材质通道中对两种材质分别进行设置。

※ 遮罩：可以选择一张贴图作为遮罩。利用贴图的灰度值可以决定"材质1"和"材质2"的混合情况。

※ 混合量：控制两种材质混合百分比。如果使用遮罩，则"混合量"选项将不起作用。

※ 交互式：用来选择哪种材质在视图中以实体着色方式显示在物体的表面。

※ 混合曲线：对遮罩贴图中的黑白色过渡区进行调节。

★ 使用曲线：控制是否使用"混合曲线"来调节混合效果。

★ 上部：用于调节"混合曲线"的上部。

★ 下部：用于调节"混合曲线"的下部。

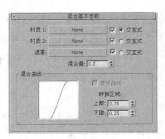

图6-49

6.4.4 Ink'n Paint（墨水油漆）材质

Ink'n Paint（墨水油漆）材质可以用来制作卡通效果，如图6-50所示，其参数包含"基本材质扩展"卷展栏、"绘制控制"卷展栏和"墨水控制"卷展栏，如图6-51所示。

重要参数解析

※ 亮区：用来调节材质的固有颜色，可以在后面的贴图通道中加载贴图。

※ 暗区：控制材质的明暗度，可以在后面的贴图通道中加载贴图。

※ 绘制级别：用来调整颜色的色阶。

※ 高光：控制材质的高光区域。

※ 墨水：控制是否开启描边效果。

※ 墨水质量：控制边缘形状和采样值。

※ 墨水宽度：设置描边的宽度。

※ 最小值：设置墨水宽度的最小像素值。

※ 最大值：设置墨水宽度的最大像素值。

※ 可变宽度：勾选该选项后可以使描边的宽度在最大值和最小值之间变化。

※ 钳制：勾选该选项后可以使描边宽度的变化范围限制在最大值与最小值之间。

※ 轮廓：勾选该选项后可以使物体外侧产生轮廓线。

※ 重叠：当物体与自身的一部分相交叠时使用。

※ 延伸重叠：与"重叠"类似，但多用在较远的表面上。

※ 小组：用于勾画物体表面光滑组部分的边缘。

※ 材质ID：用于勾画不同材质ID之间的边界。

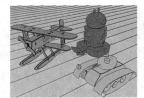

图6-50

图6-51

6.4.5 多维/子对象材质

使用"多维/子对象"材质可以采用几何体的子对象级别分配不同的材质，其参数设置面板如图6-52所示。

重要参数解析

※ 数量：显示包含在"多维/子对象"材质中的子材质的数量。

※ "设置数量"按钮 设置数量 ：单击该按钮可以打开"设置材质数量"对话框，如图6-53所示。在该对话框中可以设置材质的数量。

图6-52

※ "添加"按钮 添加 ：单击该按钮可以添加子材质。

※ "删除"按钮 删除 ：单击该按钮可以删除子材质。

※ ID按钮 ID ：单击该按钮将对列表进行排序，其顺序开始于最低材质ID的子材质，结束于最高材质ID。

图6-53

※ "名称"按钮 名称 ：单击该按钮可以用名称进行排序。

※ "子材质"按钮 子材质 ：单击该按钮可以通过显示于"子材质"按钮上的子材质名称进行排序。

※ 启用/禁用：启用或禁用子材质。

※ 子材质列表：单击子材质后面的"无"按钮 无 ，可以创建或编辑一个子材质。

6.4.6 VRay发光材质

"VRay发光材质"主要用来模拟自发光效果，如图6-54所示。当设置渲染器为VRay渲染器后，在"材质/贴图浏览器"对话框中可以找到"VRay发光材质"，其参数设置面板如图6-55所示。

重要参数解析

※ 颜色：设置对象自发光的颜色，后面的输入框用设置设置自发光的"强度"。

※ 不透明度：用贴图来指定发光体的透明度。

※ 背面发光：当勾选该选项时，它可以让材质光源双面发光。

图6-54　　　　　　　　　　　　　　图6-55

6.4.7 VRay覆盖材质

"VRay覆盖材质"可以让用户更广泛的去控制场景的色彩融合、反射、折射等。如图6-56所示的效果就是"VRay覆盖材质"的表现，陶瓷瓶在镜子中的反射是红色，是因为使用了"反射材质"；而玻璃瓶子折射的是淡黄色，是因为使用了"折射材质"。

"VRay覆盖材质"主要包括5种材质：基本材质、全局光材质、反射材质、折射材质和阴影材质，其参数面板如图6-57所示。

重要参数解析

※ 基本材质：这个是物体的基础材质。

※ 全局光材质：这个是物体的全局光材质，当使用这个参数的时候，灯光的反弹将依照这个材质的灰度来控制，而不是基础材质。

※ 反射材质：物体的反射材质，在反射里看到的物体的材质。

图6-56　　　　　　　　　　　　　　图6-57

※ 折射材质：物体的折射材质，在折射里看到的物体的材质。

※ 阴影材质：基本材质的阴影将用该参数中的材质来控制，而基本材质的阴影将无效。

6.4.8 VRay双面材质

"VRay双面材质"可以使对象的外表面和内表面同时被渲染，并且可以使内外表面拥有不同的纹理贴图，其参数设置面板如图6-58所示。

重要参数解析

※　正面材质：用来设置物体外表面的材质。

※　背面材质：用来设置物体内表面的材质。

图6-58

※　半透明度：用来设置"正面材质"和"背面材质"的混合程度，可以直接设置混合值，可以用贴图来代替。值为0时，"正面材质"在外表面，"背面材质"在内表面；值在0~100之间时，两面材质可以相互混合；值为100时，"背面材质"在外表面，"正面材质"在内表面。

6.4.9　VRay混合材质

　　"VRay混合材质"可以让多个材质以层的方式混合来模拟物理世界中的复杂材质。"VRay混合材质"和3ds Max里的"混合"材质的效果比较类似，但是其渲染速度比3ds Max的快很多，其参数面板如图6-59所示。

重要参数解析

※　基本材质：可以理解为最基层的材质。

※　表层材质：表面材质，可以理解为基本材质上面的材质。

图6-59

※　混合量：这个混合数量是表示"镀膜材质"混合多少到"基本材质"上面，如果颜色给白色，那么这个"镀膜材质"将全部混合上去，而下面的"基本材质"将不起作用；如果颜色给黑色，那么这个"镀膜材质"自身就没什么效果。混合数量也可以由后面的贴图通道来代替。

※　加法（虫漆）模式：选择这个选项，"VRay混合材质"将和3ds Max里的"虫漆"材质效果类似，一般情况下不勾选它。

6.4.10　VRayMtl材质

　　VRayMtl材质是使用频率最高的一种材质，也是使用范围最广的一种材质，常用于制作室内外效果图。VRayMtl材质除了能完成一些反射和折射效果外，还能出色地表现出SSS以及BRDF等效果，其参数设置面板如图6-60所示。

图6-60

1.基本参数

　　展开"基本参数"卷展栏，如图6-61所示。

重要参数解析

（1）漫反射

※　漫反射：物体的漫反射用来决定物体的表面颜色。通过单击它的色块，可以调整自身的颜色。单击右边的　按钮可以选择不同的贴图类型。

※　粗糙度：数值越大，粗糙效果越明显，可以用该选项来模拟绒布的效果。

（2）反射

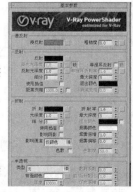

图6-61

※　反射：这里的反射是靠颜色的灰度来控制，颜色越白反射越亮，越黑反射越弱；而这里选择的颜色则是反射出来的颜色，和反射的强度是分开来计算的。单击旁边的　按钮，可以使用贴图的灰度来控制反射的强弱。

※　菲涅耳反射：勾选该选项后，反射强度会与物体的入射角度有关系，入射角度越小，反射越强烈。当垂直入射的时候，反射强度最弱。同时，菲涅耳反射的效果也和下面的"菲涅耳折射率"有关。当"菲涅耳折射率"为0或100时，将产生完全反射；而当"菲涅耳折射率"从1变化到0时，反射越强烈；同样，当菲涅耳折射率从1变化到100时，反射也越强烈。

技巧与提示

"菲涅耳反射"是模拟真实世界中的一种反射现象，反射的强度与摄影机的视点和具有反射功能的物体的角度有关。角度值接近0时，反射最强；当光线垂直于表面时，反射功能最弱，这也是物理世界中的现象。

※ 菲涅耳折射率：在"菲涅耳反射"中，菲涅耳现象的强弱衰减率可以用该选项来调节。

※ 高光光泽度：控制材质的高光大小，默认情况下和"反射光泽度"一起关联控制，可以通过单击旁边的"锁"按钮█来解除锁定，从而可以单独调整高光的大小。

※ 反射光泽度：通常也被称为"反射模糊"。物理世界中所有的物体都有反射光泽度，只是或多或少而已。默认值1表示没有模糊效果，而比较小的值表示模糊效果越强烈。单击右边的█按钮，可以通过贴图的灰度来控制反射模糊的强弱。

※ 细分：用来控制"反射光泽度"的品质，较高的值可以取得较平滑的效果，而较低的值可以让模糊区域产生颗粒效果。注意，细分值越大，渲染速度越慢。

※ 使用插值：当勾选该参数时，VRay能够使用类似于"发光贴图"的缓存方式来加快反射模糊的计算。

※ 最大深度：是指反射的次数，数值越高效果越真实，但渲染时间也更长。

技巧与提示

渲染室内的玻璃或金属物体时，反射次数需要设置大一些，渲染地面和墙面时，反射次数可以设置少一些，这样可以提高渲染速度。

※ 退出颜色：当物体的反射次数达到最大次数时就会停止计算反射，这时由于反射次数不够造成的反射区域的颜色就用退出色来代替。

（3）折射

※ 折射：和反射的原理一样，颜色越白，物体越透明，进入物体内部产生折射的光线也就越多；颜色越黑，物体越不透明，产生折射的光线也就越少。单击右边的█按钮，可以通过贴图的灰度来控制折射的强弱。

※ 折射率：设置透明物体的折射率。

技巧与提示

真空的折射率是1，水的折射率是1.33，玻璃的折射率是1.5，水晶的折射率是2，钻石的折射率是 2.4，这些都是制作效果图常用的折射率。

※ 光泽度：用来控制物体的折射模糊程度。值越小，模糊程度越明显；默认值1不产生折射模糊。单击右边的按钮█，可以通过贴图的灰度来控制折射模糊的强弱。

※ 最大深度：和反射中的最大深度原理一样，用来控制折射的最大次数。

※ 细分：用来控制折射模糊的品质，较高的值可以得到比较光滑的效果，但是渲染速度会变慢；而较低的值可以使模糊区域产生杂点，但是渲染速度会变快。

※ 退出颜色：当物体的折射次数达到最大次数时就会停止计算折射，这时由于折射次数不够造成的折射区域的颜色就用退出色来代替。

※ 使用插值：当勾选该选项时，VRay能够使用类似于"发光贴图"的缓存方式来加快"光泽度"的计算。

※ 影响阴影：这个选项用来控制透明物体产生的阴影。勾选该选项时，透明物体将产生真实的阴影。注意，这个选项仅对"VRay光源"和"VRay阴影"有效。

※ 烟雾颜色：这个选项可以让光线通过透明物体后使光线变少，就好像和物理世界中的半透明物体一样。这个颜色值和物体的尺寸有关，厚的物体颜色需要设置淡一点才有效果。

技巧与提示

默认情况下的"烟雾颜色"为白色，是不起任何作用的，也就是说白色的雾对不同厚度的透明物体的效果是一样的。在图6-62中，"烟雾颜色"为淡绿色，"烟雾倍增"为0.08，由于玻璃的侧面比正面尺寸厚，所以侧面的颜色就会深一些，这样的效果与现实中的玻璃效果是一样的。

图6-62

※ 烟雾倍增：可以理解为烟雾的浓度。值越大，雾越浓，光线穿透物体的能力越差。不推荐使用大于1的值。

※ 烟雾偏移：控制烟雾的偏移，较低的值会使烟雾向摄影机的方向偏移。

（4）半透明

※ 类型：半透明效果（也叫3S效果）的类型有3种，一种是"硬（腊）模型"，比如蜡烛；一种是"软（水）模型"，比如海水；还有一种是"混合模型"。

※ 背面颜色：用来控制半透明效果的颜色。

※ 厚度：用来控制光线在物体内部被追踪的深度，也可以理解为光线的最大穿透能力。较大的值，会让整个物体都被光线穿透；较小的值，可以让物体比较薄的地方产生半透明现象。

※ 散射系数：物体内部的散射总量。0表示光线在所有方向被物体内部散射；1表示光线在一个方向被物体内部散射，而不考虑物体内部的曲面。

※ 前/后分配比：控制光线在物体内部的散射方向。0表示光线沿着灯光发射的方向向前散射；1表示光线沿着灯光发射的方向向后散射；0.5表示这两种情况各占一半。

※ 灯光倍增：设置光线穿透能力的倍增值。值越大，散射效果越强。

> **技巧与提示**
>
> 半透明参数所产生的效果通常也叫3S效果。半透明参数产生的效果与雾参数所产生的效果有一些相似，很多用户分不太清楚。其实半透明参数所得到的效果包括了雾参数所产生的效果，更重要的是它还能得到光线的次表面散射效果，也就是说当光线直射到半透明物体时，光线会在半透明物体内部进行分散，然后会从物体的四周发散出来。也可以理解为半透明物体为二次光源，能模拟现实世界中的效果，如图6-63所示。

图6-63

2.BRDF-双向反射分布功能

展开"BRDF-双向反射分布功能"卷展栏，如图6-64所示。

重要参数解析

图6-64

※ 明暗器列表：包含3种明暗器类型，分别是Blinn、Phong和Ward。Phong适合硬度很高的物体，高光区很小；Blinn适合大多数物体，高光区适中；Ward适合表面柔软或粗糙的物体，高光区最大。

※ 各向异性：控制高光区域的形状，可以用该参数来设置拉丝效果。

※ 旋转：控制高光区的旋转方向。

※ UV矢量源：控制高光形状的轴向，也可以通过贴图通道来设置。

＊ 局部轴：有x、y、z 3个轴可供选择。

＊ 贴图通道：可以使用不同的贴图通道与UVW贴图进行关联，从而实现一个物体在多个贴图通道中使用不同的UVW贴图，这样可以得到各自相对应的贴图坐标。

> **技巧与提示**
>
> 关于BRDF现象，在物理世界中随处可见。比如在图6-65中，我们可以看到不锈钢锅底的高光形状是由两个锥形构成的，这就是BRDF现象。这是因为不锈钢表面是一个有规律的均匀的凹槽（比如常见的拉丝不锈钢效果），当光反射到这样的表面上就会产生BRDF现象。

图6-65

3.选项

展开"选项"卷展栏，如图6-66所示。

重要参数解析

图6-66

※　跟踪反射：控制光线是否追踪反射。如果不勾选该选项，VRay将不渲染反射效果。

※　跟踪折射：控制光线是否追踪折射。如果不勾选该选项，VRay将不渲染折射效果。

※　中止阈值：中止选定材质的反射和折射的最小阈值。

※　环境优先：控制"环境优先"的数值。

※　双面：控制VRay渲染的面是否为双面。

※　背面反射：勾选该选项时，将强制VRay计算反射物体的背面产生反射效果。

※　使用发光贴图：控制选定的材质是否使用"发光贴图"。

※　把光泽光线视为全局光线：该选项在效果图制作中一般都默认设置为"仅全局光线"。

※　能量保存模式：该选项在效果图制作中一般都默认设置为RGB模型，因为这样可以得到彩色效果。

4.贴图

展开"贴图"卷展栏，如图6-67所示。

重要参数解析

※　凹凸：主要用于制作物体的凹凸效果，在后面的通道中可以加载一张凹凸贴图。

※　置换：主要用于制作物体的置换效果，在后面的通道中可以加载一张置换贴图。

※　透明：主要用于制作透明物体，例如窗帘、灯罩等。

※　环境：主要是针对上面的一些贴图而设定的，比如反射、折射等，只是在其贴图的效果上加入了环境贴图效果。

图6-67

技巧与提示

如果制作场景中的某个物体不存在环境效果，就可以用"环境"贴图通道来完成。比如在图6-68中，如果在"环境"贴图通道中加载一张位图贴图，那么就需要将"坐标"类型设置为"环境"才能正确使用，如图6-69所示。

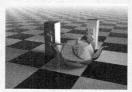

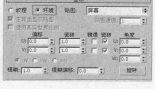

图6-68　　　　　　　　图6-69

5.反射插值

展开"反射插值"卷展栏，如图6-70所示。该卷展栏下的参数只有在"基本参数"卷展栏的"反射"选项组下勾选"使用插值"选项时才起作用。

重要参数解析

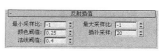

※　最小采样比：在反射对象不丰富（颜色单一）的区域使用该参数所设置的数值进行插补。数值越高，精度就越高，反之精度就越低。

图6-70

※　最大采样比：在反射对象比较丰富（图像复杂）的区域使用该参数所设置的数值进行插补。数值越高，精度就越高，反之精度就越低。

※　颜色阈值：指的是插值算法的颜色敏感度。值越大，敏感度就越低。

　※　法线阈值：指的是物体的交接面或细小的表面的敏感度。值越大，敏感度就越低。

　※　插补采样：用于设置反射插值时所用的样本数量。值越大，效果越平滑模糊。

技巧与提示

由于"折射插值"卷展栏中的参数与"反射插值"卷展栏中的参数相似，因此这里不再进行讲解。"折射插值"卷展栏中的参数只有在"基本参数"卷展栏的"折射"选项组下勾选"使用插值"选项时才起作用。

6.5 常用贴图

贴图主要用于表现物体材质表面的纹理，利用贴图可以不用增加模型的复杂程度就可以表现对象的细节，并且可以创建反射、折射、凹凸和镂空等多种效果。通过贴图可以增强模型的质感，完善模型的造型，使三维场景更加接近真实的环境，如图6-71所示。

图6-71

展开VRayMtl材质的"贴图"卷展栏，在该卷展栏下有很多贴图通道，在这些贴图通道中可以加载贴图来表现物体的相应属性，如图6-72所示。

图6-72

随意单击一个通道，在弹出的"材质/贴图浏览器"对话框中可以观察到很多贴图，主要包括"标准"贴图和VRay的贴图，如图6-73所示。

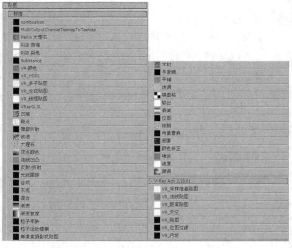

图6-73

重要参数解析

　※　cmbustion：可以同时使用Autodesk Combustion 软件和 3ds Max以交互方式创建贴图。使用Combustion在位图上进行绘制时，材质将在"材质编辑器"对话框和明暗处理视口中自动更新。

　※　Perlin大理石：通过两种颜色混合，产生类似于珍珠岩的纹理，如图6-74所示。

※ RGB倍增：通常用作凹凸贴图，但是要组合两个贴图，以获得正确的效果。

※ RGB染色：可以调整图像中3种颜色通道的值。3种色样代表3种通道，更改色样可以调整其相关颜色通道的值。

※ Substance：使用这个纹理库，可获得各种范围的材质。

※ VRay颜色：可以用来设置任何颜色。

※ VRayHDRI：VRayHDRI可以翻译为高动态范围贴图，主要用来设置场景的环境贴图，即把HDRI当作光源来使用。

※ VRay多子贴图：根据模型的不同ID号分配相应的贴图。

图6-74

※ VRay合成贴图：可以通过两个通道里贴图色度、灰度的不同来进行加、减、乘、除等操作。

※ VRay线框贴图：是一个非常简单的程序贴图，效果和3ds Max里的线框材质类似，常用于渲染线框图，如图6-75所示。

※ 凹痕：这是一种3D程序贴图。在扫描线渲染过程中，"凹痕"贴图会根据分形噪波产生随机图案，如图6-76所示。

※ 斑点：这是一种3D贴图，可以生成斑点状表面图案，如图6-77所示。

图6-75　　　　　　　图6-76　　　　　　　图6-77

※ 薄壁折射：模拟缓进或偏移效果，如果查看通过一块玻璃的图像就会看到这种效果。

※ 波浪：这是一种可以生成水花或波纹效果的3D贴图，如图6-78所示。

※ 大理石：针对彩色背景生成带有彩色纹理的大理石曲面，如图6-79所示。

※ 顶点颜色：根据材质或原始顶点的颜色来调整RGB或RGBA纹理，如图6-80所示。

图6-78　　　　　　　图6-79　　　　　　　图6-80

※ 法线凹凸：可以改变曲面上的细节和外观。

※ 反射/折射：可以产生反射与折射效果。

※ 光线追踪：可以模拟真实的完全反射与折射效果。

※ 合成：可以将两个或两个以上的子材质合成在一起。

※ 灰泥：用于制作腐蚀生锈的金属和破败的物体，如图6-81所示。

※ 混合：将两种贴图混合在一起，通常用来制作一些多个材质渐变融合或覆盖的效果。

※ 渐变：使用3种颜色创建渐变图像，如图6-82所示。

※ 渐变坡度：可以产生多色渐变效果，如图6-83所示。

图6-81   图6-82   图6-83

※ 粒子年龄：专门用于粒子系统，通常用来制作彩色粒子流动的效果。

※ 粒子运动模糊：根据粒子速度产生模糊效果。

※ 每像素摄影机贴图：将渲染后的图像作为物体的纹理贴图，以当前摄影机的方向贴在物体上，可以进行快速渲染。

※ 木材：用于制作木材效果，如图6-84所示。

※ 平面镜：使共平面的表面产生类似于镜面反射的效果。

※ 平铺：可以用来制作平铺图像，比如地砖，如图6-85所示。

※ 泼溅：产生类似油彩飞溅的效果，如图6-86所示。

图6-84   图6-85   图6-86

※ 棋盘格：可以产生黑白交错的棋盘格图案，如图6-87所示。

※ 输出：专门用来弥补某些无输出设置的贴图。

※ 衰减：基于几何体曲面上面法线的角度衰减来生成从白到黑的过渡效果，如图6-88所示。

※ 位图：通常在这里加载磁盘中的位图贴图，这是一种最常用的贴图，如图6-89所示。

图6-87   图6-88   图6-89

※ 细胞：可以用来模拟细胞图案，如图6-90所示。

※ 向量置换：可以在3个维度上置换网格，与法线贴图类似。

※ 烟雾：产生丝状、雾状或絮状等无序的纹理效果，如图6-91所示。

※ 颜色修正：用来调节材质的色调、饱和度、亮度和对比度。

※ 噪波：通过两种颜色或贴图的随机混合，产生一种无序的杂点效果，如图6-92所示。

※ 遮罩：使用一张贴图作为遮罩。

※ 漩涡：可以创建两种颜色的漩涡形效果，如图6-93所示。

图6-90　　　　　　　　　图6-91　　　　　　　　　图6-92　　　　　　　　　图6-93

※　VRay法线贴图：可以用来制作真实的凹凸纹理效果。

※　VRay天空：这是一种环境贴图，用来模拟天空效果。

※　VRay贴图：因为VRay不支持3ds Max里的光线追踪贴图类型，所以在使用3ds Max的"标准"材质时的反射和折射就用"VRay贴图"来代替。

※　VRay位图过滤：是一个非常简单的程序贴图，它可以编辑贴图纹理的x、y轴向。

※　VRay污垢：可以用来模拟真实物理世界中的物体上的污垢效果，比如墙角上的污垢、铁板上的铁锈等效果。

大致介绍完各种贴图的作用以后，下面针对实际工作中最常用的一些贴图进行详细讲解。

本节内容介绍

名称	作用	重要程度
不透明度贴图	控制材质是否透明、不透明或者半透明	高
棋盘格贴图	模拟双色棋盘效果	中
位图贴图	加载各种位图贴图	高
渐变贴图	设置3种颜色的渐变效果	高
平铺贴图	创建类似于瓷砖的贴图	中
衰减贴图	控制材质强烈到柔和的过渡效果	高
噪波贴图	将噪波效果添加到物体的表面	中
斑点贴图	模拟具有斑点的物体	中
泼溅贴图	模拟油彩泼溅效果	中
混合贴图	模拟材质之间的混合效果	中
细胞贴图	模拟细胞图案	中
法线凹凸贴图	表现高精度模型的凹凸效果	中
VRayHDRI贴图	模拟场景的环境贴图	中

6.5.1 课堂案例——制作叶片材质

课堂案例

制作叶片材质

案例位置　案例文件>第6章>课堂案例——制作叶片材质>课堂案例——制作叶片材质.max
视频位置　多媒体教学>第6章>课堂案例——制作叶片材质.flv
难易指数　★★☆☆☆
学习目标　学习"不透明度"贴图的用法，案例效果如图6-94所示

本例共需要制作两种不同的叶片材质，其模拟效果如图6-95和图6-96所示。

图6-94　　　　　　　　　图6-95　　　　　　　　　图6-96

叶片材质的基本属性主要有以下两点。

※　带有明显的叶脉纹理。

※　有一定的高光反射效果。

01 打开本书配套资源中的"案例文件>第6章>课堂案例——制作叶片材质>场景.max"文件，如图6-97所示。

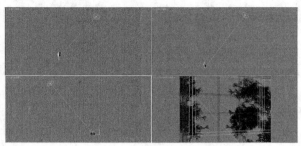

图6-97

02 选择一个空白材质球，然后设置材质类型为"标准"材质，接着将其命名为"叶子1"，具体参数设置如图6-98所示，制作好的材质球效果如图6-99所示。

设置步骤

① 在"漫反射"贴图通道中加载一张本书配套资源中的"案例文件>第6章>课堂案例——制作叶片材质>oreg_ivy.jpg"文件。

② 在"不透明度"贴图通道中加载一张本书配套资源中的"案例文件>第6章>课堂案例——制作叶片材质> oreg_ivy副本.jpg"文件。

③ 在"反射高光"选项组下设置"高光级别"为40、"光泽度"为50。

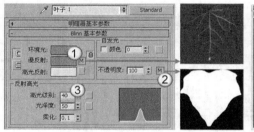

图6-98　　　　　　　　　　　　　图6-99

03 选择一个空白材质球，然后设置材质类型为"标准"材质，接着将其命名为"叶子2"，具体参数设置如图6-100所示，制作好的材质球效果如图6-101所示。

设置步骤

① 在"漫反射"贴图通道中加载一张本书配套资源中的"案例文件>第6章>课堂案例——制作叶片材质>archmodels58_001_leaf_diffuse.jpg"文件。

② 在"不透明度"贴图通道中加载一张本书配套资源中的"案例文件>第6章>课堂案例——制作叶片材质>archmodels58_001_leaf_opacity.jpg"文件。

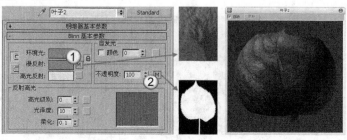

图6-100　　　　　　　　　　图6-101

04 将制作好的材质分别指定给相应的树叶模型，然后按F9键渲染当前场景，最终效果如图6-102所示。

图6-102

6.5.2 不透明度贴图

"不透明度"贴图主要用于控制材质是否透明、不透明或者半透明，遵循了"黑透、白不透"的原理，如图6-103所示。

"不透明度"贴图的原理是通过在"不透明度"贴图通道中加载一张黑白图像，遵循"黑透、白不透"的原理，即黑白图像中黑色部分为透明，白色部分为不透明。比如在图6-104中，场景中并没有真实的树木模型，而是使用了很多面片和"不透明度"贴图来模拟真实的叶子和花瓣模型。

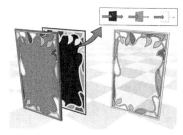

图6-103

图6-104

下面详细讲解使用"不透明度"贴图模拟树木模型的制作流程。

01 在场景中创建一些面片，如图6-105所示。

02 打开"材质编辑器"对话框，然后设置材质类型为"标准"材质，接着在"贴图"卷展栏下的"漫反射颜色"贴图通道中加载一张树贴图，最后在"不透明度"贴图通道中加载一张树的黑白贴图，如图6-106所示，制作好的材质球效果如图6-107所示。

图6-105   图6-106   图6-107

(03) 将制作好的材质指定给面片，如图6-108所示，然后按F9键渲染场景，可以观察到面片已经变成了真实的树木效果，如图6-109所示。

图6-108　　　　　　　　　　　　　图6-109

6.5.3　棋盘格贴图

"棋盘格"贴图可以用来制作双色棋盘效果，也可以用来检测模型的UV是否合理。如果棋盘格有拉伸现象，那么拉伸处的UV也有拉伸现象，如图6-110所示。

图6-110

下面详细讲解"棋盘格"贴图的使用方法。

(01) 在"漫反射"贴图通道中加载一张"棋盘格"贴图，如图6-111所示。

(02) 加载"棋盘格"贴图后，系统会自动切换到"棋盘格"参数设置面板，如图6-112所示。

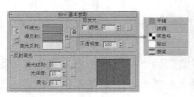 

图6-111　　　　　　　　　　　　　图6-112

(03) 在这些参数中，使用频率最高的是"瓷砖"选项，该选项可以用来改变棋盘格的平铺数量，如图6-113和图6-114所示。

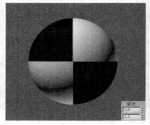 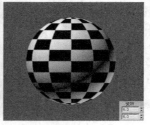

图6-113　　　　　　　　　　　　　图6-114

04 "颜色#1"和"颜色#2"参数主要用来控制棋盘格的两个颜色，如图6-115所示。

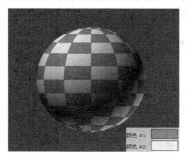

图6-115

6.5.4 位图贴图

位图贴图是一种最基本的贴图类型，也是最常用的贴图类型。位图贴图支持很多种格式，包括FLC、AVI、BMP、GIF、JPEG、PNG、PSD和TIFF等主流图像格式，如图6-116所示。还有一些常见的位图贴图，如图6-117所示。

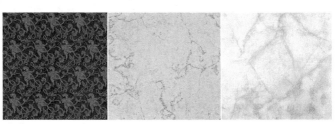

图6-116   图6-117

下面详细讲解位图贴图的使用方法。

01 在所有的贴图通道中都可以加载位图贴图。在"漫反射"贴图通道中加载一张位图贴图，如图6-118所示，然后将材质指定给一个球体模型，如图6-119所示。

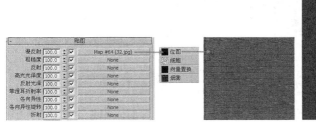
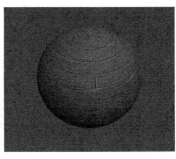

图6-118   图6-119

02 加载位图后，系统会自动弹出位图的参数设置面板，这里的参数主要用来设置位图的"偏移"值、"瓷砖"值和"角度"值，如图6-120所示。

03 勾选"镜像"选项后，可以看到贴图的方式就变成了镜像方式，当贴图不是无缝贴图时，建议勾选"镜像"选项，如图6-121所示。

图6-120   图6-121

04 在"位图参数"卷展栏下勾选"应用"选项，然后单击后面的"查看图像"按钮 查看图像 ，在弹出的对话框中可以对位图的应用区域进行调整，如图6-122所示。

图6-122

05 在"坐标"卷展栏下设置"模糊"为0.01，可以在渲染时得到最精细的贴图效果，如图6-123所示；如果设置为1，则可以得到最模糊的贴图效果，如图6-124所示。

图6-123   图6-124

6.5.5 渐变贴图

使用"渐变"程序贴图可以设置3种颜色的渐变效果，其参数设置面板如图6-125所示。

图6-125

技巧与提示

渐变颜色可以任意修改，修改后的物体材质颜色也会随之而改变，如图6-126所示。

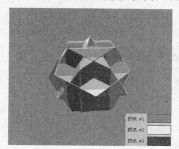

图6-126

6.5.6 平铺贴图

使用"平铺"程序贴图可以创建类似于瓷砖的贴图，通常在制作有很多建筑砖块图案时使用，其参数设置面板如图6-127所示。

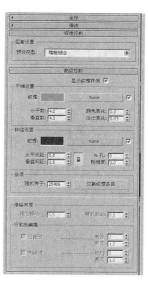

图6-127

6.5.7 衰减贴图

"衰减"程序贴图可以用来控制材质强烈到柔和的过渡效果，使用频率比较高，其参数设置面板如图6-128所示。

重要参数解析

※ 衰减类型：设置衰减的方式，共有以下5种。

* 垂直/平行：在与衰减方向相垂直的面法线和与衰减方向相平行的法线之间设置角度衰减范围。

* 朝向/背离：在面向衰减方向的面法线和背离衰减方向的法线之间设置角度衰减范围。

* Fresnel：基于IOR（折射率）在面向视图的曲面上产生暗淡反射，而在有角的面上产生较明亮的反射。

* 阴影/灯光：基于落在对象上的灯光，在两个子纹理之间进行调节。

* 距离混合：基于"近端距离"值和"远端距离"值，在两个子纹理之间进行调节。

图6-128

　　※　衰减方向：设置衰减的方向。

　　※　混合曲线：设置曲线的形状，可以精确地控制由任何衰减类型所产生的渐变。

6.5.8 噪波贴图

　　使用"噪波"程序贴图可以将噪波效果添加到物体的表面，以突出材质的质感。"噪波"程序贴图通过应用分形噪波函数来扰动像素的UV贴图，从而表现出非常复杂的物体材质，其参数设置面板如图6-129所示。

重要参数解析

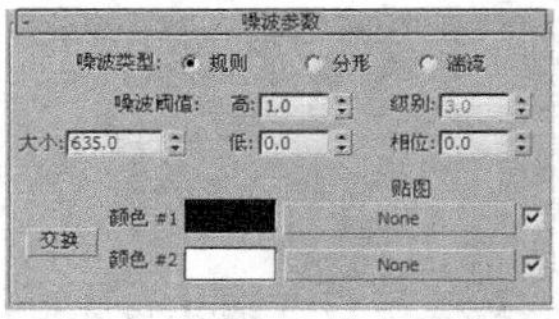

　　※　噪波类型：共有3种类型，分别是"规则""分形"和"湍流"。

　　★　规则：生成普通噪波，如图6-130所示。

　　★　分形：使用分形算法生成噪波，如图6-131所示。

　　★　湍流：生成应用绝对值函数来制作故障线条的分形噪波，如图6-132所示。

　　※　大小：以3ds Max为单位设置噪波函数的比例。

　　※　噪波阈值：控制噪波的效果，取值范围为0~1。

　　※　级别：决定有多少分形能量用于分形和湍流噪波函数。

　　※　相位：控制噪波函数的动画速度。

　　※　"交换"按钮 交换 ：交换两个颜色或贴图的位置。

　　※　颜色#1/2：可以从两个主要噪波颜色中进行选择，将通过所选的两种颜色来生成中间颜色值。

图6-129

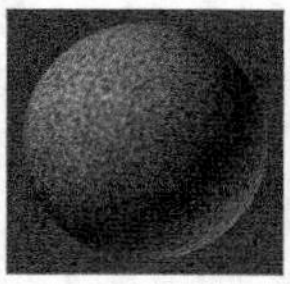

图6-130　　　　图6-131　　　　图6-132

6.5.9 斑点贴图

　　"斑点"程序贴图常用来制作具有斑点的物体，其参数设置面板如图6-133所示。

重要参数解析

　　※　大小：调整斑点的大小。

　　※　"交换"按钮 交换 ：交换两个颜色或贴图的位置。

　　※　颜色#1：设置斑点的颜色。

　　※　颜色#2：设置背景的颜色。

图6-133

6.5.10 泼溅贴图

　　"泼溅"程序贴图可以用来制作油彩泼溅的效果，其参数设置面板如图6-134所示。

重要参数解析

　　※　大小：设置泼溅的大小。

　　※　迭代次数：设置计算分形函数的次数。数值越高，泼溅效果越细腻，但是会增加计算时间。

图6-134

　　※　阈值：确定"颜色#1"与"颜色#2"的混合量。值为0时，仅显示"颜色#1"；值为1时，仅显示"颜色#2"。

　　※　"交换"按钮 交换 ：交换两个颜色或贴图的位置。

　　※　颜色#1：设置背景的颜色。

　　※　颜色#2：设置泼溅的颜色。

6.5.11 混合贴图

"混合"程序贴图可以用来制作材质之间的混合效果，其参数设置面板如图6-135所示。

重要参数解析

※ "交换"按钮 交换 ：交换两个颜色或贴图的位置。

※ 颜色#1/2：设置混合的两种颜色。

※ 混合量：设置混合的比例。

※ 混合曲线：用曲线来确定对混合效果的影响。

※ 转换区域：调整"上部"和"下部"的级别。

图6-135

6.5.12 细胞贴图

"细胞"程序贴图主要用于制作各种具有视觉效果的细胞图案，如马赛克、瓷砖、鹅卵石和海洋表面等，其参数设置面板如图6-136所示。

重要参数解析

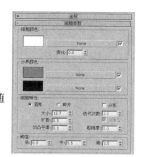

※ 细胞颜色：该选项组中的参数主要用来设置细胞的颜色。

＊ 颜色：为细胞选择一种颜色。

＊ None（无）按钮 None ：将贴图指定给细胞，而不使用实心颜色。

＊ 变化：通过随机改变红、绿、蓝颜色值来更改细胞的颜色。"变化"值越大，随机效果越明显。

※ 分界颜色：设置细胞间的分界颜色。细胞分界是两种颜色或两个贴图之间的斜坡。

※ 细胞特征：该选项组中的参数主要用来设置细胞的一些特征属性。

图6-136

＊ 圆形/碎片：用于选择细胞边缘的外观。

＊ 大小：更改贴图的总体尺寸。

＊ 扩散：更改单个细胞的大小。

＊ 凹凸平滑：将细胞贴图用作凹凸贴图时，在细胞边界处可能会出现锯齿效果。如果发生这种情况，可以适当增大该值。

＊ 分形：将细胞图案定义为不规则的碎片图案。

＊ 迭代次数：设置应用分形函数的次数。

＊ 自适应：启用该选项后，分形"迭代次数"将自适应地进行设置。

＊ 粗糙度：将"细胞"贴图用作凹凸贴图时，该参数用来控制凹凸的粗糙程度。

※ 阈值：该选项组中的参数用来限制细胞和分解颜色的大小。

＊ 低：调整细胞最低大小。

＊ 中：相对于第2分界颜色，调整最初分界颜色的大小。

＊ 高：调整分界的总体大小。

6.5.13 法线凹凸贴图

"法线凹凸"程序贴图多用于表现高精度模型的凹凸效果，其参数设置面板如图6-137所示。

重要参数解析

※ 法线：可以在其后面的通道中加载法线贴图。

※ 附加凹凸：包含其他用于修改凹凸或位移的贴图。

图6-137

※ 翻转红色（X）：翻转红色通道。

※ 翻转绿色（Y）：翻转绿色通道。

※ 红色&绿色交换：交换红色和绿色通道，这样可使法线贴图旋转90°。

※ 切线：从切线方向投射到目标对象的曲面上。

※ 局部XYZ：使用对象局部坐标进行投影。

※ 屏幕：使用屏幕坐标进行投影，即在z轴方向上的平面进行投影。

※ 世界：使用世界坐标进行投影。

6.5.14 VRayHDRI贴图

VRayHDRI可以翻译为高动态范围贴图，主要用来设置场景的环境贴图，即把HDRI当作光源来使用，其参数设置面板如图6-138所示。

重要参数解析

※ 位图：单击后面的"浏览"按钮 浏览 可以指定一张HDR贴图。

※ 贴图类型：控制HDRI的贴图方式，共有以下5种。

★ 角式：主要用于使用了对角拉伸坐标方式的HDRI。

★ 立方体：主要用于使用了立方体坐标方式的HDRI。

★ 球体：主要用于使用了球形坐标方式的HDRI。

★ 反射球：主要用于使用了镜像球体坐标方式的HDRI。

★ 3ds Max标准的：主要用于对单个物体指定环境贴图。

※ 水平旋转：控制HDRI在水平方向的旋转角度。

※ 水平翻转：让HDRI在水平方向上翻转。

※ 垂直旋转：控制HDRI在垂直方向的旋转角度。

※ 垂直翻转：让HDRI在垂直方向上翻转。

※ 整体倍增器：用来控制HDRI的亮度。

※ 渲染倍增：设置渲染时的光强度倍增。

※ 伽玛：设置贴图的伽玛值。

图6-138

课堂练习——制作灯罩材质

实例文件	案例文件>第6章>课堂练习——制作灯罩材质>课堂练习——制作灯罩材质.max
视频教学	多媒体教学>第6章>课堂练习——制作灯罩材质.flv
难易指数	★★☆☆☆
练习目标	练习VRayMtl材质的用法，案例效果如图6-139所示

灯罩材质的模拟效果如图6-140所示。

图6-139　　　　　　图6-140

灯罩材质的基本属性主要有以下两点。

※ 有一定的透光性。

※ 有一定的折射效果。

灯罩材质参数设置参考如图6-141所示。

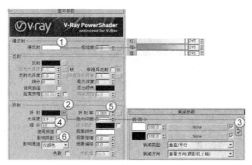

图6-141

课堂练习——制作玻璃材质

实例文件   案例文件>第6章>课堂练习——制作玻璃材质>课堂练习——制作玻璃材质.max
视频教学   多媒体教学>第6章>课堂练习——制作玻璃材质.flv
难易指数   ★★★★☆
练习目标   练习VRayMtl材质的用法,案例效果如图6-142所示

本例共需要制作两种玻璃材质,分别是酒瓶材质和花瓶材质,其模拟效果如图6-143和图6-144所示。

图6-142	图6-143	图6-144

玻璃材质的基本属性主要有以下两点。

※　颜色很单一。

※　具有强烈的反射效果。

酒瓶材质参数设置参考如图6-145所示。

花瓶材质参数设置参考如图6-146所示。

图6-145	图6-146

课后习题——制作卧室材质

实例文件   案例文件>第6章>课后习题——制作卧室材质>课后习题——制作卧室材质.max
视频教学   多媒体教学>第6章>课后习题——制作卧室材质.flv
难易指数   ★★★☆☆
练习目标   练习各种常用材质的制作方法,案例效果如图6-147所示

　　本例共需要制作5个材质,分别是地板材质、窗帘材质、黑漆材质、软包材质和床单材质,如图6-148所示。

图6-147

图6-148

课后习题——制作办公室材质

实例文件	案例文件>第6章>课后习题——制作办公室材质>课后习题——制作办公室材质.max
视频教学	多媒体教学>第6章>课后习题——制作办公室材质.flv
难易指数	★★★☆☆
练习目标	练习各种常用材质的制作方法，案例效果如图6-149所示

　　本例共需要制作6个材质，分别是不锈钢材质、黑色皮革材质、地砖材质、柜子材质、背景墙材质和木门材质，如图6-150所示。

图6-149

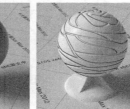

图6-150

第7章

环境和效果

本章是一个过渡性的章节，主要讲解环境和效果的用法，是为下一章的渲染做准备，因为"环境和效果"功能可以为场景添加真实的环境以及一些诸如火、雾、体积光、镜头效果和胶片颗粒等特效。本章的内容其实很简单，大多数技术都是相通的，只要掌握了其中一种技术，其他的就可以无师自通了。

课堂学习目标

掌握环境系统的应用

掌握效果系统的应用

7.1 环境

在现实世界中，所有物体都不是独立存在的，周围都存在相对应的环境。身边最常见的环境有闪电、大风、沙尘、雾、光束等，如图7-1所示。环境对场景的氛围起到了至关重要的作用。在3ds Max 2012中，可以为场景添加云、雾、火、体积雾和体积光等环境效果。

图7-1

本节内容介绍

名称	作用	重要程度
背景与全局照明	设置场景的环境/背景效果	高
曝光控制	调整渲染的输出级别和颜色范围的插件组件	中
大气	模拟云、雾、火和体积光等环境效果	高

7.1.1 课堂案例——为效果图添加环境贴图

课堂案例

为效果图添加环境贴图

案例位置	案例文件>第7章>课堂案例——为效果图添加环境贴图>课堂案例——为效果图添加环境贴图.max
视频位置	多媒体教学>第7章>课堂案例——为效果图添加环境贴图.flv
难易指数	★★☆☆☆
学习目标	学习如何为场景添加环境贴图，案例效果如图7-2所示

图7-2

① 打开本书配套资源中的"案例文件>第7章>课堂案例——为效果图添加环境贴图>场景.max"文件，如图7-3所示。

② 按键盘上的8键，打开"环境和效果"对话框，然后在"环境贴图"选项组下单击"无"按钮 无 ，接着在弹出的"材质/贴图浏览器"对话框中单击"位图"选项，最后在弹出的"选择位图图像文件"对话框中选择本书配套资源中的"案例文件>第7章>课堂案例——为效果图添加环境贴图>背景.jpg文件"，如图7-4所示。

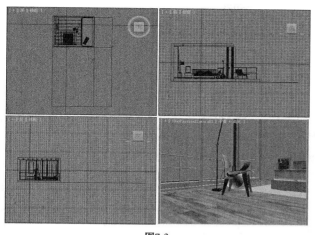

图7-3   图7-4

技巧与提示

在默认情况下，背景颜色都是黑色，也就是说渲染出来的背景颜色是黑色。如果更改背景颜色，则渲染出来的背景颜色也会跟着改变。

(03) 按C键切换到摄影机视图，然后按F9键渲染当前场景，最终效果如图7-5所示。

图7-5

技巧与提示

背景图像可以直接渲染出来，当然也可以在Photoshop中进行合成，不过这样比较麻烦，能在3ds Max中完成的尽量在3ds Max中完成。

7.1.2 背景与全局照明

一幅优秀的作品，不仅要有着精细的模型、真实的材质和合理的渲染参数，同时还要求有符合当前场景的背景和全局照明效果，这样才能烘托出场景的气氛。在3ds Max中，背景与全局照明都在"环境和效果"对话框中进行设定。

打开"环境和效果"对话框的方法主要有以下3种。

第1种：执行"渲染>环境"菜单命令。

第2种：执行"渲染>效果"菜单命令。

第3种：按键盘上的8键。

打开的"环境和效果"对话框如图7-6所示。

图7-6

重要参数解析

（1）背景

※ 颜色：设置环境的背景颜色。

※ 环境贴图：在其贴图通道中加载一张"环境"贴图来作为背景。

※ 使用贴图：使用一张贴图作为背景。

（2）全局照明

※ 染色：如果该颜色不是白色，那么场景中的所有灯光（环境光除外）都将被染色。

※ 级别：增强或减弱场景中所有灯光的亮度。值为1时，所有灯光保持原始设置；增加该值可以加强场景的整体照明；减小该值可以减弱场景的整体照明。

※ 环境光：设置环境光的颜色。

7.1.3 曝光控制

"曝光控制"是用于调整渲染的输出级别和颜色范围的插件组件，就像调整胶片曝光一样。展开"曝光控制"卷展栏，可以观察到3ds Max 2012的曝光控制类型共有6种，如图7-7所示。

重要参数解析

※ mr摄影曝光控制：可以提供像摄影机一样的控制，包括快门速度、光圈和胶片速度以及对高光、中间调和阴影的图像控制。

图7-7

※ VRay曝光控制：用来控制VRay的曝光效果，可调节曝光值、快门速度、光圈等数值。

※ 对数曝光控制：用于亮度、对比度，以及在有天光照明的室外场景中。"对数曝光控制"类型适用于"动态阈值"非常高的场景。

※ 伪彩色曝光控制：实际上是一个照明分析工具，可以直观地观察和计算场景中的照明级别。

※ 线性曝光控制：可以从渲染中进行采样，并且可以使用场景的平均亮度来将物理值映射为RGB值。"线性曝光控制"最适合用在动态范围很低的场景中。

※ 自动曝光控制：可以从渲染图像中进行采样，并生成一个直方图，以便在渲染的整个动态范围中提供良好的颜色分离。

1.自动曝光控制

在"曝光控制"卷展栏下设置曝光控制类型为"自动曝光控制"，其参数设置面板如图7-8所示。

重要参数解析

※ 活动：控制是否在渲染中开启曝光控制。

※ 处理背景与环境贴图：启用该选项时，场景背景贴图和场景环境贴图将受曝光控制的影响。

图7-8

※ "渲染预览"按钮 渲染预览 ：单击该按钮可以预览要渲染的缩略图。

※ 亮度：调整转换颜色的亮度，范围从0~200，默认值为50。

※ 对比度：调整转换颜色的对比度，范围从0~100，默认值为50。

※ 曝光值：调整渲染的总体亮度，范围从-5~5。负值可以使图像变暗，正值可使图像变亮。

※ 物理比例：设置曝光控制的物理比例，主要用在非物理灯光中。

※ 颜色修正：勾选该选项后，"颜色修正"会改变所有颜色，使色样中的颜色显示为白色。

※ 降低暗区饱和度级别：勾选该选项后，渲染出来的颜色会变暗。

2.对数曝光控制

在"曝光控制"卷展栏下设置曝光控制类型为"对数曝光控制"，其参数设置面板如图7-9所示。

重要参数解析

※ 仅影响间接照明：启用该选项时，"对数曝光控制"仅应用于间接照明的区域。

※ 室外日光：启用该选项时，可以转换适合室外场景的颜色。

图7-9

技巧与提示

"对数曝光控制"的其他参数可以参考"自动曝光控制"。

3.伪彩色曝光控制

在"曝光控制"卷展栏下设置曝光控制类型为"伪彩色曝光控制"，其参数设置面板如图7-10所示。

重要参数解析

※ 数量：设置所测量的值。

★ 照度：显示曲面上的入射光的值。

★ 亮度：显示曲面上的反射光的值。

※ 样式：选择显示值的方式。

★ 彩色：显示光谱。

★ 灰度：显示从白色到黑色范围的灰色色调。

※ 比例：选择用于映射值的方法。

★ 对数：使用对数比例。

★ 线性：使用线性比例。

图7-10

※ 最小值：设置在渲染中要测量和表示的最小值。

※ 最大值：设置在渲染中要测量和表示的最大值。

※ 物理比例：设置曝光控制的物理比例，主要用于非物理灯光。

※ 光谱条：显示光谱与强度的映射关系。

4.线性曝光控制

"线性曝光控制"从渲染图像中采样，使用场景的平均亮度将物理值映射为RGB值，非常适合用于动态范围很低的场景，其参数设置面板如图7-11所示。

图7-11

技巧与提示

"线性曝光控制"的参数与"自动曝光控制"的参数完全相同，因此这里不再重复讲解。

7.1.4 大气

3ds Max中的大气环境效果可以用来模拟自然界中的云、雾、火和体积光等环境效果。使用这些特殊环境效果可以逼真地模拟出自然界的各种气候，同时还可以增强场景的景深感，使场景显得更为广阔，有时还能起到烘托场景气氛的作用，其参数设置面板如图7-12所示。

图7-12

重要参数解析

※ 效果：显示已添加的效果名称。

※ 名称：为列表中的效果自定义名称。

※ "添加"按钮 添加... ：单击该按钮可以打开"添加大气效果"对话框，在该对话框中可以添加大气效果，如图7-13所示。

※ "删除"按钮 删除 ：在"效果"列表中选择效果以后，单击该按钮可以删除选中的大气效果。

※ 活动：勾选该选项可以启用添加的大气效果。

※ "上移"按钮 上移 ／"下移"按钮 下移 ：更改大气效果的应用顺序。

※ "合并"按钮 合并 ：合并其他3ds Max场景文件中的效果。

图7-13

1. 火效果

使用"火效果"环境可以制作出火焰、烟雾和爆炸等效果，如图7-14所示。"火效果"不产生任何照明效果，若要模拟产生的灯光效果，可以使用灯光来实现，其参数设置面板如图7-15所示。

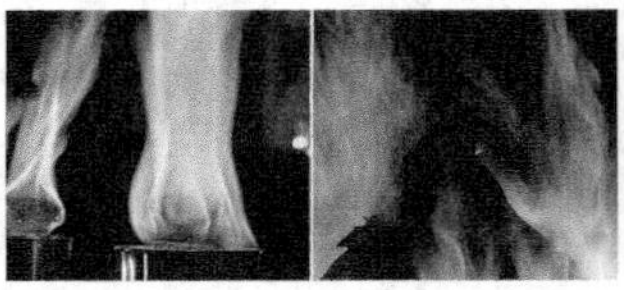

重要参数解析

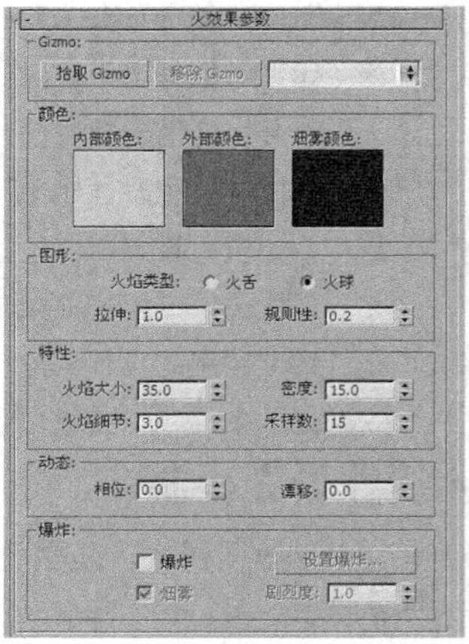

※ "拾取Gizmo"按钮 拾取 Gizmo ：单击该按钮可以拾取场景中要产生火效果的Gizmo对象。

※ "移除Gizmo"按钮 移除 Gizmo ：单击该按钮可以移除列表中所选的Gizmo。移除Gizmo后，Gizmo仍在场景中，但是不再产生火效果。

图7-14

※ 内部颜色：设置火焰中最密集部分的颜色。

※ 外部颜色：设置火焰中最稀薄部分的颜色。

※ 烟雾颜色：当勾选"爆炸"选项时，该选项才可以，主要用来设置爆炸的烟雾颜色。

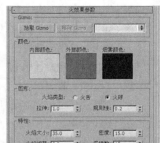

※ 火焰类型：共有"火舌"和"火球"两种类型。"火舌"是沿着中心使用纹理创建带方向的火焰，这种火焰类似于篝火，其方向沿着火焰装置的局部z轴；"火球"是创建圆形的爆炸火焰。

※ 拉伸：将火焰沿着装置的z轴进行缩放，该选项最适合创建"火舌"火焰。

※ 规则性：修改火焰填充装置的方式，范围为1~0。

※ 火焰大小：设置装置中各个火焰的大小。装置越大，需要的火焰也越大，使用15~30范围内的值可以获得最佳的火效果。

图7-15

※ 火焰细节：控制每个火焰中显示的颜色更改量和边缘的尖锐度，范围为0~10。

※ 密度：设置火焰效果的不透明度和亮度。

※ 采样数：设置火焰效果的采样率。值越高，生成的火焰效果越细腻，但是会增加渲染时间。

※ 相位：控制火焰效果的速率。

※ 漂移：设置火焰沿着火焰装置的z轴的渲染方式。

※ 爆炸：勾选该选项后，火焰将产生爆炸效果。

※ "设置爆炸"按钮 设置爆炸... ：单击该按钮可以打开"设置爆炸相位曲线"对话框，在该对话框中可以调整爆炸的"开始时间"和"结束时间"。

※ 烟雾：控制爆炸是否产生烟雾。

※ 剧烈度：改变"相位"参数的涡流效果。

2.雾

使用3ds Max的"雾"环境可以创建出雾、烟雾和蒸汽等特殊环境效果，如图7-16所示。

图7-16

"雾"效果的类型分为"标准"和"分层"两种，其参数设置面板如图7-17所示。

重要参数解析

※ 颜色：设置雾的颜色。

※ 环境颜色贴图：从贴图导出雾的颜色。

※ 使用贴图：使用贴图来产生雾效果。

※ 环境不透明度贴图：使用贴图来更改雾的密度。

※ 雾化背景：将雾应用于场景的背景。

※ 标准：使用标准雾。

※ 分层：使用分层雾。

※ 指数：随距离按指数增大密度。

※ 近端%：设置雾在近距范围的密度。

图7-17

※ 远端%：设置雾在远距范围的密度。

※ 顶：设置雾层的上限（使用世界标准单位）。

※ 底：设置雾层的下限（使用世界标准单位）。

※ 密度：设置雾的总体密度。

※ 衰减顶/底/无：添加指数衰减效果。

※ 地平线噪波：启用"地平线噪波"系统。"地平线噪波"系统仅影响雾层的地平线，用来增强雾的真实感。

※ 大小：应用于噪波的缩放系数。

※ 角度：确定受影响的雾与地平线的角度。

※ 相位：用来设置噪波动画。

3.体积雾

"体积雾"环境可以允许在一个限定的范围内设置和编辑雾效果。"体积雾"和"雾"最大的一个区别在于"体积雾"是三维的雾，是有体积的。"体积雾"多用来模拟烟云等有体积的气体，其参数设置面板如图7-18所示。

重要参数解析

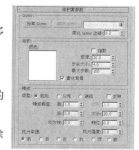

※ "拾取Gizmo"按钮 拾取 Gizmo ：单击该按钮可以拾取场景中要产生体积雾效果的Gizmo对象。

※ "移除Gizmo"按钮 移除 Gizmo ：单击该按钮可以移除列表中所选的Gizmo。移除Gizmo后，Gizmo仍在场景中，但是不再产生体积雾效果。

图7-18

※ 柔化Gizmo边缘：羽化体积雾效果的边缘。值越大，边缘越柔滑。

※ 颜色：设置雾的颜色。

※ 指数：随距离按指数增大密度。

※ 密度：控制雾的密度，范围为0~20。

※ 步长大小：确定雾采样的粒度，即雾的"细度"。

※ 最大步数：限制采样量，以便雾的计算不会永远执行。该选项适合于雾密度较小的场景。

※ 雾化背景：将体积雾应用于场景的背景。

※ 类型：有"规则""分形""湍流"和"反转"4种类型可供选择。

※ 噪波阈值：限制噪波效果，范围从0~1。

※ 级别：设置噪波迭代应用的次数，范围从1~6。

※ 大小：设置烟卷或雾卷的大小。

※ 相位：控制风的种子。如果"风力强度"大于0，雾体积会根据风向来产生动画。

※ 风力强度：控制烟雾远离风向（相对于相位）的速度。

※ 风力来源：定义风来自于哪个方向。

4.体积光

"体积光"环境可以用来制作带有光束的光线，可以指定给灯光（部分灯光除外，如VRay太阳）。这种体积光可以被物体遮挡，从而形成光芒透过缝隙的效果，常用来模拟树与树之间的缝隙中透过的光束，如图7-19所示，其参数设置面板如图7-20所示。

重要参数解析

图7-19

※ "拾取灯光"按钮 拾取灯光 ：拾取要产生体积光的光源。

※ "移除灯光"按钮 移除灯光 ：将灯光从列表中移除。

※ 雾颜色：设置体积光产生的雾的颜色。

※ 衰减颜色：体积光随距离而衰减。

※ 使用衰减颜色：控制是否开启"衰减颜色"功能。

※ 指数：随距离按指数增大密度。

※ 密度：设置雾的密度。

※ 最大/最小亮度%：设置可以达到的最大和最小的光晕效果。

※ 衰减倍增：设置"衰减颜色"的强度。

※ 过滤阴影：通过提高采样率（以增加渲染时间为代价）来获得更高质量的体积光效果，包括"低""中""高"3个级别。

※ 使用灯光采样范围：根据灯光阴影参数中的"采样范围"值来使体积光中投射的阴影变模糊。

※ 采样体积%：控制体积的采样率。

※ 自动：自动控制"采样体积%"的参数。

※ 开始%/结束%：设置灯光效果开始和结束衰减的百分比。

※ 启用噪波：控制是否启用噪波效果。

※ 数量：应用于雾的噪波的百分比。

※ 链接到灯光：将噪波效果链接到灯光对象。

图7-20

7.2 效果

在"效果"面板中可以为场景添加Hair和Fur（头发和毛发）、"镜头效果""模糊""亮度和对比度""色彩平衡""景深""文件输出""胶片颗粒""运动模糊"和"VR-镜头特效"效果，如图7-21所示。

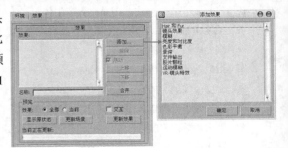

图7-21

本节内容介绍

名称	作用	重要程度
镜头效果	模拟照相机拍照时镜头所产生的光晕效果	中
模糊	使渲染画面变得模糊	中
亮度和对比度	调整画面的亮度和对比度	中
色彩平衡	调整画面的色彩	中
胶片颗粒	为场景添加胶片颗粒	中

7.2.1 课堂案例——制作镜头特效

课堂案例

制作镜头特效

案例位置　案例文件>第7章>课堂案例——制作镜头特效>课堂案例——制作镜头特效.max
视频位置　多媒体教学>第7章>课堂案例——制作镜头特效.flv
难易指数　★★☆☆☆
学习目标　学习"镜头效果"的用法，案例效果如图7-22所示

图7-22

01 打开本书配套资源中的"案例文件>第7章>课堂案例——制作镜头特效>场景.max"文件，如图7-23所示。

02 按键盘上的8键，打开"环境和效果"对话框，然后在"效果"选项卡下单击"添加"按钮 添加... ，接着在弹出的"添加效果"对话框中选择"镜头效果"选项，如图7-24所示。

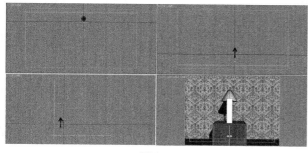

图7-23

图7-24

03 选择"效果"列表框中的"镜头效果"选项，然后在"镜头效果参数"卷展栏下的左侧列表选择Glow（光晕）选项，接着单击 > 按钮将其加载到右侧的列表中，如图7-25所示。

04 展开"镜头效果全局"卷展栏，然后单击"拾取灯光"按钮 拾取灯光 ，接着在视图中拾取两盏泛光灯，如图7-26所示。

05 展开"光晕元素"卷展栏，然后在"参数"选项卡下设置"强度"为60，接着在"径向颜色"选项组下设置"边缘颜色"为（红:255，绿:144，蓝:0），具体参数设置如图7-27所示。

图7-25

图7-26

图7-27

⑥ 返回到"镜头效果参数"卷展栏，然后将左侧的Streak（条纹）效果加载到右侧的列表中，接着在"条纹元素"卷展栏下设置"强度"为5，如图7-28所示。

⑦ 返回到"镜头效果参数"卷展栏，然后将左侧的Ray（射线）效果加载到右侧的列表中，接着在"射线元素"卷展栏下设置"强度"为28，如图7-29所示。

 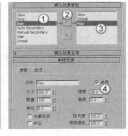

图7-28　　　　　　　　　　图7-29

⑧ 返回到"镜头效果参数"卷展栏，然后将左侧的Manual Secondary（手动二级光斑）效果加载到右侧的列表中，接着在"手动二级光斑元素"卷展栏下设置"强度"为35，如图7-30所示，最后按F9键渲染当前场景，效果如图7-31所示。

图7-30　　　　　　　　　　图7-31

 技巧与提示

前面的步骤是制作的各种效果的叠加效果，下面制作单个特效。

⑨ 将前面制作好的场景文件保存好，然后重新打开"场景.max"文件，下面制作射线特效。在"效果"卷展栏下加载一个"镜头效果"，然后在"镜头效果参数"卷展栏下将Ray（射线）效果加载到右侧的列表中，接着在"射线元素"卷展栏下设置"强度"为80，具体参数设置如图7-32所示，最后按F9键渲染当前场景，效果如图7-33所示。

图7-32　　　　　　　　　　图7-33

 技巧与提示

注意，这里省略了一个步骤，在加载"镜头效果"以后，同样要拾取两盏泛光灯，否则不会生成射线效果。

⑩ 下面制作手动二级光斑特效。将上一步制作好的场景文件保存好，然后重新打开"场景.max"文件。在"效果"卷展栏下加载一个"镜头效果"；然后在"镜头效果参数"卷展栏下将Manual Secondary Ray（手动二级光斑）效果加载到右侧的列表中；接着在"手动二级光斑元素"卷展栏下设置"强度"为400、"边数"为"六"，具体参数设置如图7-34所示；最后按F9键渲染当前场景，效果如图7-35所示。

图7-34　　　　　　　　　　图7-35

⑪ 下面制作条纹特效。将上一步制作好的场景文件保存好，然后重新打开"场景.max"文件。在"效果"卷展栏下加载一个"镜头效果"；然后在"镜头效果参数"卷展栏下将Streak（条纹）效果加载到右侧的列表中；接着在"条纹元素"卷展栏下设置"强度"为300、"角度"为45，具体参数设置如图7-36所示；最后按F9键渲染当前场景，效果如图7-37所示。

图7-36　　　　　　　　　　　　图7-37

⑫　下面制作星形特效。将上一步制作好的场景文件保存好，然后重新打开"场景.max"文件。在"效果"卷展栏下加载一个"镜头效果"；然后在"镜头效果参数"卷展栏下将Star（星形）效果加载到右侧的列表中，接着在"星形元素"卷展栏下设置"强度"为250、"宽度"为1，具体参数设置如图7-38所示；最后按F9键渲染当前场景，效果如图7-39所示。

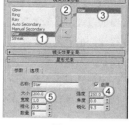

图7-38　　　　　　　　　　　　图7-39

⑬　下面制作自动二级光斑特效。将上一步制作好的场景文件保存好，然后重新打开"场景.max"文件。在"效果"卷展栏下加载一个"镜头效果"，然后在"镜头效果参数"卷展栏下将Auto Secondary（自动二级光斑）效果加载到右侧的列表中，接着在"自动二级光斑元素"卷展栏下设置"最大"为80、"强度"为200、"数量"为4，具体参数设置如图7-40所示；最后按F9键渲染当前场景，效果如图7-41所示。

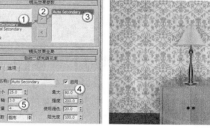

图7-40　　　　　　　　　　　　图7-41

7.2.2　镜头效果

使用"镜头效果"可以模拟照相机拍照时镜头所产生的光晕效果，这些效果包括Glow（光晕）、Ring（光环）、Ray（射线）、Auto Secondary（自动二级光斑）、Manual Secondary（手动二级光斑）、Star（星形）和Streak（条纹），如图7-42所示。

图7-42

技巧与提示

在"镜头效果参数"卷展栏下选择镜头效果，单击 > 按钮可以将其加载到右侧的列表中，以应用镜头效果；单击 < 按钮可以移除加载的镜头效果。

"镜头效果"包含一个"镜头效果全局"卷展栏，该卷展栏分为"参数"和"场景"两大面板，如图7-43所示。

重要参数解析

（1）"参数"面板

※　"加载"按钮 加载 ：单击该按钮可以打开"加载镜头效果文件"对话框，在该对话框中可选择要加载的lzv文件。

※　"保存"按钮 保存 ：单击该按钮可以打开"保存镜头效果文件"对话框，在该对话框中可以保存lzv文件。

图7-43

※ 大小：设置镜头效果的总体大小。

※ 强度：设置镜头效果的总体亮度和不透明度。值越大，效果越亮越不透明；值越小，效果越暗越透明。

※ 种子：为"镜头效果"中的随机数生成器提供不同的起点，并创建略有不同的镜头效果。

※ 角度：当效果与摄影机的相对位置发生改变时，该选项用来设置镜头效果从默认位置的旋转量。

※ 挤压：在水平方向或垂直方向挤压镜头效果的总体大小。

※ "拾取灯光"按钮 拾取灯光：单击该按钮可以在场景中拾取灯光。

※ "移除"按钮 移除：单击该按钮可以移除所选择的灯光。

（2）"场景"面板

※ 影响Alpha：如果图像以32位文件格式来渲染，那么该选项用来控制镜头效果是否影响图像的Alpha通道。

※ 影响Z缓冲区：存储对象与摄影机的距离。Z缓冲区用于光学效果。

※ 距离影响：控制摄影机或视口的距离对光晕效果的大小和强度的影响。

※ 偏心影响：产生摄影机或视口偏心的效果，影响其大小和或强度。

※ 方向影响：聚光灯相对于摄影机的方向，影响其大小或强度。

※ 内径：设置效果周围的内径，另一个场景对象必须与内径相交才能完全阻挡效果。

※ 外半径：设置效果周围的外径，另一个场景对象必须与外径相交才能开始阻挡效果。

※ 大小：减小所阻挡的效果的大小。

※ 强度：减小所阻挡的效果的强度。

※ 受大气影响：控制是否允许大气效果阻挡镜头效果。

7.2.3 模糊

使用"模糊"效果可以通过3种不同的方法使图像变得模糊，分别是"均匀型""方向型"和"径向型"。"模糊"效果根据"像素选择"选项卡下所选择的对象来应用各个像素，使整个图像变模糊，其参数包含"模糊类型"和"像素选择"两大部分，如图7-44所示。

重要参数解析

（1）"模糊类型"面板

※ 均匀型：将模糊效果均匀应用在整个渲染图像中。

* 像素半径：设置模糊效果的半径。

* 影响Alpha：启用该选项时，可以将"均匀型"模糊效果应用于Alpha通道。

* 方向型：按照"方向型"参数指定的任意方向应用模糊效果。

* U/V向像素半径（%）：设置模糊效果的水平/垂直强度。

* U/V向拖痕（%）：通过为U/V轴的某一侧分配更大的模糊权重来为模糊效果添加方向。

* 旋转（度）：通过"U向像素半径（%）"和"V向像素半径（%）"来应用模糊效果的U向像素和V向像素的轴。

* 影响Alpha：启用该选项时，可以将"方向型"模糊效果应用于Alpha通道。

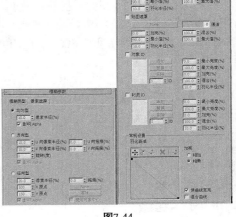

图7-44

※ 径向型：以径向的方式应用模糊效果。

* 像素半径（%）：设置模糊效果的半径。

* 拖痕（%）：通过为模糊效果的中心分配更大或更小的模糊权重来为模糊效果添加方向。

* X/Y原点：以"像素"为单位，对渲染输出的尺寸指定模糊的中心。

* None（无）按钮：指定以中心作为模糊效果中心的对象。
* "清除"按钮：移除对象名称。
* 影响Alpha：启用该选项时，可以将"径向型"模糊效果应用于Alpha通道。
* 使用对象中心：启用该选项后，None（无）按钮指定的对象将作为模糊效果的中心。

（2）"像素选择"面板

※ 整个图像：启用该选项后，模糊效果将影响整个渲染图像。
* 加亮（%）：加亮整个图像。
* 混合（%）：将模糊效果和"整个图像"参数与原始的渲染图像进行混合。
※ 非背景：启用该选项后，模糊效果将影响除背景图像或动画以外的所有元素。
* 羽化半径（%）：设置应用于场景的非背景元素的羽化模糊效果的百分比。
※ 亮度：影响亮度值介于"最小值（%）"和"最大值（%）"微调器之间的所有像素。
* 最小/大值（%）：设置每个像素要应用模糊效果所需的最小和最大亮度值。
※ 贴图遮罩：通过在"材质/贴图浏览器"对话框选择的通道和应用的遮罩来应用模糊效果。
※ 对象ID：如果对象匹配过滤器设置，会将模糊效果应用于对象或对象中具有特定对象ID的部分（在G缓冲区中）。
※ 材质ID：如果材质匹配过滤器设置，会将模糊效果应用于该材质或材质中具有特定材质效果通道的部分。
※ 常规设置羽化衰减：使用曲线来确定基于图形的模糊效果的羽化衰减区域。

7.2.4 亮度和对比度

使用"亮度和对比度"效果可以调整图像的亮度和对比度，其参数设置面板如图7-45所示。

重要参数解析

图7-45

※ 亮度：增加或减少所有色元（红色、绿色和蓝色）的亮度，取值范围为0~1。
※ 对比度：压缩或扩展最大黑色和最大白色之间的范围，其取值范围为0~1。
※ 忽略背景：是否将效果应用于除背景以外的所有元素。

7.2.5 色彩平衡

使用"色彩平衡"效果可以通过调节"青-红""洋红-绿""黄-蓝"3个通道来改变场景或图像的色调，其参数设置面板如图7-46所示。

重要参数解析

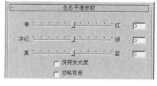

图7-46

※ 青-红：调整"青-红"通道。
※ 洋红-绿：调整"洋红-绿"通道。
※ 黄-蓝：调整"黄-蓝"通道。
※ 保持发光度：启用该选项后，在修正颜色的同时将保留图像的发光度。
※ 忽略背景：启用该选项后，可以在修正图像时不影响背景。

7.2.6 胶片颗粒

"胶片颗粒"效果主要用于在渲染场景中重新创建胶片颗粒，同时还可以作为背景的源材质与软件中创建的渲染场景相匹配，其参数设置面板如图7-47所示。

重要参数解析

图7-47

※ 颗粒：设置添加到图像中的颗粒数，其取值范围为0~1。
※ 忽略背景：屏蔽背景，使颗粒仅应用于场景中的几何体对象。

课堂练习——制作沙尘雾

实例文件	案例文件>第7章>课堂练习——制作沙尘雾>课堂练习——制作沙尘雾.max
视频教学	多媒体教学>第7章>课堂练习——制作沙尘雾.flv
难易指数	★★☆☆☆
练习目标	练习"体积雾"效果的用法，案例效果如图7-48所示

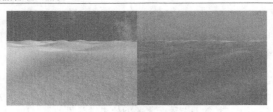

图7-48

课堂练习——制作奇幻特效

实例文件	案例文件>第7章>课堂练习——制作奇幻特效>课堂练习——制作奇幻特效.max
视频教学	多媒体教学>第7章>课堂练习——制作奇幻特效.flv
难易指数	★★☆☆☆
练习目标	练习"模糊"效果的用法，案例效果如图7-49所示

图7-49

课后习题——加载环境贴图

实例文件	案例文件>第7章>课后习题——加载环境贴图>课后习题——加载环境贴图.max
视频教学	多媒体教学>第7章>课后习题——加载环境贴图.flv
难易指数	★★☆☆☆
练习目标	练习环境贴图的加载方法，案例效果如图7-50所示

图7-50

课后习题——制作雪山雾

实例文件	案例文件>第7章>课后习题——制作雪山雾>课后习题——制作雪山雾.max
视频教学	多媒体教学>第7章>课后习题——制作雪山雾.flv
难易指数	★★☆☆☆
练习目标	练习"雾"效果的用法，案例效果如图7-51所示

图7-51

第8章
渲染技术

本章将进入制作静帧作品的最后一个环节——渲染。这个章节的重要性不言而喻，即使有再良好的光照、再精美的材质，如果没有合理的渲染参数，那么依然得不到优秀的渲染作品。本章主讲VRay渲染技术，并结合两个综合课堂案例（1个家装案例和1个CG案例）来全面介绍VRay灯光、VRay材质和VRay渲染参数的设置方法与技巧。本章内容非常重要，请读者务必对VRay的各种重要技术多加领会、勤加练习。

课堂学习目标

了解默认扫描线渲染器和mental ray渲染器的使用方法

全面掌握VRay重要参数的含义及渲染参数的设置方法

掌握家装效果图的制作思路及相关技巧

掌握CG场景的制作思路及相关技巧

8.1 渲染的基本常识

前面曾介绍过，使用3ds Max创作作品时，一般都遵循"建模→灯光→材质→渲染"这个步骤，渲染是最后一道工序（后期处理除外）。渲染的英文是Render，翻译为"着色"，也就是对场景进行着色的过程，它是通过复杂的运算，将虚拟的三维场景投射到二维平面上，这个过程需要对渲染器进行复杂的设置，如图8-1所示是一些比较优秀的渲染作品。

图8-1

本节内容介绍

名称	作用	重要程度
渲染器的类型	了解各种类型的渲染器	低
渲染工具	了解各个渲染工具	中

8.1.1 渲染器的类型

渲染场景的引擎有很多种，比如VRay渲染器、Renderman渲染器、mental ray渲染器、Brazil渲染器、FinalRender渲染器、Maxwell渲染器和Lightscape渲染器等。

3ds Max 2012默认的渲染器有"iray渲染器""mental ray渲染器""Quicksilver硬件渲染器""默认扫描线渲染器"和"VUE文件渲染器"，在安装好VRay渲染器之后也可以使用VRay渲染器来渲染场景。当然也可以安装一些其他的渲染插件，如Renderman、Brazil、FinalRender、Maxwell和Lightscape等。

 技巧与提示

在众多的渲染器当中，以VRay渲染器最为重要（3ds Max以VRay渲染器为主），这也是本书主讲的渲染器。

8.1.2 渲染工具

在"主工具栏"右侧提供了多个渲染工具，如图8-2所示。

图8-2

重要参数解析

※ "渲染设置"按钮 ：单击该按钮可以打开"渲染设置"对话框，基本上所有的渲染参数都在该对话框中完成。

※ "渲染帧窗口"按钮 ：单击该按钮可以打开"渲染帧窗口"对话框，如图8-3所示。在该对话框中可以选择渲染区域、切换通道和储存渲染图像等任务。

＊ 要渲染的区域：该下拉列表中提供了要渲染的区域选项，包括"视图""选定""区域""裁剪"和"放大"。

＊ "编辑区域"按钮 ：可以调整控制手柄来重新调整渲染图像的大小。

＊ "自动选定对象区域"按钮 ：激活该按钮后，系统会将"区域"、

图8-3

"裁剪"和"放大"自动设置为当前选择。

* 视口：显示当前渲染的哪个视图。若渲染的是透视图，那么在这里就显示为透视图。

* "锁定到视口"按钮🔒：激活该按钮后，系统就只渲染视图列表中的视图。

* 渲染预设：可以从下拉列表中选择与预设渲染相关的选项。

* "渲染设置"按钮🔲：单击该按钮可以打开"渲染设置"对话框。

* "环境和效果对话框（曝光控制）"按钮◎：单击该按钮可以打开"环境和效果"对话框，在该对话框中可以调整曝光控制的类型。

* 产品级/迭代："产品级"是使用"渲染帧窗口"对话框、"渲染设置"对话框等所有当前设置进行渲染；"迭代"是忽略网络渲染、多帧渲染、文件输出、导出至MI文件以及电子邮件通知，同时使用扫描线渲染器进行渲染。

* "渲染"按钮 ⬜渲染 ：单击该按钮可以使用当前设置来渲染场景。

* "保存图像"按钮💾：单击该按钮可以打开"保存图像"对话框，在该对话框中可以保存多种格式的渲染图像。

* "复制图像"按钮📋：单击该按钮可以将渲染图像复制到剪贴板上。

* "克隆渲染帧窗口"按钮🔲：单击该按钮可以克隆一个"渲染帧窗口"对话框。

* "打印图像"按钮🖨：将渲染图像发送到Windows定义的打印机中。

* "清除"按钮✕：清除"渲染帧窗口"对话框中的渲染图像。

* "启用红色/绿色/蓝色通道"按钮● ● ●：显示渲染图像的红/绿/蓝通道，如图8-4、图8-5和图8-6所示分别是单独开启红色、绿色、蓝色通道的图像效果。

图8-4 图8-5 图8-6

* "显示Alpha通道"按钮◑：显示图像的Aplha通道。

* "单色"按钮●：单击该按钮可以将渲染图像以8位灰度的模式显示出来，如图8-7所示。

* "切换UI叠加"按钮🔲：激活该按钮后，如果"区域""裁剪"或"放大"区域中有一个选项处于活动状态，则会显示表示相应区域的帧。

* "切换UI"按钮🔲：激活该按钮后，"渲染帧窗口"对话框中的所有工具与选项均可使用；关闭该按钮后，不会显示对话框顶部的渲染控件以及对话框下部单独面板上的mental ray控件，如图8-8所示。

图8-7 图8-8

※ "渲染产品"按钮🗔：单击该按钮可以使用当前的产品级渲染设置来渲染场景。

※ "渲染迭代"按钮🗔：单击该按钮可以在迭代模式下渲染场景。

※ "ActiveShade（动态着色）"按钮🗔：单击该按钮可以在浮动的窗口中执行"动态着色"渲染。

8.2 默认扫描线渲染器

"默认扫描线渲染器"是一种多功能渲染器，可以将场景渲染为从上到下生成的一系列扫描线，如图8-9所示。"默认扫描线渲染器"的渲染速度特别快，但是渲染功能不强。

按F10键打开"渲染设置"对话框，3ds Max默认的渲染器就是"默认扫描线渲染器"，如图8-10所示。

图8-9

图8-10

技巧与提示

"默认扫描线渲染器"的参数共有"公用""渲染器"、Render Elements（渲染元素）、"光线跟踪器"和"高级照明"5大选项卡。在一般情况下，都不会使用默认的扫描线渲染器，因为其渲染质量不高，并且渲染参数也特别复杂，因此这里不讲解其参数，读者只需要知道有这么一个渲染器就行了。

8.3 mental ray渲染器

mental ray渲染器是早期出现的两个重量级的渲染器之一（另外一个是Renderman），为德国Mental Images公司的产品。在刚推出的时候，集成在著名的3D动画软件Softimage3D中作为其内置的渲染引擎。正是凭借着mental ray高效的速度和质量，Softimage3D一直在好莱坞电影制作中作为首选制作软件。

相对于Renderman而言，mental ray的操作更加简便，效率也更高，因为Renderman渲染系统需要使用编程技术来渲染场景，而mental ray只需要在程序中设定好参数，然后便会"智能"地对需要渲染的场景进行自动计算，所以mental ray渲染器也叫"智能"渲染器。

自mental ray渲染器诞生以来，CG艺术家就利用它制作出了很多令人惊讶的作品，如图8-11所示是一些比较优秀的mental ray渲染作品。

如果要将当前渲染器设置为mental ray渲染器，可以按F10键打开"渲染设置"对话框，然后在"公用"选项卡下展开"指定渲染器"卷展栏，接着单击"产品级"选项后面的"选择渲染器"按钮，最后在弹出的对话框中选择"mental ray渲染器"，如图8-12所示。

图8-11

图8-12

将渲染器设置为mental ray渲染器后，在"渲染设置"对话框中将会出现"公用""渲染器""间接照明""处理"和Render Elements（渲染元素）5大选项卡。下面对"间接照明"和"渲染器"两个选项卡下的参数进行讲解。

本节内容介绍

名称	作用	重要程度
间接照明	控制焦散、全局照明和最终聚焦	中
渲染器	用来设置采样质量、渲染算法、摄影机效果、阴影与置换等	中

8.3.1 间接照明

"间接照明"选项卡下的参数主要用来控制焦散、全局照明和最终聚焦等，如图8-13所示。

图8-13

1.最终聚焦

"最终聚集"是一项技术，用于模拟指定点的全局照明。对于漫反射场景，最终聚集通常可以提高全局照明解决方案的质量。如果不使用最终聚集，漫反射曲面上的全局照明由该点附近的光子密度（和能量）来估算；如果使用最终聚集，将发送许多新的光线来对该点上的半球进行采样，以决定直接照明。

展开"最终聚焦"卷展栏，如图8-14所示。

重要参数解析

（1）基本

※ 启用最终聚焦：开启该选项后，mental ray渲染器会使用最终聚焦来创建全局照明或提高渲染质量。

※ 倍增/色样：控制累积的间接光的强度和颜色。

※ 最终聚焦精度预设：为最终聚焦提供快速、轻松的解决方案，包括"草图级""低""中""高"和"很高"5个级别。

※ 按分段数细分摄影机路径：在上面的列表中选择"沿摄影机路径的位置投影点"选项时，该选项才被激活。

※ 初始最终聚集点密度：最终聚焦点密度的倍增。增加该值会增加图像中最终聚焦点的密度。

※ 每最终聚集点光线数目：设置使用多少光线来计算最终聚焦中的间接照明。

※ 插值的最终聚焦点数：控制用于图像采样的最终聚焦点数。

图8-14

※ 漫反射反弹次数：设置mental ray为单个漫反射光线计算的漫反射光反弹的次数。

※ 权重：控制漫反射反弹有多少间接光照影响最终聚焦的解决方案。

（2）高级

※ 噪波过滤（减少斑点）：使用从同一点发射的相邻最终聚集光线的中间过滤器。可以从后面的下拉列表中选择一个预设，包含"无""标准""高""很高"和"极端高"5个选项。

※ 草图模式（无预先计算）：启用该选项之后，最终聚集将跳过预先计算阶段。这将造成渲染不真实，但是可以更快速地开始进行渲染，因此非常适用于进行测试渲染。

※ 最大深度：限制反射和折射的组合。当光线的反射和折射总数等于"最大深度"数值时将停止。

※ 最大反射：设置光线可以反射的次数。0表示不会发生反射；1表示光线只可以反射一次；2表示光线可以反射两次，以此类推。

※ 最大折射：设置光线可以折射的次数。0表示不发生折射；1表示光线只可以折射一次；2表示光线可以折射两次，以此类推。

※ 使用衰减（限制光线距离）：启用该选项后，可以利用"开始"和"停止"数值限制使用环境颜色前用于重新聚集的光线的长度。

※ 使用半径插值法（不使用最终聚集点数）：启用该选项之后，以下参数可用。

※ 半径：启用该选项之后，将设置应用最终聚集的最大半径。如果禁用"以像素表示半径"和"半径"，则最大半径的默认值是最大场景半径的10%，采用世界单位。

※ 最小半径：启用该选项，可以设置必须在其中使用最终聚集的最小半径。

※ 以像素表示半径：启用该选项之后，将以"像素"来指定半径值；关闭禁用该选项后，半径单位取决于半径切换的值。

2.焦散和全局照明（GI）

展开"焦散和全局照明（GI）"卷展栏，如图8-15所示。在该卷展栏下可以设置焦散和全局照明效果。

重要参数解析

（1）焦散

※ 启用：启用该选项后，mental ray渲染器会计算焦散效果。

※ 倍增/色样：控制焦散累积的间接光的强度和颜色。

※ 每采样最大光子数：设置用于计算焦散强度的光子个数。

※ 大采样半径：启用该选项后，可以设置光子大小。

※ 过滤器：指定锐化焦散的过滤器，包括"长方体""圆锥体"和Gauss（高斯）3种过滤器。

※ 过滤器大小：选择"圆锥体"作为焦散过滤器时，该选项用来控制焦散的锐化程度。

※ 当焦散启用时不透明阴影：启用该选项后，阴影为不透明。

（2）全局照明（CI）

※ 启用：启用该选项后，mental ray渲染器会计算全局照明。

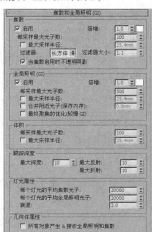

图8-15

※ 每采样最大光子数：设置用于计算焦散强度的光子个数。增大该值可以使焦散产生较少的噪点，但图像会变得模糊。

※ 最大采样半径：启用该选项后，可以使用微调器来设置光子大小。

※ 合并附近光子（保存内存）：启用该选项后，可以减少光子贴图的内存使用量。

※ 最终聚焦的优化（较慢GI）：如果在渲染场景之前启用该选项，那么mental ray渲染器将计算信息，以加速重新聚集的进程。

（3）体积

※ 每采样最大光子数：设置用于着色体积的光子数，默认值为100。

※ 最大采样半径：启用该选项时，可以设置光子的大小。

（4）跟踪深度

※ 最大深度：限制反射和折射的组合。当光子的反射和折射总数等于"最大深度"设置的数值时将停止。

※ 最大反射：设置光子可以反射的次数。0表示不会发生反射；1表示光子只能反射一次；2表示光子可以反射两次，以此类推。

※ 最大折射：设置光子可以折射的次数。0表示不发生折射；1表示光子只能折射一次；2表示光子可以折射两次，以此类推。

（5）灯光属性

※ 每个灯光的平均焦散光子：设置用于焦散的每束光线所产生的光子数量。

※　每个灯光的平均全局照明光子：设置用于全局照明的每束光线产生的光子数量。

※　衰退：当光子移离光源时，该选项用于设置光子能量的衰减方式。

（6）几何体属性

※　所有对象产生&接收全局照明和焦散：启用该选项后，在渲染场景时，场景中的所有对象都会产生并接收焦散和全局照明。

8.3.2　渲染器

"渲染器"选项卡下的参数可以用来设置采样质量、渲染算法、摄影机效果、阴影与置换等，如图8-16所示。

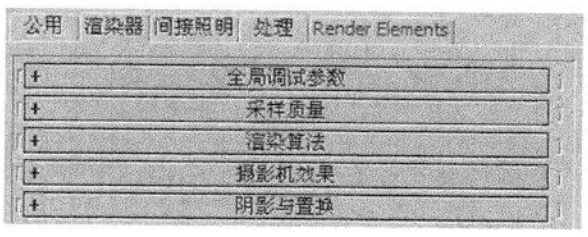

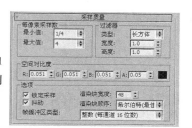

图8-16

下面重点讲解"采样质量"卷展栏下的参数，如图8-17所示。该卷展栏主要用来设置mental ray渲染器为抗锯齿渲染图像时执行采样的方式。

重要参数解析

（1）每像素采样数

※　最小值：设置最小采样率。该值代表每个像素的采样数量，大于或等于1时表示对每个像素进行一次或多次采样；分数值代表对n个像素进行一次采样（例如，对于每4个像素，1/4就是最小的采样数）。

※　最大值：设置最大采样率。

※　类型：指定过滤器的类型。

※　宽度/高度：设置过滤器的大小。

（2）空间对比度

※　R/G/B：指定红、绿、蓝采样组件的阈值。

※　A：指定采样Alpha组件的阈值。

（3）选项

※　锁定采样：启用该选项后，mental ray渲染器对于动画的每一帧都使用同样的采样模式。

※　抖动：开启该选项后可以避免出现锯齿现象。

※　渲染块宽度：设置每个渲染块的大小（以"像素"为单位）。

※　渲染块顺序：指定 mental ray渲染器选择下一个渲染块的方法。

※　帧缓冲区类型：选择输出帧缓冲区的位深的类型。

图8-17

8.4　VRay渲染器

VRay渲染器是保加利亚的Chaos Group公司开发的一款高质量渲染引擎，主要以插件的形式应用在3ds Max、Maya、SketchUp等软件中。由于VRay渲染器可以真实地模拟现实光照，并且操作简单，可控性也很强，因此被广泛应用于建筑表现、工业设计和动画制作等领域。

VRay的渲染速度与渲染质量比较均衡，也就是说在保证较高渲染质量的前提下也具有较快的渲染速度，所以它是目前效果图制作领域最为流行的渲染器，如图8-18所示。

图8-18

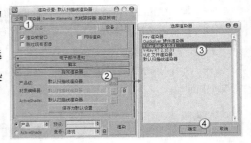

图8-19

安装好VRay渲染器之后，若想使用该渲染器来渲染场景，可以按F10键打开"渲染设置"对话框，然后在"公用"选项卡下展开"指定渲染器"卷展栏，接着单击"产品级"选项后面的"选择渲染器"按钮，最后在弹出的"选择渲染器"对话框中选择VRay渲染器即可，如图8-19所示。

VRay渲染器参数主要包括"公用""VRay基项""VRay间接照明""VRay设置"和Render Elements（渲染元素）5大选项卡。下面重点讲解"VRay基项""VRay间接照明"和"VRay设置"这3个选项卡下的参数。

本节内容介绍

名称	作用	重要程度
VRay基项	设置"帧缓存""全局开关""图像采样器（抗锯齿）""自适应DMC图像采样""环境"和"颜色映射"等功能	高
VRay间接照明	设置"间接照明（全局照明）""发光贴图""灯光缓存"和"焦散"等功能	高
VRay设置	设置"DMC采样器""默认置换"和"系统"等功能	高

8.4.1 VRay基项

"VRay基项"选项卡下包含9个卷展栏，如图8-20所示。下面重点讲解"帧缓存""全局开关""图像采样器（抗锯齿）""自适应DMC图像采样""环境"和"颜色映射"6个卷展栏下的参数。

图8-20

技巧与提示

注意，在默认情况下是没有"自适应DMC图像采样器"卷展栏的，要调出这个卷展栏，需要先将图像采样器的"类型"设置为"自适应DMC"，如图8-21所示。

图8-21

1.帧缓存

"帧缓存"卷展栏下的参数可以代替3ds Max自身的帧缓存窗口。这里可以设置渲染图像的大小，以及保存渲染图像等，如图8-22所示。

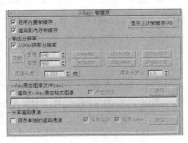

图8-22

重要参数解析

（1）帧缓存

图8-23

※ 启用内置帧缓存：当选择这个选项的时候，用户就可以使用VRay自身的渲染窗口。同时需要注意，应该关闭3ds Max默认的"渲染帧窗口"选项，这样可以节约一些内存资源，如图8-23所示。

 技巧与提示

在"帧缓存"卷展栏下勾选"启用内置帧缓存"选项后，按F9键渲染场景，3ds Max会弹出"VRay帧缓存"对话框，如图8-24所示。

图8-24

※ 渲染到内存帧缓存：当勾选该选项时，可以将图像渲染到内存中，然后再由帧缓存窗口显示出来，这样可以方便用户观察渲染的过程；当关闭该选项时，不会出现渲染框，而直接保存到指定的硬盘文件夹中，这样的好处是可以节约内存资源。

（2）输出分辨率

※ 从Max获取分辨率：当勾选该选项时，将从"公用"选项卡的"输出大小"选项组中获取渲染尺寸；当关闭该选项时，将从VRay渲染器的"输出分辨率"选项组中获取渲染尺寸。

※ 宽度：设置像素的宽度。

※ 长度：设置像素的长度。

※ "交换"按钮 交换 ：交换"宽度"和"高度"的数值。

※ 图像长宽比：设置图像的长宽比例，单击后面的"锁"按钮 锁 可以锁定图像的长宽比。

※ 像素长宽比：控制渲染图像的像素长宽比。

（3）VRay原态图像文件（raw）

※ 渲染为VRay原始格式图像：控制是否将渲染后的文件保存到所指定的路径中。勾选该选项后渲染的图像将以raw格式进行保存。

 技巧与提示

在渲染较大的场景时，计算机会负担很大的渲染压力，而勾选"渲染为VRay原始格式图像"选项后（需要设置好渲染图像的保存路径），渲染图像会自动保存到设置的路径中。

（4）分离渲染通道

※ 保存单独的渲染通道：控制是否单独保存渲染通道。

※ 保存RGB：控制是否保存RGB色彩。

※ 保存Alpha：控制是否保存Alpha通道。

※ "浏览"按钮 浏览... ：单击该按钮可以保存RGB和Alpha文件。

2.全局开关

"全局开关"展卷栏下的参数主要用来对场景中的灯光、材质、置换等进行全局设置，比如是否使用默认灯光、是否开启阴影、是否开启模糊等，如图8-25所示。

图8-25

重要参数解析

（1）几何体

※　置换：控制是否开启场景中的置换效果。在VRay的置换系统中，一共有两种置换方式，分别是材质置换方式和VRay置换修改器方式，如图8-26所示。当关闭该选项时，场景中的两种置换都不会起作用。

※　背面强制隐藏：执行3ds Max中的"自定义>首选项"菜单命令，在弹出的对话框中的"视口"选项卡下有一个"创建对象时背面消隐"选项，如图8-27所示。"背面强制隐藏"与"创建对象时背面消隐"选项相似，但"创建对象时背面消隐"只用于视图，对渲染没有影响，而"强制背面隐藏"是针对渲染而言的，勾选该选项后反法线的物体将不可见。

图8-26

（2）灯光

※　灯光：控制是否开启场景中的光照效果。当关闭该选项时，场景中放置的灯光将不起作用。

※　缺省灯光：控制场景是否使用3ds Max系统中的默认光照，一般情况下都不设置它。

※　隐藏灯光：控制场景是否让隐藏的灯光产生光照。这个选项对于调节场景中的光照非常方便。

图8-27

※　阴影：控制场景是否产生阴影。

※　只显示全局照明：当勾选该选项时，场景渲染结果只显示全局照明的光照效果。虽然如此，渲染过程中也是计算了直接光照的。

（3）间接照明

※　不渲染最终图像：控制是否渲染最终图像。如果勾选该选项，VRay将在计算完光子以后，不再渲染最终图像，这对跑小光子图非常方便。

（4）材质

※　反射/折射：控制是否开启场景中的材质的反射和折射效果。

※　最大深度：控制整个场景中的反射、折射的最大深度，后面的输入框数值表示反射、折射的次数。

※　贴图：控制是否让场景中的物体的程序贴图和纹理贴图渲染出来。如果关闭该选项，那么渲染出来的图像就不会显示贴图，取而代之的是漫反射通道里的颜色。

※　过滤贴图：这个选项用来控制VRay渲染时是否使用贴图纹理过滤。如果勾选该选项，VRay将用自身的"抗锯齿过滤器"来对贴图纹理进行过滤，如图8-28所示；如果关闭该选项，将以原始图像进行渲染。

※　全局照明过滤贴图：控制是否在全局照明中过滤贴图。

※　最大透明级别：控制透明材质被光线追踪的最大深度。值越高，被光线追踪的深度越深，效果越好，但渲染速度会变慢。

图8-28

※　透明中止阈值：控制VRay渲染器对透明材质的追踪终止值。当光线透明度的累计比当前设定的阈值低时，将停止光线透明追踪。

※　替代材质：是否给场景赋予一个全局材质。当在后面的通道中设置了一个材质后，那么场景中所有的物体都

将使用该材质进行渲染，这在测试阳光的方向时非常有用。

　　※　光泽效果：是否开启反射或折射模糊效果。当关闭该选项时，场景中带模糊的材质将不会渲染出反射或折射模糊效果。

　　（5）光线跟踪

　　※　二次光线偏移：这个选项主要用来控制有重面的物体在渲染时不会产生黑斑。如果场景中有重面，在默认值0的情况下将会产生黑斑，一般通过设置一个比较小的值来纠正渲染错误，比如0.0001。但是如果这个值设置得比较大，比如10，那么场景中的间接照明将变得不正常。比如在图8-29中，地板上放了一个长方体，它的位置刚好和地板重合，当"二次光线偏移"数值为0的时候渲染结果不正确，出现黑斑；当"二次光线偏移"数值为0.001的时候，渲染结果正常，没有黑斑。

图8-29

3.图像采样器（抗锯齿）

　　抗锯齿在渲染设置中是一个必须调整的参数，其数值的大小决定了图像的渲染精度和渲染时间，但抗锯齿与全局照明精度的高低没有关系，只作用于场景物体的图像和物体的边缘精度，其参数设置面板如图8-30所示。

重要参数解析

　　（1）图像采样器

图8-30

　　※　类型：用来设置"图像采样器"的类型，包括"固定""自适应DMC"和"自适应细分"3种类型。

　　＊　固定：对每个像素使用一个固定的细分值。该采样方式适合拥有大量的模糊效果（比如运动模糊、景深模糊、反射模糊、折射模糊等）或者具有高细节纹理贴图的场景。在这种情况下，使用"固定"方式能够兼顾渲染品质和渲染时间。

　　＊　自适应DMC：这是最常用的一种采样器，在下面的内容中还要单独介绍，其采样方式可以根据每个像素以及与它相邻像素的明暗差异来使不同像素使用不同的样本数量。在角落部分使用较高的样本数量，在平坦部分使用较低的样本数量。该采样方式适合拥有少量的模糊效果或者具有高细节的纹理贴图以及具有大量几何体面的场景。

　　＊　自适应细分：这个采样器具有负值采样的高级抗锯齿功能，适用于在没有或者有少量的模糊效果的场景中，在这种情况下，它的渲染速度最快，但是在具有大量细节和模糊效果的场景中，它的渲染速度会非常慢，渲染品质也不高，这是因为它需要去优化模糊和大量的细节，这样就需要对模糊和大量细节进行预计算，从而把渲染速度降低。同时该采样方式是3种采样类型中最占内存资源的一种，而"固定"采样器占的内存资源最少。

　　（2）抗锯齿过滤器

　　※　开启：当勾选"开启"选项以后，可以从后面的下拉列表中选择一个抗锯齿过滤器来对场景进行抗锯齿处理；如果不勾选"开启"选项，那么渲染时将使用纹理抗锯齿过滤器。

　　＊　区域：用区域大小来计算抗锯齿，如图8-31所示。

　　＊　清晰四方形：来自Neslon Max算法的清晰9像素重组过滤器，如图8-32所示。

　　＊　Catmull-Rom：一种具有边缘增强的过滤器，可以产生较清晰的图像效果，如图8-33所示。

　　＊　图版匹配/MAX R2：使用3ds Max R2的方法（无贴图过滤）将摄影机和场景或"无光/投影"元素与未过滤的背景图像相匹配，如图8-34所示。

173

图8-31　　　　　　　　　图8-32　　　　　　　　　图8-33　　　　　　　　　图8-34

* 四方形：和"清晰四方形"相似，能产生一定的模糊效果，如图8-35所示。
* 立方体：基于立方体的25像素过滤器，能产生一定的模糊效果，如图8-36所示。
* 视频：适合于制作视频动画的一种抗锯齿过滤器，如图8-37所示。
* 柔化：用于程度模糊效果的一种抗锯齿过滤器，如图8-38所示。

图8-35　　　　　　　　　图8-36　　　　　　　　　图8-37　　　　　　　　　图8-38

* Cook变量：一种通用过滤器，较小的数值可以得到清晰的图像效果，如图8-39所示。
* 混合：一种用混合值来确定图像清晰或模糊的抗锯齿过滤器，如图8-40所示。
* Blackman：一种没有边缘增强效果的抗锯齿过滤器，如图8-41所示。
* Mitchell-Netravali：一种常用的过滤器，能产生微量模糊的图像效果，如图8-42所示。
* VRayLanczos/VRaySinc过滤器：VRay新版本中的两个新抗锯齿过滤器，可以很好地平衡渲染速度和渲染质量，如图8-43所示。

图8-39　　　　　　图8-40　　　　　　图8-41　　　　　　图8-42　　　　　　图8-43

* VRay盒子过滤器/VRay三角形过滤器：这也是VRay新版本中的抗锯齿过滤器，它们以"盒子"和"三角形"的方式进行抗锯齿。

※ 大小：设置过滤器的大小。

4.自适应DMC图像采样器

"自适应DMC"采样器是一种高级抗锯齿采样器。展开"图像采样器（抗锯齿）"卷展栏，然后在"图像采样器"选项组下设置"类型"为"自适应DMC"，此时系统会增加一个"自适应DMC图像采样器"卷展栏，如图8-44所示。

重要参数解析

※ 最小细分：定义每个像素使用样本的最小数量。

※ 最大细分：定义每个像素使用样本的最大数量。

图8-44

※ 颜色阈值：色彩的最小判断值，当色彩的判断达到这个值以后，就停止对色彩的判断。具体一点就是分辨哪些是平坦区域，哪些是角落区域。这里的色彩应该理解为色彩的灰度。

※ 使用DMC采样器阈值：如果勾选了该选项，"颜色阈值"选项将不起作用，取而代之的是采用"DMC采样器"里的阈值。

※ 显示采样：勾选该选项后，可以看到"自适应DMC"的样本分布情况。

5.环境

"环境"卷展栏分为"全局照明环境（天光）覆盖""反射/折射环境覆盖"和"折射环境覆盖"3个选项组，如图8-45所示。在该卷展栏下可以设置天光的亮度、反射、折射和颜色等。

重要参数解析

（1）全局照明环境（天光）覆盖

※ 开：控制是否开启VRay的天光。当使用这个选项以后，3ds Max默认的天光效果将不起光照作用。

※ 颜色：设置天光的颜色。

图8-45

※ 倍增器：设置天光亮度的倍增。值越高，天光的亮度越高。

※ None（无）按钮 None ：选择贴图来作为天光的光照。

（2）反射/折射环境覆盖

※ 开：当勾选该选项后，当前场景中的反射环境将由它来控制。

※ 颜色：设置反射环境的颜色。

※ 倍增器：设置反射环境亮度的倍增。值越高，反射环境的亮度越高。

※ None（无）按钮 None ：选择贴图来作为反射环境。

（3）折射环境覆盖

※ 开：当勾选该选项后，当前场景中的折射环境由它来控制。

※ 颜色：设置折射环境的颜色。

※ 倍增器：设置反射环境亮度的倍增。值越高，折射环境的亮度越高。

※ None（无）按钮 None ：选择贴图来作为折射环境。

6.颜色映射

"颜色映射"卷展栏下的参数主要用来控制整个场景的颜色和曝光方式，如图8-46所示。

重要参数解析

※ 类型：提供不同的曝光模式，包括"VRay线性倍增""VRay指数""VRayHSV指数""VRay亮度指数""VRay伽玛校正""VRay亮度伽玛"和VRayReinhard这7种模式。

图8-46

* VRay线性倍增：这种模式将基于最终色彩亮度来进行线性的倍

增，可能会导致靠近光源的点过分明亮，如图8-47所示。"VRay线性倍增"模式包括3个局部参数，"暗倍增"是对暗部的亮度进行控制，加大该值可以提高暗部的亮度；"亮倍增"是对亮部的亮度进行控制，加大该值可以提高亮部的亮度；"伽玛值"主要用来控制图像的伽玛值。

* VRay指数：这种曝光是采用指数模式，它可以降低靠近光源处表面的曝光效果，同时场景颜色的饱和度会降低，如图8-48所示。"VRay指数"模式的局部参数与"VRay线性倍增"一样。

* VRayHSV指数：与"VRay指数"曝光比较相似，不同点在于可以保持场景物体的颜色饱和度，但是这种方式会取消高光的计算，如图8-49所示。"VRayHSV指数"模式的局部参数与"VRay线性倍增"一样。

* VRay亮度指数：这种方式是对上面两种指数曝光的结合，既抑制了光源附近的曝光效果，又保持了场景物体的颜色饱和度，如图8-50所示。"VRay亮度指数"模式的局部参数与"VRay线性倍增"相同。

图8-47　　　　　　　　图8-48　　　　　　　　图8-49　　　　　　　　图8-50

* VRay伽玛校正：采用伽玛来修正场景中的灯光衰减和贴图色彩，其效果和"VRay线性倍增"曝光模式类似，如图8-51所示。"VRay伽玛校正"模式包括"倍增"和"反转伽玛"两个局部参数，"倍增"主要用来控制图像的整体亮度倍增；"反转伽玛"是VRay内部转化的，比如输入2.2就是和显示器的伽玛2.2相同。

* VRay亮度伽玛：这种曝光模式不仅拥有"VRay伽玛校正"的优点，同时还可以修正场景灯光的亮度，如图8-52所示。

* VRayReinhard：这种曝光方式可以把"VRay线性倍增"和"VRay指数"曝光混合起来，如图8-53所示。它包括一个"燃烧值"局部参数，主要用来控制"VRay线性倍增"和"VRay指数"曝光的混合值，0表示"VRay线性倍增"不参与混合，如图8-54所示；1表示"VRay指数"不参加混合，如图8-55所示；0.5表示"VRay线性倍增"和"VRay指数"曝光效果各占一半，如图8-53所示。

图8-51　　　　　图8-52　　　　　图8-53　　　　　图8-54　　　　　图8-55

※ 子像素映射：在实际渲染时，物体的高光区与非高光区的界限处会有明显的黑边，而开启"子像素映射"选项后就可以缓解这种现象。

※ 钳制输出：当勾选这个选项后，在渲染图中有些无法表现出来的色彩会通过限制来自动纠正。但是当使用HDRI（高动态范围贴图）的时候，如果限制了色彩的输出会出现一些问题。

※ 影响背景：控制是否让曝光模式影响背景。当关闭该选项时，背景不受曝光模式的影响。

※ 不影响颜色（仅自适应）：在使用HDRI（高动态范围贴图）和"VRay发光材质"时，若不开启该选项，"颜色映射"卷展栏下的参数将对这些具有发光功能的材质或贴图产生影响。

8.4.2 VRay间接照明

"VRay基项"选项卡下包含4个卷展栏，如图8-56所示。

图8-56

技巧与提示

注意，在默认情况下是没有"灯光缓存"卷展栏的，要调出这个卷展栏，需要先在"间接照明（全局照明）"卷展栏下将"二次反弹"的"全局光引擎"设置为"灯光缓存"，如图8-57所示。

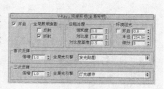

图8-57

1.间接照明（全局照明）

在VRay渲染器中，如果没有开启间接照明时的效果就是直接照明效果，开启后就可以得到间接照明效果。开启间接照明后，光线会在物体与物体间互相反弹，因此光线计算会更加准确，图像也更加真实，其参数设置面板如图8-58所示。

（1）基本

※ 开启：勾选该选项后，将开启间接照明效果。

（2）全局照明焦散

※ 反射：控制是否开启反射焦散效果。

※ 折射：控制是否开启折射焦散效果。

图8-58

技巧与提示

注意，"全局照明焦散"选项组下的参数只有在"焦散"卷展栏下勾选"开启"选项后该才起作用。

（3）后期处理

※ 饱和度：可以用来控制色溢，降低该数值可以降低色溢效果，如图8-59和图8-60所示是"饱和度"数值为0和2时的效果对比。

※ 对比度：控制色彩的对比度。数值越高，色彩对比越强；数值越低，色彩对比越弱。

※ 对比度基准：控制"饱和度"和"对比度"的基数。数值越高，"饱和度"和"对比度"效果越明显。

（4）环境阻光

※ 开启：控制是否开启"环境阻光"功能。

※ 半径：设置环境阻光的半径。

图8-59   图8-60

※ 细分：设置环境阻光的细分值。数值越高，阻光越好，反之越差。

（5）首次反弹

※ 倍增：控制"首次反弹"的光的倍增值。值越高，"首次反弹"的光的能量越强，渲染场景越亮，默认情况下为1。

※ 全局光引擎：设置"首次反弹"的GI引擎，包括"发光贴图""光子贴图""穷尽计算"和"灯光缓存"4种。

（6）二次反弹

※ 倍增：控制"二次反弹"的光的倍增值。值越高，"二次反弹"的光的能量越强，渲染场景越亮，最大值为1，默认情况下也为1。

※ 全局光引擎：设置"二次反弹"的GI引擎，包括"无"（表示不使用引擎）、"光子贴图""穷尽计算"和"灯光缓存"4种。

在真实世界中，光线的反弹一次比一次减弱。VRay渲染器中的全局照明有"首次反弹"和"二次反弹"，但并不是说光线只反射两次，"首次反弹"可以理解为直接照明的反弹，光线照射到A物体后反射到B物体，B物体所接收到的光就是"首次反弹"，B物体再将光线反射到D物体，D物体再将光线反射到E物体……，D物体以后的物体所得到的光的反射就是"二次反弹"，如图8-61所示。

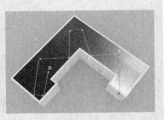

图8-61

2.发光贴图

"发光贴图"中的"发光"描述了三维空间中的任意一点以及全部可能照射到这点的光线，它是一种常用的全局光引擎，只存在于"首次反弹"引擎中，其参数设置面板如图8-62所示。

重要参数解析

（1）内建预置

※ 当前预置：设置发光贴图的预设类型，共有以下8种。

* 自定义：选择该模式时，可以手动调节参数。

* 非常低：这是一种非常低的精度模式，主要用于测试阶段。

* 低：一种比较低的精度模式，不适合用于保存光子贴图。

* 中：一种中级品质的预设模式。

* 中-动画：用于渲染动画效果，可以解决动画闪烁的问题。

* 高：一种高精度模式，一般用在光子贴图中。

* 高-动画：比中等品质效果更好的一种动画渲染预设模式。

* 非常高：是预设模式中精度最高的一种，可以用来渲染高品质的效果图。

图8-62

（2）基本参数

※ 最小采样比：控制场景中平坦区域的采样数量。0表示计算区域的每个点都有样本；-1表示计算区域的1/2是样本，-2表示计算区域的1/4是样本，如图8-63和图8-64所示是"最小采样比"为-2和-5时的对比效果。

※ 最大采样比：控制场景中的物体边线、角落、阴影等细节的采样数量。0表示计算区域的每个点都有样本；-1表示计算区域的1/2是样本；-2表示计算区域的1/4是样本，如图8-65和图8-66所示是"最大采样比"为0和-1时的效果对比。

图8-63　　　　　　图8-64　　　　　　　图8-65　　　　　　图8-66

※ 半球细分：因为VRay采用的是几何光学，所以它可以模拟光线的条数。这个参数就是用来模拟光线的数量，值越高，表现的光线越多，那么样本精度也就越高，渲染的品质也越好，同时渲染时间也会增加，如图8-67和图8-68所示是"半球细分"为20和100时的效果对比。

※ 插值采样值：这个参数是对样本进行模糊处理，较大的值可以得到比较模糊的效果，较小的值可以得到比较锐利的效果，如图8-69和图8-70所示是"插值采样值"为2和20时的效果对比。

| 图8-67 | 图8-68 | 图8-69 | 图8-70 |

※　颜色阈值：这个值主要是让渲染器分辨哪些是平坦区域，哪些不是平坦区域，它是按照颜色的灰度来区分的。值越小，对灰度的敏感度越高，区分能力越强。

※　法线阈值：这个值主要是让渲染器分辨哪些是交叉区域，哪些不是交叉区域，它是按照法线的方向来区分的。值越小，对法线方向的敏感度越高，区分能力越强。

※　间距阈值：这个值主要是让渲染器分辨哪些是弯曲表面区域，哪些不是弯曲表面区域，它是按照表面距离和表面弧度的比较来区分的。值越高，表示弯曲表面的样本越多，区分能力越强。

（3）选项

※　显示计算过程：勾选这个选项后，用户可以看到渲染帧里的GI预计算过程，同时会占用一定的内存资源。

※　显示直接照明：在预计算的时候显示直接照明，以方便用户观察直接光照的位置。

※　显示采样：显示采样的分布以及分布的密度，帮助用户分析GI的精度够不够。

（4）细节增强

※　开启：是否开启"细部增强"功能。

※　测量单位：细分半径的单位依据，有"屏幕"和"世界"两个单位选项。"屏幕"是指用渲染图的最后尺寸来作为单位；"世界"是用3ds Max系统中的单位来定义的。

※　半径：表示细节部分有多大区域使用"细节增强"功能。"半径"值越大，使用"细部增强"功能的区域也就越大，同时渲染时间也越慢。

※　细分倍增：控制细部的细分，但是这个值和"发光贴图"里的"半球细分"有关系，0.3代表细分是"半球细分"的30%；1代表细分和"半球细分"的值一样。值越低，细部就会产生杂点，渲染速度比较快；值越高，细部就可以避免产生杂点，同时渲染速度会变慢。

（5）高级选项

※　插补类型：VRay提供了4种样本插补方式，为"发光贴图"的样本的相似点进行插补。

＊　加权平均值（好/穷尽计算）：一种简单的插补方法，可以将插补采样以一种平均值的方法进行计算，能得到较好的光滑效果。

＊　最小方形适配（好/平滑）：默认的插补类型，可以对样本进行最适合的插补采样，能得到比"加权平均值（好/穷尽计算）"更光滑的效果。

＊　三角测试法（好/精确）：最精确的插补算法，可以得到非常精确的效果，但是要有更多的"半球细分"才不会出现斑驳效果，且渲染时间较长。

＊　最小方形加权测试法（测试）：结合了"加权平均值（好/穷尽计算）"和"最小方形适配（好/平滑）"两种类型的优点，但渲染时间较长。

※　采样查找方式：它主要控制哪些位置的采样点是适合用来作为基础插补的采样点。VRay内部提供了以下4种样本查找方式。

＊　四采样点平衡方式（好）：它将插补点的空间划分为4个区域，然后尽量在这4个区域中寻找相等数量的样本，它的渲染效果比"临近采样（草图）"效果好，但是渲染速度比"临近采样（草图）"慢。

＊　临近采样（草图）：这种方式是一种草图方式，它简单地使用"发光贴图"里的最靠近的插补点样本来渲染图形，渲染速度比较快。

＊　重叠（非常好/快）：这种查找方式需要对"发光贴图"进行预处理，然后对每个样本半径进行计算。低密度区域样本半径比较大，而高密度区域样本半径比较小。渲染速度比其他3种都快。

＊　基于采样密度（最好）：它基于总体密度来进行样本查找，不但物体边缘处理非常好，而且在物体表面也处理得十分均匀。它的效果比"重叠（非常好/快）"更好，其速度也是4种查找方式中最慢的一种。

※　用于计算插值采样的采样比：用在计算"发光贴图"过程中，主要计算已经被查找后的插补样本的使用数量。较低的数值可以加速计算过程，但是会导致信息不足；较高的值计算速度会减慢，但是所利用的样本数量比较多，所以渲染质量也比较好。官方推荐使用10~25之间的数值。

※　多过程：当勾选该选项时，VRay会根据"最大采样比"和"最小采样比"进行多次计算。如果关闭该选项，那么就强制一次性计算完。一般根据多次计算以后的样本分布会均匀合理一些。

※　随机采样：控制"发光贴图"的样本是否随机分配。如果勾选该选项，那么样本将随机分配，如图8-71所示；如果关闭该选项，那么样本将以网格方式来进行排列，如图8-72所示。

※　检查采样可见性：在灯光通过比较薄的物体时，很有可能会产生漏光现象，勾选该选项可以解决这个问题，但是渲染时间就会长一些。通常在比较高的GI情况下，也不会漏光，所以一般情况下不勾选该选项。当出现漏光现象时，可以试着勾选该选项，如图8-73所示是右边的薄片出现的漏光现象，图8-74所示是勾选了"检查采样可见性"以后的效果，从图中可以观察到没有漏光现象了。

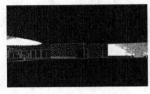 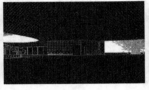  

图8-71　　　　　　　　　图8-72　　　　　　　　　图8-73　　　　　　　　　图8-74

（6）光子图使用模式

※　模式：一共有以下8种模式。

＊　单帧：一般用来渲染静帧图像。

＊　多帧累加：这个模式用于渲染仅有摄影机移动的动画。当VRay计算完第1帧的光子以后，在后面的帧里根据第1帧里没有的光子信息进行新计算，这样就节约了渲染时间。

＊　从文件：当渲染完光子以后，可以将其保存起来，这个选项就是调用保存的光子图进行动画计算（静帧同样也可以这样）。

＊　添加到当前贴图：当渲染完一个角度的时候，可以把摄影机转一个角度再全新计算新角度的光子，最后把这两次的光子叠加起来，这样的光子信息更丰富、更准确，同时也可以进行多次叠加。

＊　增量添加到当前贴图：这个模式和"添加到当前贴图"相似，只不过它不是全新计算新角度的光子，而是只对没有计算过的区域进行新的计算。

＊　块模式：把整个图分成块来计算，渲染完一个块再进行下一个块的计算，但是在低GI的情况下，渲染出来的块会出现错位的情况。它主要用于网络渲染，速度比其他方式快。

＊　动画（预处理）：适合动画预览，使用这种模式要预先保存好光子贴图。

＊　动画（渲染）：适合最终动画渲染，这种模式要预先保存好光子贴图。

※　"保存"按钮 保存 ：将光子图保存到硬盘。

※　"重置"按钮 重置 ：将光子图从内存中清除。

※　文件：设置光子图所保存的路径。

※　"浏览"按钮 浏览 ：从硬盘中调用需要的光子图进行渲染。

（7）渲染结束时光子图处理组

※　不删除：当光子渲染完以后，不把光子从内存中删掉。

※　自动保存：当光子渲染完以后，自动保存在硬盘中，单击"浏览"按钮 浏览 就可以选择保存位置。

※　切换到保存的贴图：当勾选了"自动保存"选项后，在渲染结束时会自动进入"从文件"模式并调用光子贴图。

3.灯光缓存

　　"灯光缓存"与"发光贴图"比较相似，都是将最后的光发散到摄影机后得到最终图像，只是"灯光缓存"与"发光贴图"的光线路径是相反的，"发光贴图"的光线追踪方向是从光源发射到场景的模型中，最后再反弹到摄影机，而"灯光缓存"是从摄影机开始追踪光线到光源，摄影机追踪光线的数量就是"灯光缓存"的最后精度。由于"灯光缓存"是从摄影机方向开始追踪的光线的，所以最后的渲染时间与渲染的图像的像素没有关系，只与其中的参数有关，一般适用于"二次反弹"，其参数设置面板如图8-75所示。

图8-75

重要参数解析

　　（1）计算参数

　　※ 细分：用来决定"灯光缓存"的样本数量。值越高，样本总量越多，渲染效果越好，渲染时间越慢，如图8-76和图8-77所示是"细分"值为200和800时的渲染效果对比。

　　※ 采样大小：用来控制"灯光缓存"的样本大小，比较小的样本可以得到更多的细节，但是同时需要更多的样本，如图8-78和图8-79所示是"采样大小"为0.04和0.01时的渲染效果对比。

　图8-76 　　　　　　　　图8-77　　　　　　　　图8-78　　　　　　　　图8-79

　　※ 测量单位：主要用来确定样本的大小依靠什么单位，这里提供了以下两种单位。一般在效果图中使用"屏幕"选项，在动画中使用"世界"选项。

　　※ 进程数量：这个参数由CPU的个数来确定，如果是单CUP单核单线程，那么就可以设定为1；如果是双核，就可以设定为2。注意，这个值设定得太大会让渲染的图像有点模糊。

　　※ 保存直接光：勾选该选项以后，"灯光缓存"将保存直接光照信息。当场景中有很多灯光时，使用这个选项会提高渲染速度。因为它已经把直接光照信息保存到"灯光缓存"里，在渲染出图的时候，不需要对直接光照再进行采样计算。

　　※ 显示计算状态：勾选该选项以后，可以显示"灯光缓存"的计算过程，方便观察。

　　※ 自适应跟踪：这个选项的作用在于记录场景中的灯光位置，并在光的位置上采用更多的样本，同时模糊特效也会处理得更快，但是会占用更多的内存资源。

　　※ 仅使用优化方向：当勾选"自适应跟踪"选项以后，该选项才被激活。它的作用在于只记录直接光照的信息，而不考虑间接照明，可以加快渲染速度。

　　（2）重建参数

　　※ 预先过滤：当勾选该选项以后，可以对"灯光缓存"样本进行提前过滤，它主要是查找样本边界，然后对其进行模糊处理。后面的值越高，对样本进行模糊处理的程度越深，如图8-80和图8-81所示是"预先过滤"为10和50时的对比渲染效果。

　　※ 对光泽光线使用灯光缓存：是否使用平滑的灯光缓存，开启该功能后会使渲染效果更加平滑，但会影响到细节效果。

　　※ 过滤器：该选项是在渲染最后成图时，对样本进行过滤，其下拉列表中共有以下3个选项。

　图8-80　　　　　　　　图8-81

　　* 无：对样本不进行过滤。

181

   ※　邻近：当使用这个过滤方式时，过滤器会对样本的边界进行查找，然后对色彩进行均化处理，从而得到一个模糊效果。当选择该选项以后，下面会出现一个"插补采样"参数，其值越高，模糊程度越深，如图8-82和图8-83所示是"过滤器"都为"邻近"，而"插补采样"为10和50时的对比渲染效果。

   ※　固定：这个方式和"邻近"方式的不同点在于，它采用距离的判断来对样本进行模糊处理。同时它也附带一个"过滤大小"参数，其值越大，表示模糊的半径越大，图像的模糊程度越深，如图8-84和图8-85所示是"过滤器"方式都为"固定"，而"过滤大小"为0.02和0.06时的对比渲染效果。

图8-82　　　　　　　　　图8-83　　　　　　　　　图8-84　　　　　　　　　图8-85

   ※　追踪阈值：勾选该选项以后，会提高对场景中反射和折射模糊效果的渲染速度。

（3）光子图使用模式

   ※　模式：设置光子图的使用模式，共有以下4种。

   *　单帧：一般用来渲染静帧图像。

   *　穿行：这个模式用在动画方面，它把第1帧到最后1帧的所有样本都融合在一起。

   *　从文件：使用这种模式，VRay要导入一个预先渲染好的光子贴图，该功能只渲染光影追踪。

   *　渐进路径跟踪：这个模式就是常说的PPT，它是一种新的计算方式，和"自适应DMC"一样是一个精确的计算方式。不同的是，它不停地去计算样本，不对任何样本进行优化，直到样本计算完毕为止。

   ※　"保存到文件"按钮 <kbd>保存到文件</kbd>：将保存在内存中的光子贴图再次进行保存。

   ※　"浏览"按钮 <kbd>浏览</kbd>：从硬盘中浏览保存好的光子图。

（4）渲染结束时光子图处理组

   ※　不删除：当光子渲染完以后，不把光子从内存中删掉。

   ※　自动保存：当光子渲染完以后，自动保存在硬盘中，单击"浏览"按钮 <kbd>浏览</kbd>可以选择保存位置。

   ※　切换到被保存的缓存：当勾选"自动保存"选项以后，这个选项才被激活。当勾选该选项以后，系统会自动使用最新渲染的光子图来进行大图渲染。

4.焦散

   "焦散"是一种特殊的物理现象，在VRay渲染器里有专门的焦散功能，其参数面板如图8-86所示。

图8-86

重要参数解析

   ※　开启：勾选该选项后，就可以渲染焦散效果。

   ※　倍增器：焦散的亮度倍增。值越高，焦散效果越亮，如图8-87和图8-88所示分别是"倍增器"为4和12时的对比渲染效果。

   ※　搜索距离：当光子追踪撞击在物体表面的时候，会自动搜寻位于周围区域同一平面的其他光子，实际上这个搜寻区域是一个以撞击光子为中心的圆形区域，其半径就是由这个搜寻距离确定的。较小的值容易产生斑点；较大的值会产生模糊焦散效果，如图8-89和图8-90所示分别是"搜索距离"为0.1mm和2mm时的对比渲染效果。

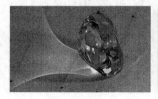 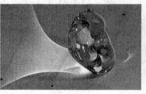  

图8-87　　　　　　　　　图8-88　　　　　　　　　图8-89　　　　　　　　　图8-90

※ 最大光子数：定义单位区域内的最大光子数量，然后根据单位区域内的光子数量来均分照明。较小的值不容易得到焦散效果；而较大的值会使焦散效果产生模糊现象，如图8-91和图8-92所示分别是"最大光子数"为1和200时的对比渲染效果。

※ 最大密度：控制光子的最大密度，默认值0表示使用VRay内部确定的密度，较小的值会让焦散效果比较锐利，如图8-83和图8-94所示分别是"最大密度"为0.01mm和5mm时的对比渲染效果。

   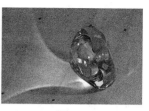

图8-91　　　　　　　图8-92　　　　　　　图8-93　　　　　　　图8-94

8.4.3 VRay设置

"VRay设置"选项卡下包含3个卷展栏，分别是"DMC采样器""默认置换"和"系统"卷展栏，如图8-95所示。

图8-95

1.DMC采样器

"DMC采样器"卷展栏下的参数可以用来控制整体的渲染质量和速度，其参数设置面板如图8-96所示。

图8-96

重要参数解析

※ 自适应数量：主要用来控制自适应的百分比。

※ 噪波阈值：控制渲染中所有产生噪点的极限值，包括灯光细分、抗锯齿等。数值越小，渲染品质越高，渲染速度就越慢。

※ 独立时间：控制是否在渲染动画时对每一帧都使用相同的"DMC采样器"参数设置。

※ 最少采样：设置样本及样本插补中使用的最少样本数量。数值越小，渲染品质越低，速度就越快。

※ 全局细分倍增器：VRay渲染器有很多"细分"选项，该选项是用来控制所有细分的百分比。

※ 采样器路径：设置样本路径的选择方式，每种方式都会影响渲染速度和品质，在一般情况下选择默认方式即可。

2.默认置换

"默认置换"卷展栏下的参数是用灰度贴图来实现物体表面的凹凸效果，它对材质中的置换起作用，而不作用于物体表面，其参数设置面板如图8-97所示。

重要参数解析

※ 覆盖Max的设置：控制是否用"默认置换"卷展栏下的参数来替代3ds Max中的置换参数。

图8-97

※ 边长度：设置3D置换中产生最小的三角面长度。数值越小，精度越高，渲染速度越慢。

※ 视口依赖：控制是否将渲染图像中的像素长度设置为"边长度"的单位。若不开启该选项，系统将以3ds Max中的单位为准。

※ 最大细分：设置物体表面置换后可产生的最大细分值。

※ 数量：设置置换的强度总量。数值越大，置换效果越明显。

※ 相对于边界框：控制是否在置换时关联（缝合）边界。若不开启该选项，在物体的转角处可能会产生裂面现象。

※ 紧密界限：控制是否对置换进行预先计算。

3.系统

"系统"卷展栏下的参数不仅对渲染速度有影响，而且还会影响渲染的显示和提示功能，同时还可以完成联机渲染，其参数设置面板如图8-98所示。

重要参数解析

（1）光线投射参数

※ 最大BSP树深度：控制根节点的最大分支数量。较高的值会加快渲染速度，同时会占用较多的内存。

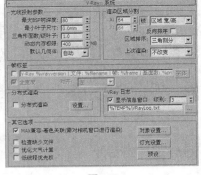

图8-98

※ 最小叶子尺寸：控制叶节点的最小尺寸，当达到叶节点尺寸以后，系统停止计算场景。0表示考虑计算所有的叶节点，这个参数对速度的影响不大。

※ 三角形面数/级叶子：控制一个节点中的最大三角面数量，当未超过临近点时计算速度较快；当超过临近点以后，渲染速度会减慢。所以，这个值要根据不同的场景来设定，进而提高渲染速度。

※ 动态内存极限：控制动态内存的总量。注意，这里的动态内存被分配给每个线程，如果是双线程，那么每个线程各占一半的动态内存。如果这个值较小，那么系统经常在内存中加载并释放一些信息，这样就减慢了渲染速度。用户应该根据自己的内存情况来确定该值。

※ 默认几何体：控制内存的使用方式，共有以下3种方式。

* 自动：VRay会根据使用内存的情况自动调整使用静态或动态的方式。

* 静态：在渲染过程中采用静态内存会加快渲染速度，同时在复杂场景中，由于需要的内存资源较多，经常会出现3ds Max跳出的情况。这是因为系统需要更多的内存资源，这时应该选择动态内存。

* 动态：使用内存资源交换技术，当渲染完一个块后就会释放占用的内存资源，同时开始下个块的计算。这样就有效地扩展了内存的使用。注意，动态内存的渲染速度比静态内存慢。

（2）渲染区域分割

※ X：当在后面的列表中选择"区域宽/高"时，它表示渲染块的像素宽度；当后面的选择框里选择"区域数量"时，它表示水平方向一共有多少个渲染块。

※ Y：当后面的列表中选择"区域 宽/高"时，它表示渲染块的像素高度；当后面的选择框里选择"区域数量"时，它表示垂直方向一共有多少个渲染块。

※ "锁"按钮 锁：当单击该按钮使其凹陷后，将强制x和y的值相同。

※ 反向排序：当勾选该选项以后，渲染顺序将和设定的顺序相反。

※ 区域排序：控制渲染块的渲染顺序，共有以下6种方式。

* 从上–>下：渲染块将按照从上到下的渲染顺序渲染。

* 从左–>右：渲染块将按照从左到右的渲染顺序渲染。

* 棋盘格：渲染块将按照棋格方式的渲染顺序渲染。

* 螺旋：渲染块将按照从里到外的渲染顺序渲染。

* 三角剖分：这是VRay默认的渲染方式，它将图形分为两个三角形依次进行渲染。

* 希耳伯特曲线：渲染块将按照"希耳伯特曲线"方式的渲染顺序渲染。

※ 上次渲染：这个参数确定在渲染开始的时候，在3ds Max默认的帧缓存框中以什么样的方式处理先前的渲染图像。这些参数的设置不会影响最终渲染效果，系统提供了以下5种方式。

* 不改变：与前一次渲染的图像保持一致。

* 交叉：每隔 2 个像素图像被设置为黑色。

* 区域：每隔一条线设置为黑色。

* 暗色：图像的颜色设置为黑色。

* 蓝色：图像的颜色设置为蓝色。

（3）帧标签

※ ☑ V-Ray %vrayversion | 文件: %filename | 帧: %frame | 基面数: %pri：当勾选该选项后，就可以显示水印。

※ "字体"按钮 字体：修改水印里的字体属性。

※ 全宽度：水印的最大宽度。当勾选该选项后，它的宽度和渲染图像的宽度相当。

※ 对齐：控制水印里的字体排列位置，有"左""中""右"3个选项。

（4）分布式渲染

※ 分布式渲染：当勾选该选项后，可以开启"分布式渲染"功能。

※ "设置"按钮 设置... ：控制网络中的计算机的添加、删除等。

（5）VRay日志

※ 显示信息窗口：勾选该选项后，可以显示"VRay日志"的窗口。

※ 级别：控制"VRay日志"的显示内容，一共分为4个级别。1表示仅显示错误信息；2表示显示错误和警告信息；3表示显示错误、警告和情报信息；4表示显示错误、警告、情报和调试信息。

※ c:\VRayLog.txt ... ：可以选择保存"VRay日志"文件的位置。

（6）其他选项

※ MAX-兼容着色关联（需对相机窗口进行渲染）：有些3ds Max插件（例如大气等）是采用摄影机空间来进行计算的，因为它们都是针对默认的扫描线渲染器而开发。为了保持与这些插件的兼容性，VRay通过转换来自这些插件的点或向量的数据，模拟在摄影机空间计算。

※ 检查缺少文件：当勾选该选项时，VRay会自己寻找场景中丢失的文件，并将它们进行列表，然后保存到C:\VRayLog.txt中。

※ 优化大气计算：当场景中拥有大气效果，并且大气比较稀薄的时候，勾选这个选项可以得到比较优秀的大气效果。

※ 低线程优先权：当勾选该选项时，VRay将使用低线程进行渲染。

※ "对象设置"按钮 对象设置... ：单击该按钮会弹出"VRay对象属性"对话框，在该对话框中可以设置场景物体的局部参数。

※ "灯光设置"按钮 灯光设置... ：单击该按钮会弹出"VRay光源属性"对话框，在该对话框中可以设置场景灯光的一些参数。

※ "预设"按钮 预设 ：单击该按钮会打开"VRay预置"对话框，在该对话框中可以保持当前VRay渲染参数的各种属性，方便以后调用。

 技巧与提示

介绍完VRay的重要参数以后，下面以一个书房案例、一个工装酒吧案例和一个大型CG恐龙案例来详细讲解VRay的灯光、材质和渲染参数的设置方法。

8.5 课堂案例——家装书房阴天效果表现

课堂案例

家装书房阴天效果表现

案例位置	案例文件>第8章>课堂案例——家装书房阴天效果表现>课堂案例——家装书房阴天效果表现.max
视频位置	多媒体教学>第8章>课堂案例——家装书房阴天效果表现.flv
难易指数	★★☆☆☆
学习目标	本例是一个现代风格的家装书房空间，阴天效果表现是本例的学习难点，皮椅子材质、木地板材质、不锈钢材质、黑漆材质和饮料材质的制作方法是本例的学习重点，案例效果如图8-99所示

图8-99

8.5.1 材质制作

本例的场景对象材质主要包括皮椅子材质、木地板材质、墙面材质、不锈钢材质、黑漆材质、玻璃材质和饮料材质，如图8-100所示。

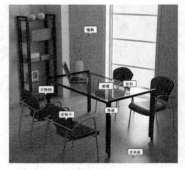

图8-100

1.制作皮椅子材质

皮椅子材质的模拟效果如图8-101所示。

皮椅子材质的基本属性主要有以下两点。

※ 具有一定的反射效果。

※ 具有一定的凹凸效果。

图8-101

01 打开本书配套资源中的"案例文件>第8章>课堂案例——家装书房阴天效果表现>场景.max"文件，如图8-102所示。

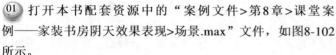

图8-102

02 选择一个空白材质球，然后设置材质类型为VRayMtl材质，具体参数设置如图8-103所示，制作好的材质球效果如图8-104所示。

设置步骤

① 设置"漫反射"颜色为（红:0，绿:0，蓝:0）。

② 设置"反射"颜色为（红:45，绿:45，蓝:45），然后设置"高光光泽度"为0.65、"反射光泽度"为0.7、"细分"为20。

③ 展开"贴图"卷展栏，然后在"凹凸"贴图通道中加载一张本书配套资源中的"案例文件>第8章>课堂案例——家装书房阴天效果表现>leather_bump.jpg"文件，接着设置凹凸的强度为45。

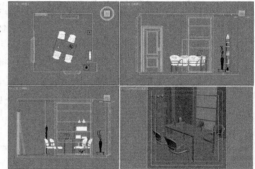

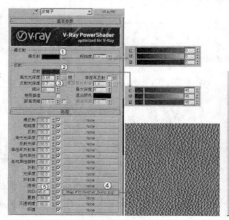

图8-103

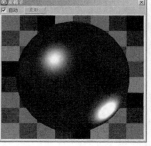

图8-104

2.制作木地板材质

木地板材质的模拟效果如图8-105所示。

木地板材质的基本属性主要有以下两点。

※ 带有木材纹理。

※ 具有一定的反射效果。

图8-105

选择一个空白材质球，然后设置材质类型为VRayMtl材质，具体参数设置如图8-106所示，制作好的材质球效果如图8-107所示。

设置步骤

① 在"漫反射"贴图通道中加载一张本书配套资源中的"案例文件>第8章>课堂案例——家装书房阴天效果表现>木地板.jpg"文件。

② 在"反射"贴图通道中加载一张"衰减"程序贴图，然后在"衰减参数"卷展栏下设置"衰减类型"为Fresnel，接着设置"侧"通道的颜色为（红:255，绿:255，蓝:255），最后设置"高光光泽度"为0.8、"反射光泽度"为0.75、"细分"为12。

③ 展开"贴图"卷展栏，然后在"凹凸"贴图通道中加载一张本书配套资源中的"案例文件>第8章>课堂案例——家装书房阴天效果表现>木地板.jpg"文件，接着设置凹凸的强度为10。

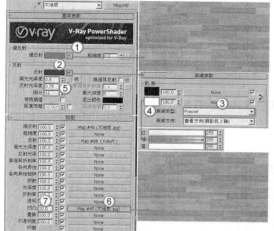

图8-106

图8-107

3.制作墙面材质

墙面材质的模拟效果如图8-108所示。

选择一个空白材质球，然后设置材质类型为VRayMtl材质，接着调整"漫反射"颜色为（红:242，绿:232，蓝:212），如图8-109所示，制作好的材质球效果如图8-110所示。

图8-108

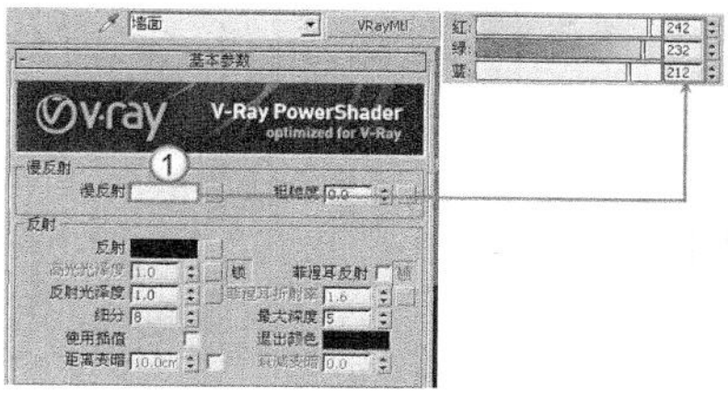

图8-109

图8-110

4.制作不锈钢材质

不锈钢材质的模拟效果如图8-111所示。

不锈钢材质的基本属性主要有以下两点。

※ 具有很强的反射效果。

※ 带有较大的高光。

图8-111

选择一个空白材质球，然后设置材质类型为VRayMtl材质，具体参数设置如图8-112所示，制作好的材质球效果如图8-113所示。

设置步骤

① 设置"漫反射"颜色为（红:0，绿:0，蓝:0）。

② 设置"反射"颜色为（红:180，绿:180，蓝:182），然后设置"高光光泽度"为0.85、"反射光泽度"为0.88、"细分"为12。

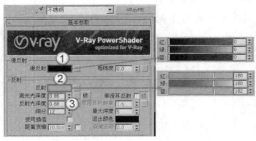

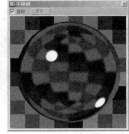

图8-112　　　　　　　　　　　　　　　　　　　图8-113

5.制作黑漆材质

黑漆材质的模拟效果如图8-114所示。

黑漆材质的基本属性主要有以下两点。

※ 具有衰减效果。

※ 具有较大的高光和模糊反射。

图8-114

选择一个空白材质球，设置材质类型为VRayMtl材质，具体参数设置如图8-115所示，制作好的材质球效果如图8-116所示。

设置步骤

① 设置"漫反射"颜色为（红:0，绿:0，蓝:0）。

② 在"反射"贴图通道中加载一张"衰减"程序贴图，然后在"衰减参数"卷展栏下设置"衰减类型"为Fresnel，接着设置"侧"通道的颜色为（红:240，绿:240，蓝:240），最后设置"高光光泽度"为0.7、"反射光泽度"为0.85、"细分"为12。

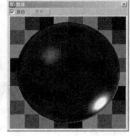

图8-115　　　　　　　　　　　　　　　　　　　图8-116

6.制作玻璃材质

玻璃材质的模拟效果如图8-117所示。

玻璃材质的基本属性主要有以下两点。

※ 具有一定的反射效果。

※ 完全透明。

选择一个空白材质球，然后设置材质类型为VRayMtl材质，具体参数设置如图8-118所示，制作好的材质球效果如图8-119所示。

图8-117

设置步骤

① 设置"漫反射"颜色为（红:235，绿:255，蓝:250）。

② 设置"反射"颜色为（红:255，绿:255，蓝:255），然后勾选"菲涅耳反射"选项。

③ 设置"折射"颜色为（红:255，绿:255，蓝:255），然后设置"折射率"为1.5，接着设置"烟雾颜色"为（红:238，绿:250，蓝:249），"烟雾倍增"为0.02，最后勾选"影响阴影"选项并将"影响通道"设置为"颜色+alpha"。

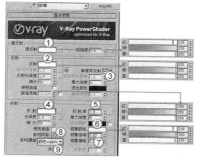
图8-118

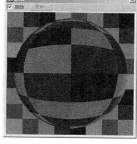
图8-119

7.制作饮料材质

饮料材质的模拟效果如图8-120所示。

饮料材质的基本属性主要有以下两点。

※ 具有一定的反射效果。

※ 具有一定的折射效果。

选择一个空白材质球，然后设置材质类型为VRayMtl材质，具体参数设置如图8-121所示，制作好的材质球效果如图8-122所示。

图8-120

设置步骤

① 设置"漫反射"颜色为（红:242，绿:221，蓝:188）。

② 设置"反射"颜色为（红:35，绿:35，蓝:35）。

③ 设置"折射"颜色为（红:255，绿:255，蓝:255），然后设置"折射率"为1.33，接着设置"烟雾颜色"为（红:252，绿:207，蓝:149），"烟雾倍增"为0.04，最后勾选"影响阴影"选项。

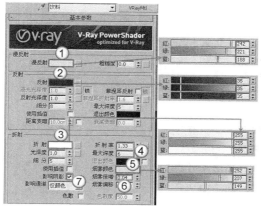
图8-121

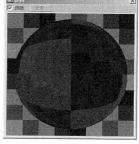
图8-122

8.5.2 设置测试渲染参数

01 按F10键打开"渲染设置"对话框，然后设置渲染器为VRay渲染器，接着在"公用参数"卷展栏下设置"宽度"为463、"高度"为500，最后单击"图像纵横比"选项后面的"锁定"按钮，锁定渲染图像的纵横比，如图8-123所示。

02 单击"VRay基项"选项卡，然后在"图像采样器（抗锯齿）"卷展栏下设置"图像采样器"的"类型"为"固定"，接着设置"抗锯齿过滤器"类型为"区域"，如图8-124所示。

图8-123

图8-124

⑬ 展开"环境"卷展栏，然后勾选"反射/折射环境覆盖"选项，接着设置颜色为（红:138，绿:152，蓝:255），最后设置"倍增器"为3，如图8-125所示。

⑭ 展开"颜色映射"卷展栏，然后设置"类型"为"VRay指数"，接着勾选"子像素映射"和"钳制输出"选项，如图8-126所示。

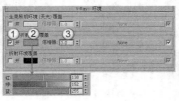

图8-125   图8-126

⑮ 单击"VRay间接照明"选项卡，然后在"间接照明（全局照明）"卷展栏下勾选"开启"选项，接着设置"首次反弹"的"全局光引擎"为"发光贴图""二次反弹"的"全局光引擎"为"灯光缓存"，如图8-127所示。

⑯ 展开"发光贴图"卷展栏，然后设置"当前预置"为"非常低"，接着设置"半球细分"为20、"插值采样值"为10，最后勾选"显示计算过程"和"显示直接照明"选项，如图8-128所示。

⑰ 展开"灯光缓存"卷展栏，然后设置"细分"为100，接着勾选"显示计算状态"选项，如图8-129所示。

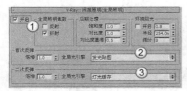

图8-127   图8-128   图8-129

⑱ 单击"VRay设置"选项卡，然后在"系统"卷展栏下设置"区域排序"为"从上->下"，接着关闭"显示信息窗口"选项，如图8-130所示。

⑲ 按键盘上的8键，打开"环境和效果"对话框，然后在"环境贴图"通道中加载"输出"程序贴图，接着设置"输出量"为3，如图8-131所示。

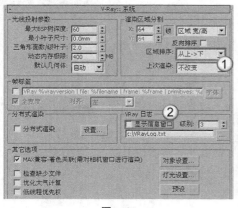

图8-130   图8-131

8.5.3 灯光设置

本场景的光源很少，只是用到VRay光源来模拟天光效果。

⑴ 设置灯光类型为VRay，然后在场景窗口位置创建一盏VRay光源作为天光，其位置如图8-132所示。

⑫ 选择上一步创建的VRay光源，然后展开"参数"卷展栏，具体参数设置如图8-133所示。

设置步骤

① 在"基本"选项组下设置"类型"为"平面"。

② 在"亮度"选项组下设置"倍增器"为28，然后设置"颜色"为（红:143，绿:175，蓝:254）。

③ 在"大小"选项组下设置"半长度"为480mm，然后设置"半宽度"为1225mm。

④ 在"选项"选项组下勾选"不可见"选项。

⑬ 按F9键测试渲染当前场景，效果如图8-134所示。

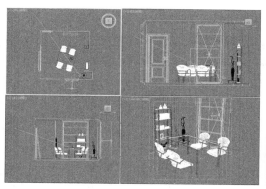

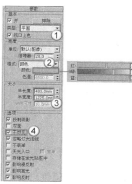

图8-132　　　　　　　　　　　　图8-133　　　　　　　　　　　　图8-134

8.5.4　设置最终渲染参数

⑪ 按F10键打开"渲染设置"对话框，然后在"公用参数"卷展栏下设置"宽度"为1482、"高度"为1600，如图8-135所示。

⑫ 单击"VRay基项"选项卡，然后在"图像采样器（抗锯齿）"卷展栏下设置"图像采样器"的"类型"为"自适应DMC"，接着设置"抗锯齿过滤器"类型为Mitchell-Netravali，最后设置"模糊"和"圆环"分别为0，具体参数设置如图8-136所示。

⑬ 展开"自适应DMC图像采样器"卷展栏，然后设置"最小细分"为1、"最大细分"为4，如图8-137所示。

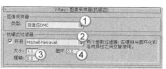

图8-135　　　　　　　　　　　　图8-136　　　　　　　　　　　　图8-137

⑭ 单击"VRay间接照明"选项卡，然后展开"发光贴图"卷展栏，接着设置"当前预置"为"中"，最后设置"半球细分"为50、"插值采样值"为20，具体参数设置如图8-138所示。

⑮ 展开"灯光缓存"卷展栏，然后设置"细分"1200，如图8-139所示。

⑯ 单击"VRay设置"选项卡，然后在"DMC采样器"卷展栏下设置"自适应数量"为0.75、"噪波阈值"为0.001、"最少采样"为10，如图8-140所示。

图8-138　　　　　　　　　　　　图8-139　　　　　　　　　　　　图8-140

07 按F9键渲染当前场景，最终效果如图8-141所示。

图8-141

8.6 课堂案例——卡通娃娃CG表现

课堂案例

绘制儿童画

案例位置	案例文件>第8章>课堂案例——卡通娃娃CG表现>课堂案例——卡通娃娃CG表现.max
视频位置	多媒体教学>第8章>课堂案例——卡通娃娃CG表现.flv
难易指数	★★★★☆
学习目标	本章并非侧重写实CG效果的渲染，而是要表现卡通效果，当然卡通的种类有很多，本章重点介绍的是用三维技术制作二维效果以及简单的粘土动画效果。本章案例卡通娃娃的4种渲染效果如图8-142所示，卡通娃娃局部特写效果如图8-143所示

图8-142

图8-143

8.6.1 灯光设置

本例的灯光分为两个部分，先用VRay光源模拟天光，然后用泛光灯光源创建辅助光源。

1.创建天光

01 打开本书配套资源中的"案例文件>第8章>课堂案例——卡通娃娃CG表现>场景.max"文件，如图8-144所示。

02 设置灯光类型为VRay，然后在天空中创建一盏VRay光源，其位置如图8-145所示。

图8-144

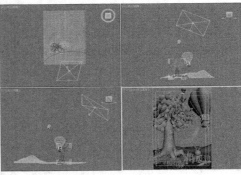

图8-145

⑩3 选择上一步创建的VRay光源，然后进入"修改"面板，接着展开"参数"卷展栏，具体参数设置如图8-146所示。

设置步骤

① 在"基本"选项组下设置"类型"为"平面"。

② 在"亮度"选项组下设置"倍增器"为13。

③ 在"大小"选项组下设置"半长度"为367、"半宽度"为387。

④ 在"选项"选项组下勾选"不可见"选项。

⑩4 按F9键测试渲染当前场景，效果如图8-147所示。

图8-146　　　　　　　图8-147

 技巧与提示

从图8-147中可以看出整个场景亮度不够，而且暗部太暗，因此还需要在场景中创建辅助光源来增强照明效果。

2.创建辅助光源

⑩1 在场景中创建一盏"泛光灯"光源，其位置如图8-148所示。

⑩2 选择上一步创建的"泛光灯"光源，然后进入"修改"面板，接着展开"强度/颜色/衰减"卷展栏，设置"倍增"为0.32，如图8-149所示。

⑩3 按F9键测试渲染当前场景，效果如图8-150所示。

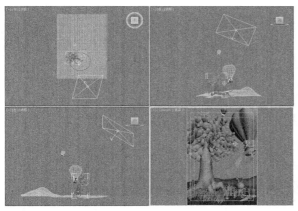  

图8-148　　　　　　　图8-149　　　　　　　图8-150

8.6.2 设置测试渲染参数

⑩1 按F10键打开"渲染设置"对话框，设置渲染器为VRay渲染器，然后单击"VRay基项"选项卡，接着展开"全局开关"卷展栏，最后设置"缺省灯光"为"关掉"，如图8-151所示。

02 单击"VRay间接照明"选项卡，然后在"间接照明（全局照明）"卷展栏下勾选"开启"选项，接着设置"首次反弹"的"全局光引擎"为"发光贴图"，"二次反弹"的"倍增"为0.48、"全局光引擎"为"穷尽计算"，如图8-152所示。

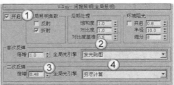

图8-151　　　　　　　　　　　　　图8-152

8.6.3　二维卡通效果材质制作

本例将通过二维卡通效果来对树干材质、地面材质、热气球材质、兔子材质、头发材质进行讲解，如图8-153所示。

图8-153

1.制作树干材质

树干材质的模拟效果如图8-154所示。

图8-154

01 选择一个材质球，将其命名为"树干"，然后设置材质类型为Ink'n Paint（墨水油漆）材质，具体参数设置如图8-155所示，制作好的材质球效果如图8-156所示。

设置步骤

① 设置"亮区"颜色为（R:76，G:56，B:3），然后设置"绘制级别"为5。

② 展开"墨水控制"卷展栏，然后勾选"墨水"选项，再设置"最小值"为2.5。

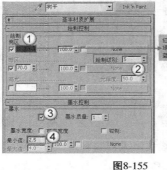
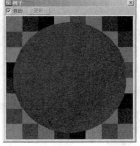

图8-155　　　　　　　　　　　　　图8-156

02 将设置好的材质指定给树干模型，然后按Alt+Q组合键进入孤立选择模式，如图8-157所示，接着按F9键测试渲染当前场景，效果如图8-158所示。

图8-157   图8-158

2.制作地面材质

地面材质的模拟效果如图8-159所示。

图8-159

01 选择一个材质球，将其命名为"地面"，然后设置材质类型为Ink'n Paint（墨水油漆）材质，具体参数设置如图8-160所示，制作好的材质球效果如图8-161所示。

设置步骤

① 设置"亮区"颜色为（R:94，G:166，B:0），然后设置"绘制级别"为5。

② 展开"墨水控制"卷展栏，然后勾选"墨水"选项，再设置"最小值"为2。

02 将制作好的材质指定给地面模型，然后测试渲染当前场景，效果如图8-162所示。

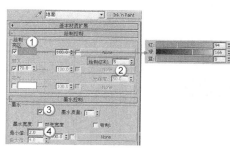

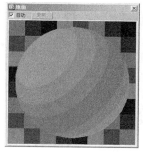

图8-160   图8-161   图8-162

 技巧与提示

注意，在测试渲染时，同样要切换到孤立选择模式，这样可以节约一些渲染时间。

3.制作热气球材质

热气球材质的模拟效果如图8-163所示。

图8-163

01 选择一个材质球，将其命名为"热气球"，然后设置材质类型为Ink'n Paint（墨水油漆）材质，具体
参数设置如图8-164所示，制作好的材质球效果如图8-165所示。

设置步骤

① 在"亮区"贴图通道加载一张本书配套资源中的"案例文件>第8章>课堂案例——卡通娃娃CG表现>材
质>彩带.jpg"文件，然后设置"绘制级别"为4。

② 展开"墨水控制"卷展栏，然后勾选"墨水"选项，再设置"最小值"为2。

02 将制作好的材质指定给热气球和彩带模型，然后测试渲染当前场景，效果如图8-166所示。

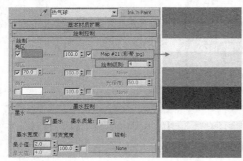

图8-164

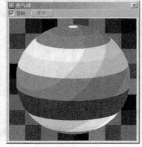

图8-165

图8-166

4.制作兔子材质

兔子材质的模拟效果如图8-167所示。

图8-167

01 选择一个材质球，将其命名为"兔子"，然后设置材质类型为Ink'n Paint（墨水油漆）材质，具体参
数设置如图8-168所示，制作好的材质球效果如图8-169所示。

设置步骤

① 在设置"亮区"颜色为（R:255，G:176，B:204），然后设置"绘制级别"为4。

② 展开"墨水控制"卷展栏，然后勾选"墨水"选项，再设置"最小值"为2。

02 将制作好的材质指定给兔子模型，然后测试渲染当前场景，效果如图8-170所示。

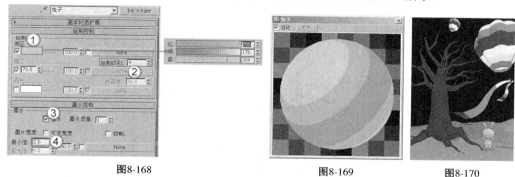

图8-168　　　　　　　　　图8-169　　　　　图8-170

5.制作头发材质

头发材质的模拟效果如图8-171所示。

图8-171

01 选择一个材质球，将其命名为"头发"，然后设置材质类型为Ink'n Paint（墨水油漆）材质，具体参数设置如图8-172所示，制作好的材质球效果如图8-173所示。

设置步骤

在"亮区"贴图通道加载一张本书配套资源中的"案例文件>第8章>课堂案例——卡通娃娃CG表现>材质>头发.jpg"文件，然后设置"绘制级别"为3。

02 将制作好的材质指定给头发模型，然后测试渲染当前场景，效果如图8-174所示。

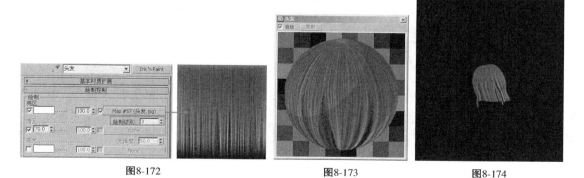

图8-172　　　　　　　　　图8-173　　　　　图8-174

8.6.4 添加背景

01 按键盘上的8键打开"环境和效果"对话框，然后在"环境贴图"通道中加载一张本书配套资源中的"案例文件>第8章>课堂案例——卡通娃娃CG表现>材质>背景.jpg"文件，如图8-175所示。

02 按F9键测试渲染当前场景，效果如图8-176所示。

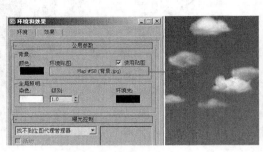

图8-175　　　　　　　　　　　　　　　　图8-176

8.6.5　粘土动画效果

粘土动画效果主要使用基本材质来制作，制作方法很简单，只需要调整漫反射颜色即可，下面以蘑菇为例来讲解。

01 选择一个材质球，并将其命名为"蘑菇1"，然后设置"漫反射"颜色为（R:255，G:222，B:2），如图8-177所示。

02 采用相同的方法制作出其他材质，然后将制作好的材质赋予相应的模型，再按F9键渲染下当前场景，效果如图8-178所示。

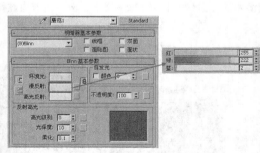

图8-177　　　　　　　　　　　　　　　图8-178

8.6.6　VRay卡通特效

VRay的卡通效果其实一种环境特效，其参数可调性不是很强，只能制作出简单得描边效果，属于一种初级特效，下面以胡萝卜为例来讲解卡通特效的制作方法。

01 选择一个材质球，并将其命名为"胡萝卜2"，然后设置材质类型为Ink'n Paint（墨水油漆）材质，具体参数设置如图8-179所示，制作好的材质球效果如图8-180所示。

设置步骤

① 设置"亮区"颜色为（R:255，G:120，B:0），然后设置"绘制级别"为4。

② 展开"墨水控制"卷展栏，取消"墨水"选项。

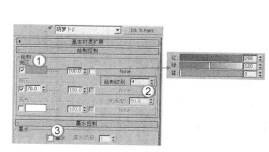
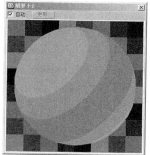

图8-179   图8-180

02 选择一个材质球，并将其命名为"叶子2"，然后设置材质类型为Ink'n Paint（墨水油漆）材质，具体参数设置如图8-181所示，制作好的材质球效果如图8-182所示。

设置步骤

① 设置"亮区"颜色为（R:59，G:126，B:26），然后设置"绘制级别"为4。

② 展开"墨水控制"卷展栏，取消"墨水"选项。

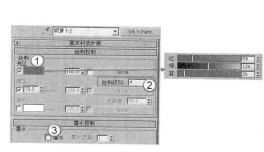
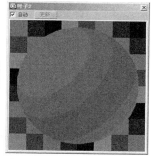

图8-181   图8-182

03 按8键打开"环境和特效"对话框，然后在"大气"卷展栏下单击"添加"按钮，并在弹出的对话框中选择"VRay卡通"选项，如图8-183所示。

04 按F9键渲染萝卜效果，如图8-184（左）所示为单一材质的渲染效果，图8-184（右）所示为Ink'n Paint材质与"VRay卡通"相结合的渲染效果。

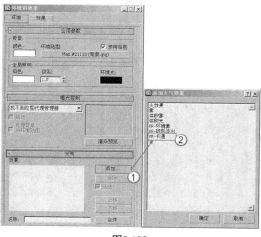

图8-183   图8-184

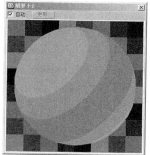

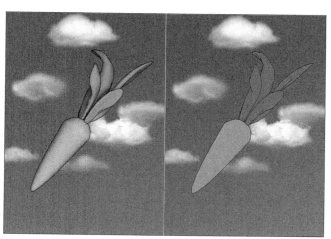

第8章 渲染技术

199

从图8-184中可以发现VRay卡通效果仅仅是多了边缘线，二维的特质并不能够完全的表现出来。但VRay卡通特效的边缘比Ink'n Paint材质的边缘整齐些，所以在制作二维卡通静帧效果图时可以结合Ink'n Paint材质与VRay卡通特效来制作。

这两种方式制作出来的效果在边缘线上有较大的区别，第二种效果看起来更加简洁，而第一种效果的边缘线不是很流畅，主要原因就是草叶的描边像素过大，如图8-185所示。

图8-185

05 在"环境和特效"对话框中再添加一个"VRay卡通"选项，具体参数设置如图8-186所示。

设置步骤

① 在"VRay卡通参数"卷展栏下设置"像素"为1。

② 在"包含/排除对象"选项组下单击"增加"按钮 增加 ，然后选择草叶部分（Object09），并设置"类型"为"包含"。

06 在"环境和特效"对话框中选择调整之前的"VRay卡通"选项，然后单击"包含/排除对象"选项组下的"增加"按钮 增加 ，并选择草叶部分（Object09），再设置"类型"为"排除"，如图8-187所示。

07 按F9键渲染当前场景，效果如图8-188所示。

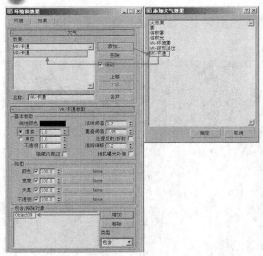

图8-186   图8-187   图8-188

从图8-188中可以看出，为草叶部分重新添加"VRay卡通"选项并改变了描边像素值之后，草叶的边缘线就变得比较流畅了，这就是Ink'n Paint材质与VRayToon特效的完美结合。

8.6.7 漫画速写效果

漫画速写效果作为卡通效果的延伸，应用的仍然是Ink'n Paint材质与"VRay卡通"选项来制作，如图8-189所示。

01 由于是速写效果，所以线条不需要过于精确。首先在"环境和效果"对话框中设置"颜色"为白色，如图8-190所示。

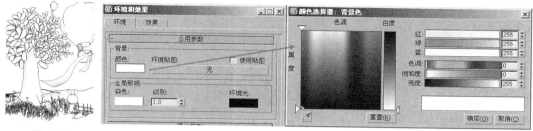

图8-189　　　　　　　　　　　　图8-190

02 选择一个材质球，将其命名为"速写"，然后设置材质类型为Ink'n Paint（墨水油漆）材质，具体参数设置如图8-191所示。

设置步骤

① 设置"亮区"颜色为（R:255，G:255，B:255），然后设置"绘制级别"为4。

② 展开"墨水控制"卷展栏，勾选"墨水"选项，设置"最小值"为2。

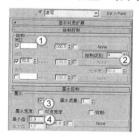

图8-191

03 将制作好的材质赋予对象，然后按F9键渲染漫画速写效果，如图8-192所示。

04 启动Photoshop，然后按Ctrl+O组合键打开渲染的漫画速写效果图，如图8-193所示。

05 设置前景色为（R:157，G:157，B:157），如图8-194所示，然后激活"画笔工具" ✐，并在属性栏中作如图8-195所示的设置。

图8-192

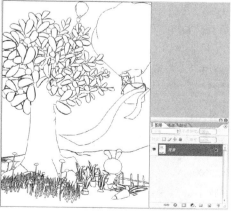

图8-193

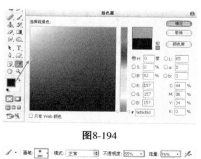

图8-194

图8-195

06 选择"背景"图层，然后使用"画笔工具" ✏ 在白色区域绘制出淡淡的色彩，完成后的效果如图8-196所示。

图8-196

8.6.8 设置最终渲染参数

01 按F10键打开"渲染设置"对话框，单击"VRay基项"选项卡，然后在"图像采样器（抗锯齿）"卷展栏下设置"图像采样器"的"类型"为"自适应DMC"，接着在"抗锯齿过滤器"选项组下勾选"开启"选项，并设置"抗锯齿过滤器"的类型为"VRay Lanczos过滤器"，如图8-197所示。

图8-197

02 单击"VRay间接照明"选项卡，然后然后在"发光贴图"卷展栏下设置"当前预置"为"非常高"，接着设置"半球细分"为60、"插值采样值"为30，如图8-198所示。

03 展开"灯光缓存"卷展栏，然后设置"细分"为1000、"采样大小"为0.002，接着勾选"显示直接光"和"显示计算状态"选项，如图8-199所示。

图8-198   图8-199

04 单击"VRay设置"选项卡，然后在"DMC采样器"卷展栏下设置"自适应数量"为0.4、"噪波阈值"为0.005，如图8-200所示。

05 单击"公用"选项卡，然后在"公用参数"卷展栏下设置渲染尺寸为2100×3000，并锁定图像的纵横比，如图8-201所示。

图8-200   图8-201

06 渲染参数设置完毕后，分别渲染4种卡通效果，最终效果如图8-202所示。

图8-202

课堂练习——家装卧室日光表现

实例文件	案例文件>第8章>课堂练习——家装卧室日光表现>课堂练习——家装卧室日光表现.max
视频教学	多媒体教学>第8章>课堂练习——家装卧室日光表现.flv
难易指数	★★☆☆☆
练习目标	练习家装场景材质、灯光和渲染参数的设置方法，案例效果如图8-203所示

布光参考如图8-204所示。

图8-203

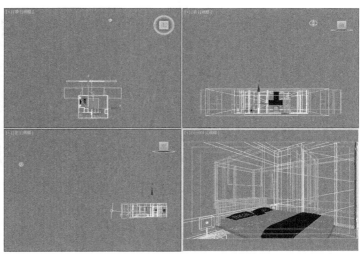

图8-204

本习题的场景材质包含地毯材质、木纹材质、床头材质、床单材质、灯罩材质、墙面材质和地砖材质，各种材质的模拟效果如图8-205所示。

图8-205

课后习题——魔幻桌面CG表现

实例文件	案例文件>第8章>课后习题——魔幻桌面CG表现>课后习题——魔幻桌面CG表现.max
视频教学	多媒体教学>第8章>课后习题——魔幻桌面CG表现.flv
难易指数	★★★☆☆
练习目标	练习CG场景材质、灯光和渲染参数的设置方法，案例效果如图8-206所示，特写镜头如图8-207所示

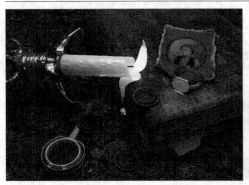

图8-206

图8-207

布光参考如图8-208所示。

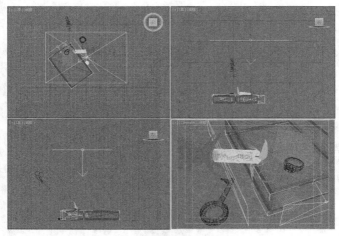

图8-208

本习题的场景材质包含烛台材质、蜡烛材质、钥匙材质、硬币材质、桌布材质、便签材质、书面材质、照片材质、戒指材质和戒指宝石材质，各种材质的模拟效果如图8-209所示。

图8-209

第9章
粒子系统与空间扭曲

本章将介绍3ds Max 2012的粒子系统与空间扭曲，其中重点讲解粒子系统。在内容方面，读者需要重点掌握PF Source（粒子流源）、"喷射"粒子、"雪"粒子和"超级喷射"粒子的用法。关于空间扭曲，读者只需要了解其作用即可。

课堂学习目标

掌握粒子系统的使用方法

了解空间扭曲的作用

9.1 粒子系统

　　3ds Max 2012的粒子系统是一种很强大的动画制作工具，可以通过设置粒子系统来控制密集对象群的运动效果。粒子系统通常用于制作云、雨、风、火、烟雾、暴风雪以及爆炸等动画效果，如图9-1所示。

　　粒子系统作为单一的实体来管理特定的成组对象，通过将所有粒子对象组合成单一的可控系统，可以很容易地使用一个参数来修改所有对象，而且拥有良好的"可控性"和"随机性"。在创建粒子时会占用很大的内存资源，而且渲染速度相当慢。

　　3ds Max 2012包含7种粒子，分别是PF Source（粒子流源）、"喷射""雪""超级喷射""暴风雪""粒子阵列"和"粒子云"，如图9-2所示。这7种粒子在顶视图中的显示效果如图9-3所示。

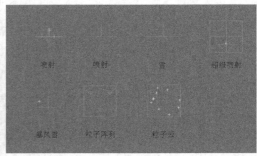

图9-1　　　　　　　　　　　　　　　图9-2　　　　　　　　　　　　　　　图9-3

本节内容介绍

名称	作用	重要程度
PF Source（粒子流源）	作为默认的发射器	高
喷射	模拟雨和喷泉等动画效果	中
雪	模拟飘落的雪花或洒落的纸屑等动画效果	中
超级喷射	模拟暴雨和喷泉等动画效果	高
暴风雪	模拟暴风雪等动画效果	低
粒子阵列	模拟对象的爆炸效果	低
粒子云	创建类似体积雾的粒子群	低

9.1.1 课堂案例——制作影视包装文字动画

🎬 课堂案例

制作影视包装文字动画

案例位置	案例文件>第9章>课堂案例——制作影视包装文字动画>课堂案例——制作影视包装文字动画.max
视频位置	多媒体教学>第9章>课堂案例——制作影视包装文字动画.flv
难易指数	★☆☆☆☆
学习目标	学习PF Source（粒子流源）的用法，案例效果如图9-4所示

3DS MAX VRay 3DS MAX VRay 3DS MAX VRay

图9-4

① 打开本书配套资源中的"案例文件>第9章>课堂案例——制作影视包装文字动画>场景.max"文件，如图9-5所示。

② 在"创建"面板中单击"几何体"按钮 ○，设置几何体类型为"粒子系统"，然后单击PF Source（粒子流源）按钮 PF Source ，如图9-6所示，接着在前视图中拖曳光标创建一个粒子流源，如图9-7所示。

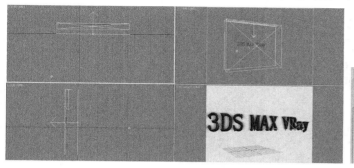 

图9-5　　　　　　　　　　　图9-6　　　　　　　图9-7

③ 进入"修改"面板，在"设置"卷展栏下单击"粒子视图"按钮 粒子视图 ，打开"粒子视图"对话框，然后单击Birth 001操作符，接着在Birth 001卷展栏下设置"发射停止"为100、"数量"为1000，如图9-8所示。

④ 单击Speed 001操作符，然后在Speed 001卷展栏下设置"速度"为500mm，如图9-9所示。

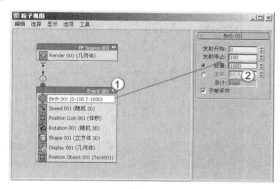 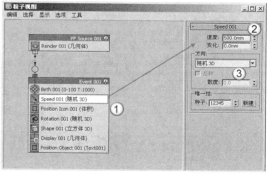

图9-8　　　　　　　　　　　　　　　图9-9

⑤ 单击Shape 001操作符，然后在Shape 001卷展栏下设置"大小"为5mm，如图9-10所示。

⑥ 单击Display 001操作符，然后在Display 001卷展栏下设置"类型"为"几何体"，接着设置显示颜色为黄色（红:255，绿:182，蓝:26），如图9-11所示。

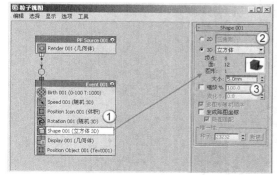 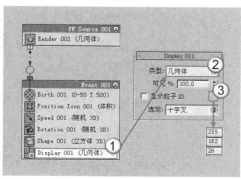

图9-10　　　　　　　　　　　　　图9-11

(07) 在下面的操作符列表中选择Position Object操作符，然后使用鼠标左键将其拖曳到Display 001操作符的下面，如图9-12所示。

(08) 单击Position Object 001操作符，然后在Position Object 001卷展栏下单击"添加"按钮，接着在视图中拾取文字模型，最后设置"位置"为"曲面"，如图9-13所示。

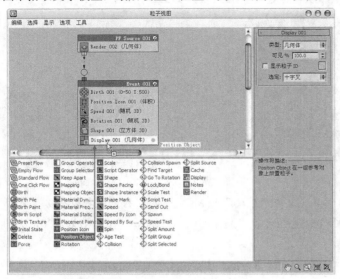

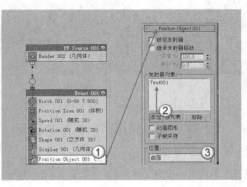

图9-12   图9-13

(09) 选择动画效果最明显的一些帧，然后单独渲染出这些单帧动画，最终效果如图9-14所示。

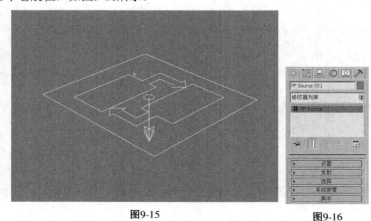

图9-14

9.1.2 PF Source（粒子流源）

PF Source（粒子流源）是每个流的视口图标，同时也可以作为默认的发射器。在默认情况下，它显示为带有中心徽标的矩形，如图9-15所示。

进入"修改"面板，可以观察到PF Source（粒子流源）的参数包括"设置""发射""选择""系统管理"和"脚本"5个卷展栏，如图9-16所示。

图9-15   图9-16

1.设置

展开"设置"卷展栏，如图9-17所示。

图9-17

重要参数解析

※ 启用粒子发射：控制是否开启粒子系统。

※ "粒子视图"按钮 ▢ 粒子视图 ▢：单击该按钮可以打开"粒子视图"对话框，如图9-18所示。

图9-18

2.发射

展开"发射"卷展栏，如图9-19所示。

重要参数解析

图9-19

※ 徽标大小：主用来设置粒子流中心徽标的尺寸，其大小对粒子的发射没有任何影响。

※ 图标类型：主要用来设置图标在视图中的显示方式，有"长方形""长方体""圆形"和"球体"4种方式，默认为"长方形"。

※ 长度：当"图标类型"设置为"长方形"或"长方体"时，显示的是"长度"参数；当"图标类型"设置为"圆形"或"球体"时，显示的是"直径"参数。

※ 宽度：用来设置"长方形"和"长方体"徽标的宽度。

※ 高度：用来设置"长方体"徽标的高度。

※ 显示：主要用来控制是否显示标志或徽标。

※ 视口%：主要用来设置视图中显示的粒子数量，该参数的值不会影响最终渲染的粒子数量，其取值范围为0~10000。

※ 渲染%：主要用来设置最终渲染的粒子的数量百分比，该参数的大小会直接影响到最终渲染的粒子数量，其取值范围为0~10000。

3.选择

展开"选择"卷展栏，如图9-20所示。

重要参数解析

图9-20

※ "粒子"按钮：激活该按钮以后，可以选择粒子。

※ "事件"按钮：激活该按钮以后，可以按事件来选择粒子。

※ ID：使用该选项可以设置要选择的粒子的ID号。注意，每次只能设置一个数字。

> **技巧与提示**
>
> 每个粒子都有唯一的ID号，从第1个粒子使用1开始，并递增计数。使用这些控件可按粒子ID号选择和取消选择粒子，但只能在"粒子"级别使用。

※ "添加"按钮 添加：设置完要选择的粒子的ID号后，单击该按钮可以将其添加到选择中。

※ "移除"按钮 移除：设置完要取消选择的粒子的ID号后，单击该按钮可以将其从选择中移除。

※ 清除选定内容：启用该选项以后，单击"添加"按钮选择粒子会取消选择所有其他粒子。

※ 从事件级别获取：单击该按钮可以将"事件"级别选择转换为"粒子"级别。

※ 按事件选择：该列表显示粒子流中的所有事件，并高亮显示选定事件。

4.系统管理

展开"系统管理"卷展栏，如图9-21所示。

重要参数解析

图9-21

※ 上限：用来限制粒子的最大数量，默认值为100000，其取值范围从0~10000000。

※ 视口：设置视图中的动画回放的综合步幅。

※ 渲染：用来设置渲染时的综合步幅。

5.脚本

展开"脚本"卷展栏，如图9-22所示。该卷展栏可以将脚本应用于每个积分步长以及查看的每帧的最后一个积分步长处的粒子系统。

重要参数解析

图9-22

※ 每步更新："每步更新"脚本在每个积分步长的末尾，计算完粒子系统中所有动作后和所有粒子后，最终会在各自的事件中进行计算。

* 启用脚本：启用该选项后，可以引起按每积分步长执行内存中的脚本。

* "编辑"按钮 编辑：单击该按钮可以打开具有当前脚本的文本编辑器对话框，如图9-23所示。

图9-23

* 使用脚本文件：启用该选项以后，可以通过单击下面"无"按钮 无 来加载脚本文件。

* "无"按钮 无 ：单击该按钮可以打开"打开"对话框，在该对话框中可以指定要从磁盘加载的脚本文件。

※ 最后一步更新：当完成所查看（或渲染）的每帧的最后一个积分步长后，系统会执行"最后一步更新"脚本。

* 启用脚本：启用该选项以后，可以引起在最后的积分步长后执行内存中的脚本。

* "编辑"按钮 编辑 ：单击该按钮可以打开具有当前脚本的文本编辑器对话框。

* 使用脚本文件：启用该选项以后，可以通过单击下面"无"按钮 无 来加载脚本文件。

* "无"按钮 无 ：单击该按钮可以打开"打开"对话框，在该对话框中可以指定要从磁盘加载的脚本文件。

9.1.3 喷射

"喷射"粒子常用来模拟雨和喷泉等效果，其参数设置面板如图9-24所示。

重要参数解析

（1）粒子

※ 视口计数：在指定的帧处，设置视图中显示的最大粒子数量。

※ 渲染计数：在渲染某一帧时设置可以显示的最大粒子数量（与"计时"选项组下的参数配合使用）。

※ 水滴大小：设置水滴粒子的大小。

※ 速度：设置每个粒子离开发射器时的初始速度。

※ 变化：设置粒子的初始速度和方向。数值越大，喷射越强，范围越广。

※ 水滴/圆点/十字叉：设置粒子在视图中的显示方式。

（2）渲染

※ 四面体：将粒子渲染为四面体。

※ 面：将粒子渲染为正方形面。

图9-24

（3）计时

※ 开始：设置第1个出现的粒子的帧编号。

※ 寿命：设置每个粒子的寿命。

※ 出生速率：设置每一帧产生的新粒子数。

※ 恒定：启用该选项后，"出生速率"选项将不可用，此时的"出生速率"等于最大可持续速率。

（4）发射器

※ 宽度/长度：设置发射器的长度和宽度。

※ 隐藏：启用该选项后，发射器将不会显示在视图中（发射器不会被渲染出来）。

9.1.4 雪

"雪"粒子主要用来模拟飘落的雪花或撒落的纸屑等动画效果，其参数设置面板如图9-25所示。

重要参数解析

※ 雪花大小：设置粒子的大小。

※ 翻滚：设置雪花粒子的随机旋转量。

※ 翻滚速率：设置雪花的旋转速度。

※ 雪花/圆点/十字叉：设置粒子在视图中的显示方式。

※ 六角形：将粒子渲染为六角形。

※ 三角形：将粒子渲染为三角形。

※ 面：将粒子渲染为正方形面。

图9-25

技巧与提示

"雪"粒子的其他参数与"喷射"粒子完全相同，读者可参考"喷射"粒子的相关参数。

9.1.5 超级喷射

"超级喷射"粒子可以用来制作暴雨和喷泉等效果，若将其绑定到"路径跟随"空间扭曲上，还可以生成瀑布效果，其参数设置面板如图9-26所示。

图9-26

9.1.6 暴风雪

"暴风雪"粒子是"雪"粒子的升级版，可以用来制作暴风雪等动画效果，其参数设置面板如图9-27所示。

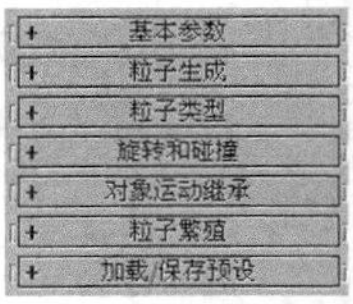

图9-27

技巧与提示

"暴风雪"粒子的参数非常复杂，但在实际工作中并不常用，因此这里不再介绍。同样，下面的"粒子阵列"粒子与"粒子云"粒子也不常用。

9.1.7 粒子阵列

"粒子阵列"粒子可以用来创建复制对象的爆炸效果，其参数设置面板如图9-28所示。

图9-28

9.1.8 粒子云

"粒子云"粒子可以用来创建类似体积雾效果的粒子群。使用"粒子云"能够将粒子限定在一个长方体、球体、圆柱体之内，或限定在场景中拾取的对象的外形范围之内（二维对象不能使用"粒子云"），其参数设置面板如图9-29所示。

图9-29

9.2 空间扭曲

"空间扭曲"从字面意思来看比较难懂，可以将其比喻为一种控制场景对象运动的无形力量，例如重力、风力和推力等。使用"空间扭曲"可以模拟真实世界中存在的"力"效果，当然"空间扭曲"需要与

"粒子系统"一起配合使用才能制作出动画效果。

"空间扭曲"包括5种类型，分别是"力""导向器""几何/可变形""基于修改器""粒子和动力学"，如图9-30所示。

图9-30

本节内容介绍

名称	作用	重要程度
力	为粒子系统提供外力影响	中
导向器	为粒子系统提供导向功能	中
几何/可变形	变形对象的几何形状	低

9.2.1 力

"力"可以为粒子系统提供外力影响，共有9种类型，分别是"推力""马达""漩涡""阻力""粒子爆炸""路径跟随""重力""风"和"置换"，如图9-31所示。

重要参数解析

※ "推力"工具 推力 ：可以为粒子系统提供正向或负向的均匀单向力。

※ "马达"工具 马达 ：对受影响的粒子或对象应用传统的马达驱动力（不是定向力）。

※ "漩涡"工具 漩涡 ：可以将力应用于粒子，使粒子在急转的漩涡中进行旋转，然后让它们向下移动成一个长而窄的喷流或漩涡井，常用来创建黑洞、涡流和龙卷风。

图9-31

※ "阻力"工具 阻力 ：这是一种在指定范围内按照指定量来降低粒子速率的粒子运动阻尼器。应用阻尼的方式可以是"线性""球形"或"圆柱形"。

※ "粒子爆炸"工具 粒子爆炸 ：可以创建一种使粒子系统发生爆炸的冲击波。

※ "路径跟随"工具 路径跟随 ：可以强制粒子沿指定的路径进行运动。路径通常为单一的样条线，也可以是具有多条样条线的图形，但粒子只会沿其中一条样条线运动。

※ "重力"工具 重力 ：用来模拟粒子受到的自然重力。重力具有方向性，沿重力箭头方向的粒子为加速运动，沿重力箭头逆向的粒子为减速运动。

※ "风"工具 风 ：用来模拟风吹动粒子所产生的飘动效果。

※ "置换"工具 置换 ：以力场的形式推动和重塑对象的几何外形，对几何体和粒子系统都会产生影响。

9.2.2 导向器

"导向器"可以为粒子系统提供导向功能，共有6种类型，分别是"泛方向导向板""泛方向导向球""全泛方向导向""全导向器""导向球"和"导向板"，如图9-32所示。

重要参数解析

※ "泛方向导向板"工具 泛方向导向板 ：这是空间扭曲的一种平面泛方向导向器。它能提供比原始导向器空间扭曲更强大的功能，包括折射和繁殖能力。

※ "泛方向导向球"工具 泛方向导向球 ：这是空间扭曲的一种球形泛方向导向器。它提供的选项比原始的导向球更多。

图9-32

※　"全泛方向导向"工具 全泛方向导向 ：这个导向器比原始的"全导向器"更强大，可以使用任意几何对象作为粒子导向器。

※　"全导向器"工具 全导向器 ：这是一种可以使用任意对象作为粒子导向器的全导向器。

※　"导向球"工具 导向球 ：这个空间扭曲起着球形粒子导向器的作用。

※　"导向板"工具 导向板 ：这是一种平面装的导向器，是一种特殊类型的空间扭曲，它能让粒子影响动力学状态下的对象。

9.2.3　几何/可变形

"几何/可变形"空间扭曲主要用于变形对象的几何形状，包括7种类型，分别是"FFD（长方体）""FFD（圆柱体）""波浪""涟漪""置换""一致"和"爆炸"，如图9-33所示。

重要参数解析

※　"FFD（长方体）"工具 FFD(长方体) ：这是一种类似于原始FFD修改器的长方体形状的晶格FFD对象，它既可以作为一种对象修改器也可以作为一种空间扭曲。

※　"FFD（圆柱体）"工具 FFD(圆柱体) ：该空间扭曲在其晶格中使用柱形控制点阵列，它既可以作为一种对象修改器也可以作为一种空间扭曲。

图9-33

※　"波浪"工具 波浪 ：该空间扭曲可以在整个世界空间中创建线性波浪。

※　"涟漪"工具 涟漪 ：该空间扭曲可以在整个世界空间中创建同心波纹。

※　"置换"工具 置换 ：该空间扭曲的工作方式和"置换"修改器类似。

※　"一致"工具 一致 ：该空间扭曲修改绑定对象的方法是按照空间扭曲图标所指示的方向推动其顶点，直至这些顶点碰到指定目标对象，或从原始位置移动到指定距离。

※　"爆炸"工具 爆炸 ：该空间扭曲可以把对象炸成许多单独的面。

课堂练习——制作下雨动画

实例文件	案例文件>第9章>课堂练习——制作下雨动画>课堂练习——制作下雨动画.max
视频教学	多媒体教学>第9章>课堂练习——制作下雨动画.flv
难易指数	★★☆☆☆
练习目标	练习"超级喷射"粒子的用法，案例效果如图9-34所示

图9-34

课后习题——制作烟花爆炸动画

实例文件	案例文件>第9章>课后习题——制作烟花爆炸动画>课后习题——制作烟花爆炸动画.max
视频教学	多媒体教学>第9章>课后习题——制作烟花爆炸动画.flv
难易指数	★★☆☆☆
练习目标	练习PF Source（粒子流源）的用法，案例效果如图9-35所示

图9-35

第10章 动力学

本章将介绍3ds Max 2012的动力学技术，包含动力学MassFX和约束两大知识点，其中重点讲解动力学MassFX技术。在内容方面，读者需要重点掌握刚体动画的制作方法。对于约束，读者只需要了解其作用即可。

课堂学习目标

掌握刚体动画的制作方法

了解约束的作用

10.1 动力学MassFX概述

3ds Max 2012中的动力学系统非常强大，远远超越了之前的任何一个版本，可以快速地制作出物体与物体之间真实的物理作用效果，是制作动画必不可少的一部分。动力学可以用于定义物理属性和外力，当对象遵循物理定律进行相互作用时，可以让场景自动生成最终的动画关键帧。

在3ds Max 2012之前的版本中，动画设计师一直使用Reactor来制作动力学效果，但是Reactor动力学存在很多漏洞，比如卡机、容易出错等。而在3ds Max 2012版本中，在尘封了多年的动力学Reactor之后，终于加入了新的刚体动力学——MassFX。这套刚体动力学系统，可以配合多线程的Nvidia显示引擎来进行MAX视图里的实时运算，并能得到更为真实的动力学效果。MassFX的主要优势在于操作简单，可以实时运算，并解决了由于模型面数多而无法运算的问题，因此Autodesk公司将3ds Max 2012进行了"减法计划"，将可以多大用处的功能直接去掉，换上更好的工具。但是对于习惯Reactor的老用户也不必担心，因为MassFX与Reactor在参数、操作等方面还是比较相近的。

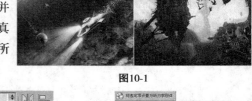

动力学支持刚体和软体动力学、布料模拟和流体模拟，并且它拥有物理属性，如质量、摩擦力和弹力等，可用来模拟真实的碰撞、绳索、布料、马达和汽车运动等效果，如图10-1所示是一些很优秀的动力学作品。

图10-1

在"主工具栏"的空白处单击鼠标右键，然后在弹出的菜单中选择"MassFX工具栏"命令，可以调出"MassFX工具栏"，如图10-2所示，调出的"MassFX工具栏"如图10-3所示。

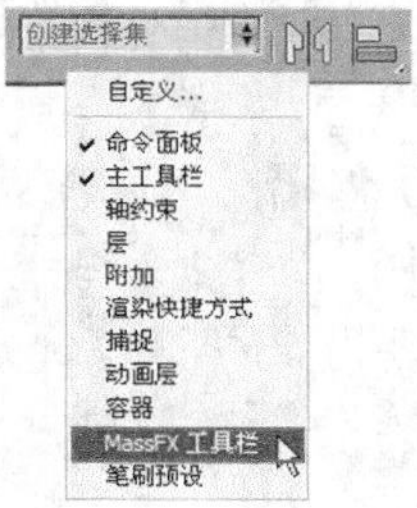

图10-2

图10-3

技巧与提示

为了方便操作，可以将"MassFX工具栏"拖曳到操作界面的左侧，使其停靠于此，如图10-4所示。另外，在"MassFX工具栏"上单击鼠标右键，在弹出的菜单中选择"停靠"菜单中的子命令可以选择停靠在其他的地方，如图10-5所示。

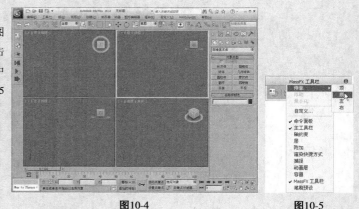

图10-4

图10-5

10.2 创建动力学MassFX

本节将针对"MassFX工具栏"中的"MassFX工具"、刚体创建工具已经模拟工具进行讲解。刚体是物理模拟中的对象，其形状和大小不会更改，它可能会反弹、滚动和四处滑动，但无论施加了多大的力，都不会弯曲或折断。

本节工具介绍

名称	作用	重要程度
MassFX工具	设置刚体的所有参数	中
模拟工具	了解MassFX工具中的模拟工具	高
创建刚体	了解MassFX工具中的刚体创建工具	高

10.2.1 课堂案例——制作多米诺骨牌动力学刚体动画

课堂案例

制作多米诺骨牌动力学刚体动画

案例位置　案例文件>第10章>课堂案例——制作多米诺骨牌动力学刚体动画>课堂案例——制作多米诺骨牌动力学刚体动画.max
视频位置　多媒体教学>第10章>课堂案例——制作多米诺骨牌动力学刚体动画.flv
难易指数　★☆☆☆☆
学习目标　学习动力学刚体动画的制作方法，案例效果如图10-6所示

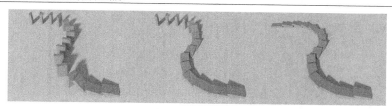

图10-6

01 打开本书配套资源中的"案例文件>第10章>课堂案例——制作多米诺骨牌动力学刚体动画>场景.max"文件，如图10-7所示。

02 在"主工具栏"的空白处单击鼠标右键，然后在弹出的菜单中选择"MassFX工具栏"命令调出"MassFX工具栏"，如图10-8所示。

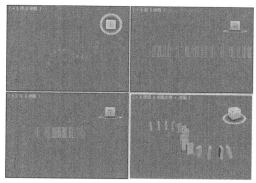

图10-7

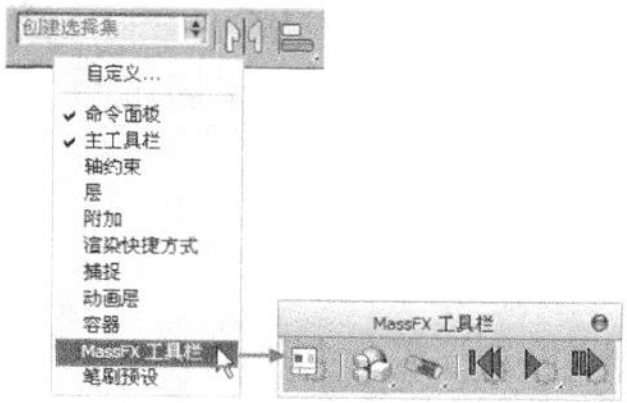

图10-8

03 选择如图10-9所示的骨牌，然后在"MassFX工具栏"中单击"将选定项设置为动力学刚体"按钮，这样可以将这个骨牌设置为动力学刚体，如图10-10所示。

图10-9

图10-10

技巧与提示

由于本场景中的骨牌是通过"实例"复制方式制作的，因此只需要将其中一个骨牌设置为动力学刚体，其他的骨牌就会自动变成动力学刚体。

04 在"MassFX工具栏"中单击"开始模拟"按钮▶，可以发现已经产生了骨牌动画，效果如图10-11所示。

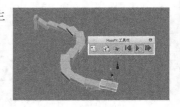

图10-11

05 单击"开始模拟"按钮▶停止模拟，然后选择第1个骨牌，接着在"刚体属性"卷展栏下单击"烘焙"按钮 烘焙 ，此时会在时间尺上自动生成关键帧，如图10-12所示。

06 选择动画效果最明显的一些帧，然后单独渲染出这些单帧动画，最终效果如图10-13所示。

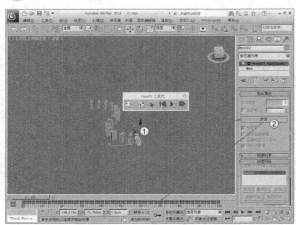

图10-12

图10-13

10.2.2 MassFX工具

在"MassFX工具栏"中单击"MassFX工具"按钮，打开"MassFX工具"对话框，如图10-14所示。"MassFX工具"对话框分为"世界""工具""编辑"和"显示"4个面板，下面对这4个面板分别进行讲解。

图10-14

1.世界

"世界"面板包含4个卷展栏，分别是"场景设置""高级设置""模拟设置"和"引擎"卷展栏，如图10-15所示。

图10-15

（1）"场景设置"卷展栏

展开"场景设置"卷展栏，如图10-16所示。

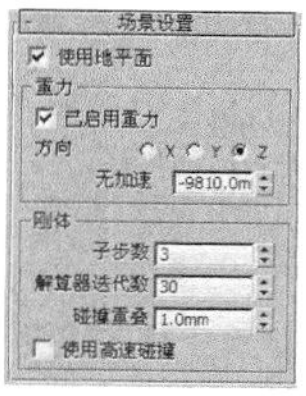

重要参数解析

※ 使用地平面：如果启用该选项，MassFX将使用（不可见）无限静态刚体（即z=0），也就是说与主栅格共面，此时刚体的摩擦力和反弹力值为固定值。

※ 已启用重力：如果启用该选项，则应用"使用重力"的所有刚体都将受到重力的影响。

图10-16

※ 方向：设置应用重力的全局轴，一般设置为z轴。

※ 无加速：设置重力的加速度。使用z轴时，正值可使重力将对象向上拉，负值可使对象向下拉。

※ 子步数：设置每个图形更新之间执行的模拟步数。

※ 解算器迭代次数：全局设置约束解算器强制执行碰撞和约束的次数。

※ 碰撞重叠：设置刚体重叠的距离。

※ 使用高速碰撞：全局设置用于切换连续的碰撞检测。

（2）"高级设置"卷展栏

展开"高级设置"卷展栏，如图10-17所示。

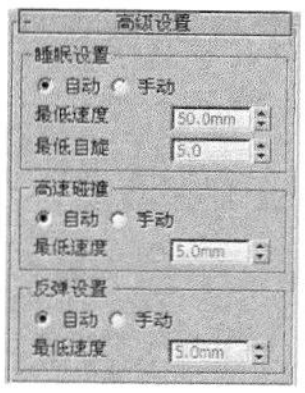

重要参数解析

※ 自动：MassFX自动计算合理的线速度和角速度睡眠阈值，高于该阈值即应用睡眠。

※ 手动：勾选该选项后，可以覆盖速度和自旋的试探式值。

※ 最低速度：当选择"手动"选项时，在模拟中移动速度低于该速度的刚体将自动进入"睡眠"模式。

图10-17

※ 最低自旋：模拟中旋转速度低于该速度的刚体将自动进入"睡眠"模式。

※ 自动：MassFX使用试探式算法来计算合理的速度阈值，高于该值即应用高速碰撞方法。

※ 手动：勾选该选项后，可以覆盖速度的自动值。

※ 最低速度：模拟中移动速度高于该速度的刚体将自动进入高速碰撞模式。

※ 自动：MassFX使用试探式算法来计算合理的最低速度阈值，高于该值即应用反弹。

※ 手动：勾选该选项后，可以覆盖速度的试探式值。

※ 最低速度：模拟中移动速度高于该速度的刚体将相互反弹。

（3）"模拟设置"卷展栏

展开"模拟设置"卷展栏，如图10-18所示。

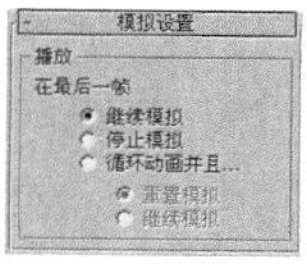

重要参数解析

※ 在最后一帧：选择当动画进行到最后一帧时进行模拟的方式。

* 继续模拟：即使时间线滑块达到最后一帧也继续运行模拟。

图10-18

* 停止模拟：当时间线滑块达到最后一帧时停止模拟。

* 循环动画并且：在时间线滑块达到最后一帧时重复播放动画。

* 重置模拟：当时间线滑块达到最后一帧时，重置模拟且动画循环播放到第1帧。

* 继续模拟：当时间线滑块达到最后一帧时，模拟继续运行，但动画循环播放到第1帧。

（4）"引擎"卷展栏

展开"引擎"卷展栏，如图10-19所示。

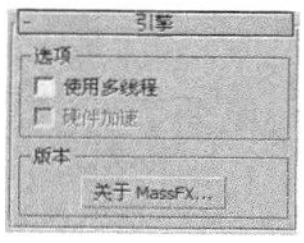

重要参数解析

※ 使用多线程：启用该选项时，如果CPU具有多个内核，CPU可以执行多线程，以加快模拟的计算速度。

图10-19

※ 硬件加速：启用该选项时，如果系统配备了Nvidia GPU，即可使用硬件加速来执行某些计算。

※ “关于MassFX”按钮 关于MassFX... ：单击该按钮可以打开“关于MassFX”对话框，该对话框中显示的是MassFX的基本信息，如图10-20所示。

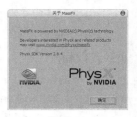

图10-20

2.工具

“工具”面板包含“模拟”和“实用程序”两个卷展栏，如图10-21所示。

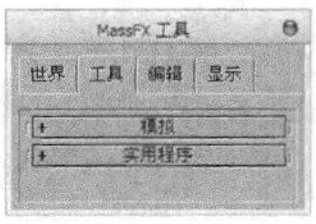

图10-21

（1）“模拟”卷展栏

展开“模拟”卷展栏，如图10-22所示。

图10-22

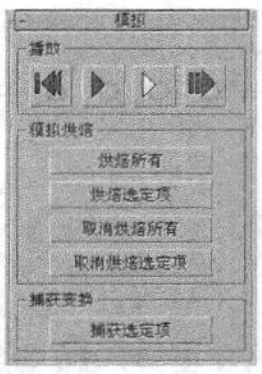

重要参数解析

※ “重置”按钮：单击该按钮可以停止模拟，并将时间线滑块移动到第1帧，同时将任意动力学刚体设置为其初始变换。

※ “播放”按钮：从当前帧运行模拟，时间线滑块为每个模拟步长前进一帧，从而让运动学刚体作为模拟的一部分进行移动。

※ “PNA（播放-无动画）”按钮：当模拟运行时，时间线滑块不会前进，这样可以使动力学刚体移动到固定点。

※ “步幅”按钮：运行一个帧的模拟，并使时间线滑块前进相同的量。

※ “烘焙所有”按钮 烘焙所有 ：将所有动力学刚体的变换存储为动画关键帧时重置模拟。

※ “烘焙选定项”按钮 烘焙选定项 ：与“烘焙所有”类似，只不过烘焙仅应用于选定的动力学刚体。

※ “取消烘焙所有”按钮 取消烘焙所有 ：删除烘焙时设置为运动学的所有刚体的关键帧，从而将这些刚体恢复为动力学刚体。

※ “取消烘焙选定项”按钮 取消烘焙选定项 ：与“取消烘焙所有”类似，只不过取消烘焙仅应用于选定的适用刚体。

※ “捕获选定项”按钮 捕获选定项 ：将每个选定的动力学刚体的初始变换设置为其变换。

（2）“实用程序”卷展栏

展开“实用程序”卷展栏，如图10-23所示。

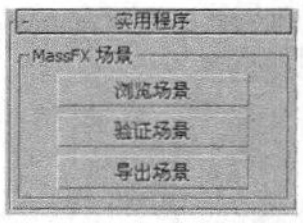

图10-23

重要参数解析

※ “浏览场景”按钮 浏览场景 ：单击该按钮打开“场景资源管理器-MassFX Explorer”对话框，如图10-24所示。

※ “验证场景”按钮 验证场景 ：单击该按钮可以打开“验证Physx场景”对话框，在该对话框中可以验证各种场景元素是否违反模拟要求，如图10-25所示。

※ “导出场景”按钮 导出场景 ：单击该按钮可以打开“MassFX导出”对话框，在该对话框中可以导出MassFX，以使模拟用于其他程序，如图10-26所示。

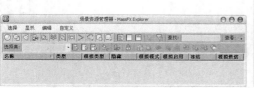

图10-24

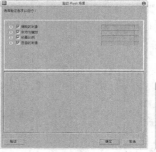

图10-25

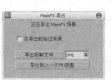

图10-26

3.编辑

"编辑"面板包含5个需要重点讲解的卷展栏，分别是"刚体属性""物理材质""物理材质属性""物理网格"和"高级"卷展栏，如图10-27所示。

图10-27

（1）"刚体属性"卷展栏

展开"刚体属性"卷展栏，如图10-28所示。

重要参数解析

※ 刚体类型：设置刚体的模拟类型，包含"动力学""运动学"和"静态"3种类型。

※ 直到帧：设置"刚体类型"为"运动学"时该选项才可用。启用该选项时，MassFX会在指定帧处将选定的运动学刚体转换为动态刚体。

图10-28

※ "烘焙"按钮 ：将未烘焙的选定刚体的模拟运动转换为标准动画关键帧。

※ 使用重力：如果启用该选项，同时又在"世界"面板中启用了"已启用重力"选项，那么重力将应用于选定刚体。

※ 使用高速碰撞：如果启用该选项，同时又在"世界"面板中启用了"使用高速碰撞"选项，那么"高速碰撞"设置将应用于选定刚体。

※ 在睡眠模式中启动：如果启用该选项，选定刚体将使用全局睡眠设置，同时以睡眠模式开始模拟。

※ 与刚体碰撞：如果启用该选项，选定的刚体将与场景中的其他刚体发生碰撞。

（2）"物理材质"卷展栏

展开"物理材质"卷展栏，如图10-29所示。

图10-29

重要参数解析

※ 预设：选择预设的材质类型。使用后面的"吸管"可以吸取场景中的材质。

※ "创建预设"按钮：基于当前值创建新的物理材质预设。

※ "删除预设"按钮：从列表中移除当前预设。

（3）"物理材质属性"卷展栏

展开"物理材质属性"卷展栏，如图10-30所示。

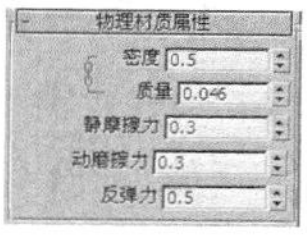

图10-30

重要参数解析

※ 密度：设置刚体的密度。

※ 质量：设置刚体的重量。

※ 静摩擦力：设置两个刚体开始互相滑动的难度系数。

※ 动摩擦力：设置两个刚体保持互相滑动的难度系数。

※ 反弹力：设置对象撞击到其他刚体时反弹的轻松程度和高度。

（4）"物理网格"卷展栏

展开"物理网格"卷展栏，如图10-31所示。

图10-31

重要参数解析

※ 网格类型：选择刚体物理网格的类型，包含"球体""长方体""胶囊""凸面""合成""原始"和"自定义"7种。

（5）"高级"卷展栏

展开"高级"卷展栏，如图10-32所示。

重要参数解析

※ 覆盖碰撞重叠：如果启用该选项，将为选定刚体使用在这里指定的碰撞重叠设置，而不使用全局设置。

※ 覆盖解算器迭代次数：如果启用该选项，将为选定刚体使用在这里指定的解算器迭代次数设置，而不使用全局设置。

※ 绝对/相对：这两个选项只适用于刚开始时为"运动学"类型之后在指定帧处切换为动态类型的刚体。

※ 初始速度：设置刚体在变为动态类型时的起始方向和速度。

※ 初始自旋：设置刚体在变为动态类型时旋转的起始轴和速度。

※ 线性：设置为减慢移动对象的速度所施加的力大小。

※ 角度：设置为减慢旋转对象的速度所施加的力大小。

图10-32

4.显示

"显示"面板包含两个卷展栏，分别是"刚体"和MassFX Visualizer卷展栏，如图10-33所示。

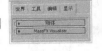

图10-33

（1）"刚体"卷展栏

展开"刚体"卷展栏，如图10-34所示。

图10-34

重要参数解析

※ 显示物理网格：启用该选项时，物理网格会显示在视口中。

※ 仅选定对象：启用该选项时，仅选定对象的物理网格会显示在视口中。

（2）MassFX Visualizer卷展栏

展开MassFX Visualizer卷展栏，如图10-35所示。

重要参数解析

※ 启用Visualizer：启用该选项时，MassFX Visualizer卷展栏中的其余设置才起作用。

※ 比例：设置基于视口的指示器的相对大小。

图10-35

10.2.3 模拟工具

MassFX工具中的模拟工具分为4种，分别是"重置模拟"工具 、"开始模拟"工具 、"开始没有动画的模拟"工具 和"步阶模拟"工具 ，如图10-36所示。

重要参数解析

※ "重置模拟"工具 ：将时间线滑块返回到第1个动画帧，并将任何动力学刚体移动回其初始变换。

※ "开始模拟"工具 ：单击该按钮可以模拟刚体动画，并更新场景中动力学刚体对象的位置。

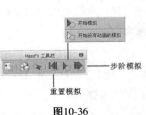

图10-36

※ "开始没有动画的模拟"工具 ：单击该按钮可以仅运行模拟而不推进时间线滑块，同时不更新运动学刚体的位置。

※ "步阶模拟"工具 ：单击该按钮可以与标准动画一起运行单个帧的模拟，然后停止模拟。

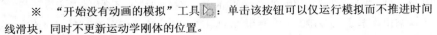

10.2.4 创建刚体

MassFX工具中的刚体创建工具分为3种，分别是"将选定项设置为动力学刚体"工具 、"将选定项设置为运动学刚体"工具 和"将选定项设置为静态刚体"工具 ，如图10-37所示。

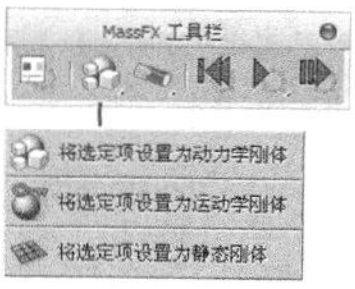

重要参数解析

※ "将选定项设置为动力学刚体"工具 ：使用该工具可以将未实例化的MassFX刚体修改器应用到每个选定对象，并将刚体类型设置为"动力学"，然后为每个对象创建一个"凸面"物理网格，如图10-38所示。如果选定对象已经具有MassFX刚体修改器，则现有修改器将更改为动力学，而不重新应用。

图10-37

※ "将选定项设置为运动学刚体"工具 ：使用该工具可以将未实例化的MassFX刚体修改器应用到每个选定对象，并将刚体类型设置为"运动学"，然后为每个对象创建一个"凸面"物理网格，如图10-39所示。如果选定对象已经具有MassFX刚体修改器，则现有修改器将更改为运动学，而不重新应用。

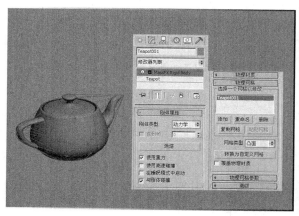

图10-38

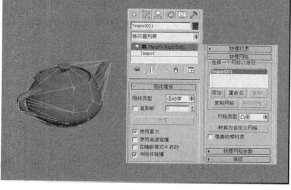

图10-39

技巧与提示

"将选定项设置为动力学刚体"工具 和"将选定项设置为运动学刚体"工具 的相关参数在前面的"MassFX工具"对话框中已经介绍过，因此这里不再重复讲解。

10.3 创建约束

3ds Max中的MassFX约束可以限制刚体在模拟中的移动。所有的预设约束可以创建具有相同设置的同一类型的辅助对象。约束辅助对象可以将两个刚体链接在一起，也可以将单个刚体锚定到全局空间的固定位置。约束组成了一个层次关系，子对象必须是动力学刚体，而父对象可以是动力学刚体、运动学刚体或为空（锚定到全局空间）。

在默认情况下，约束"不可断开"，无论对它应用了多强的作用力或使它违反其限制的程度多严重，它将保持效果并尝试将其刚体移回所需的范围。但是可以将约束设置为可使用独立作用力和扭矩限制来将其断开，超过该限制时约束将会禁用且不再应用于模拟。

3ds Max中的约束分为"刚性"约束、"滑块"约束、"转枢"约束、"扭曲"约束、"通用"约束和"球和套管"约束6种，如图10-40所示。下面简单介绍一下这些约束的作用。

重要参数解析

图10-40

※ "建立刚性约束"工具 ：将新的MassFX约束辅助对象添加到带有适合于"刚性"约束的设置项目中。"刚性"约束可以锁定平移、摆动和扭曲，并尝试在开始模拟时保持两个刚体在相同的相对变换中。

※ "创建滑块约束"工具 ：将新的MassFX约束辅助对象添加到带有适合于"滑动"约束的设置项目中。"滑动"约束类似于"刚性"约束，但是会启用受限的*y*变换。

※ "建立转枢约束"工具 ：将新的MassFX约束辅助对象添加到带有适合于"转枢"约束的设置项目中。"转枢"约束类似于"刚性"约束，但是"摆动z"限制为100°。

※ "创建扭曲约束"工具 ：将新的MassFX约束辅助对象添加到带有适合于"扭曲"约束的设置项目中。"扭曲"约束类似于"刚性"约束，但是"扭曲"设置为"自由"。

※ "创建通用约束"工具 ：将新的MassFX约束辅助对象添加到带有适合于"通用"约束的设置项目中。"通用"约束类似于"刚性"约束，但"摆动*y*"和"摆动*z*"限制为45°。

※ "建立球和套管约束"工具 ：将新的MassFX约束辅助对象添加到带有适合于"球和套管"约束的设置项目中。"球和套管"约束类似于"刚性"约束，但"摆动*y*"和"摆动*z*"限制为80°，且"扭曲"设置为"无限制"。

课堂练习——制作汽车碰撞运动学刚体动画

实例文件	案例文件>第10章>课堂练习——制作汽车碰撞运动学刚体动画>课堂练习——制作汽车碰撞运动学刚体动画.max
视频教学	多媒体教学>第10章>课堂练习——制作汽车碰撞运动学刚体动画.flv
难易指数	★★★☆☆
练习目标	练习运动学刚体动画的制作方法，案例效果如图10-41所示

图10-41

课后习题——制作弹力球动力学刚体动画

实例文件	案例文件>第10章>课后习题——制作弹力球动力学刚体动画>课后习题——制作弹力球动力学刚体动画.max
视频教学	多媒体教学>第10章>课后习题——制作弹力球动力学刚体动画.flv
难易指数	★☆☆☆☆
练习目标	练习动力学刚体动画的制作方法，案例效果如图10-42所示

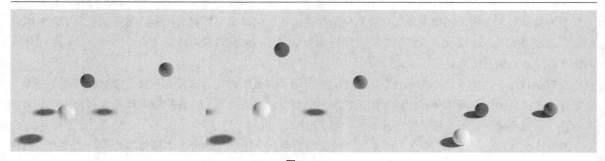

图10-42

第11章

毛发系统

本章将介绍3ds Max 2012的毛发技术，包含Hair和Fur（WSM）（头发和毛发（WSM））修改器和"VRay毛发"工具。这两个制作毛发的工具并不难，难点在于模拟真实的毛发效果，因此读者要多对现实生活中的毛发物体进行观察，这样才能制作出真实的毛发作品。

课堂学习目标

掌握Hair和Fur（WSM）修改器的使用方法

掌握VRay毛发的创建方法

11.1 毛发系统概述

毛发在静帧和角色动画制作中非常重要，同时毛发也是动画制作中最难模拟的，如图11-1所示是一个比较优秀的毛发作品。

在3ds Max中，制作毛发的方法主要有以下3种。

第1种：使用Hair和Fur（WSM）（头发和毛发（WSM））修改器来进行制作。

第2种：使用"VRay毛发"工具 VR_毛发 来进行制作。

第3种：使用不透明度贴图来进行制作。

图11-1

11.2 制作毛发

毛发虽然难模拟，但是只要掌握好了制作方法，其实还是比较容易的，这就需要读者对制作毛发的工具的参数有着深刻的理解。下面对制作毛发的两个常用工具分别进行介绍，即Hair和Fur（WSM）（头发和毛发（WSM））修改器与"VRay毛发"工具。

本节内容介绍

名称	作用	重要程度
Hair和Fur（WSM）修改器	可以在任何对象上生长毛发	高
VRay毛发	制作地毯、草地和毛制品等	高

11.2.1 课堂案例——制作化妆刷

课堂案例

制作化妆刷

案例位置	案例文件>第11章>课堂案例——制作化妆刷>课堂案例——制作化妆刷.max
视频位置	多媒体教学>第11章>课堂案例——制作化妆刷.flv
难易指数	★☆☆☆☆
学习目标	学习如何使用Hair和Fur（WSN）修改器制作毛发，案例效果如图11-2所示

图11-2

01 打开本书配套资源中的"案例文件>第11章>课堂案例——制作化妆刷>场景.max"文件，如图11-3所示。

02 选择模型，然后为其加载一个Hair和Fur（WSM）（头发和毛发（WSM））修改器，此时模型上会出现很多凌乱的毛发，如图11-4所示。

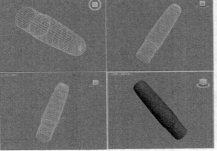

图11-3

图11-4

03 在"选择"卷展栏下单击"多边形"按钮 ■ ，进入"多边形"级别，然后选择笔尖底部的多边形，如图11-5所示，接着再次单击"多边形"按钮 ■ 退出"多边形"级别，此时毛发只生长在这个选定的多边形上，如图11-6所示。

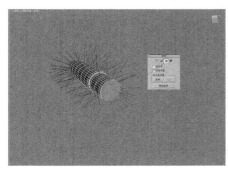
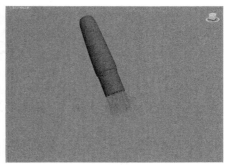

图11-5　　　　　　　　　　　　　　图11-6

04 展开"常规参数"卷展栏，然后设置"头发数量"为8000、"毛发过程数"为2，接着设置"随机比例"为0、"根厚度"为3、"梢厚度"为2.5，如图11-67所示。

05 展开"卷发参数"卷展栏，然后设置"卷发根"和"卷发梢"为0，如图11-8所示。

图11-7　　　　图11-8

06 展开"多股参数"卷展栏，然后设置"数量"为1、"梢展开"为0.2，如图11-9所示，此时的毛发效果如图11-10所示。

07 按F9键渲染当前场景，最终效果如图11-11所示。

图11-9　　　　　　图11-10　　　　　　　　图11-11

技巧与提示

需要特别注意的是很多情况下使用毛发制作作品并进行渲染时，可能会提示出现错误，这很大的原因是毛发的数量太多造成的，因此假若用户电脑配置较低，可以适当地降低毛发的个数进行渲染。

11.2.2 Hair和Fur（WSM）修改器

Hair和Fur（WSM）（头发和毛发（WSM））修改器是毛发系统的核心。该修改器可以应用在要生长毛发的任何对象上（包括网格对象和样条线对象）。如果是网格对象，毛发将从整个曲面上生长出来；如果是样条线对象，毛发将在样条线之间生长出来。

创建一个物体，然后为其加载一个Hair和Fur（WSM）（头发和毛发（WSM））修改器，可以观察到加载修改器之后，物体表面就生长出了毛发效果，如图11-12所示。

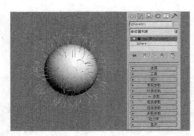

图11-12

Hair和Fur（WSM）（头发和毛发（WSM））修改器的参数非常多，一共有11个卷展栏。下面依次对各卷展栏中的重要参数进行介绍。

1.选择

展开"选择"卷展栏，如图11-13所示。

图11-13

重要参数解析

※ "导向"按钮 ⑨：这是一个子对象层级，单击该按钮后，"设计"卷展栏中的"设计发型"工具 [设计发型] 将自动启用。

※ "面"按钮 ◀：这是一个子对象层级，可以选择三角形面。

※ "多边形"按钮 ▦：这是一个子对象层级，可以选择多边形。

※ "元素"按钮 ❂：这是一个子对象层级，可以通过单击一次鼠标左键来选择对象中的所有连续多边形。

※ 按照顶点：该项只在"面""多边形"和"元素"级别中使用。启用该选项后，只需要选择子对象的顶点就可以选中子对象。

※ 忽略背面：该选项只在"面""多边形"和"元素"级别中使用。启用该选项后，选择子对象时只影响面对着用户的面。

※ "复制"按钮 [复制]：将命名选择集放置到复制缓冲区。

※ "粘贴"按钮 [粘贴]：从复制缓冲区中粘贴命名的选择集。

※ "更新选择"按钮 [更新选择]：根据当前子对象来选择重新要计算毛发生长的区域，然后更新显示。

2.工具

展开"工具"卷展栏，如图11-14所示。

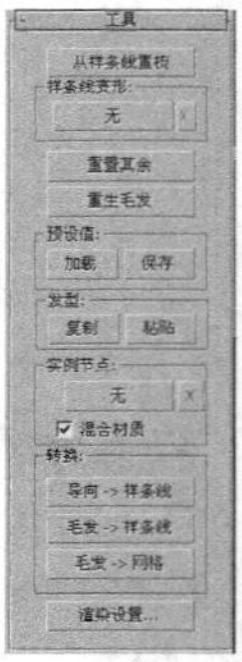

重要参数解析

※ "从样条线重梳"按钮 [从样条线重梳]：创建样条线以后，使用该工具在视图中拾取样条线，可以从样条线重梳毛发，如图11-15所示。

※ 样条线变形：可以用样条线来控制发型与动态效果。这是3ds Max 2012的新增毛发功能。

※ "重置其余"按钮 [重置其余]：在曲面上重新分布头发的数量，以得到较为均匀的结果。

※ "重生头发"按钮 [重生头发]：忽略全部样式信息，将头发复位到默认状态。

※ "加载"按钮 [加载]：单击该按钮可以打开"Hair和Fur预设值"对话框，在该对话框中可以加载预设的毛发样式，如图11-16所示。

图11-14

※ "保存"按钮 [保存]：调整好毛发以后，单击该按钮可以将当前的毛发保存为预设的毛发样式。

※ "复制"按钮 [复制]：将所有毛发设置和样式信息复制到粘贴缓冲区。

※ "粘贴"按钮 [粘贴]：将所有毛发设置和样式信息粘贴到当前的毛发修改对象中。

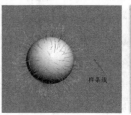

图11-15

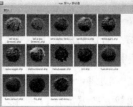

图11-16

※ "无"按钮 无 ：如果要指定毛发对象，可以单击该按钮，然后拾取要应用毛发的对象。

※ X按钮 x ：如果要停止使用实例节点，可以单击该按钮。

※ 混合材质：启用该选项后，应用于生长对象的材质以及应用于毛发对象的材质将合并为单一的多子对象材质，并应用于生长对象。

※ "导向->样条线"按钮 导向->样条线 ：将所有导向复制为新的单一样条线对象。

※ "毛发->样条线"按钮 毛发->样条线 ：将所有毛发复制为新的单一样条线对象。

※ "毛发->网格"按钮 毛发->网格 ：将所有毛发复制为新的单一网格对象。

※ "渲染设置"按钮 渲染设置... ：单击该按钮可以打开"环境和效果"对话框，在该对话框中可以对毛发的渲染效果进行更多的设置。

3.设计

展开"设计"卷展栏，如图11-17所示。

重要参数解析

（1）设计发型

图11-17

※ "设计发型"按钮 设计发型 ：单击该按钮可以设计毛发的发型，此时该按钮会变成凹陷的"完成设计"按钮 完成设计 ，单击"完成设计"按钮 完成设计 可以返回到"设计发型"状态。

（2）选择

※ "由头梢选择头发"按钮 ：可以只选择每根导向头发末端的顶点。

※ "选择全部顶点"按钮 ：选择导向头发中的任意顶点时，会选择该导向头发中的所有顶点。

※ "选择导向顶点"按钮 ：可以选择导向头发上的任意顶点。

※ "由根选择导向"按钮 ：可以只选择每根导向头发根处的顶点，这样会选择相应导向头发上的所有顶点。

※ 顶点显示下拉列表 长方体标记 ：选择顶点在视图中的显示方式。

※ "反选"按钮 ：反转顶点的选择，快捷键为Ctrl+I组合键。

※ "轮流选"按钮 ：旋转空间中的选择。

※ "扩展选定对象"按钮 ：通过递增的方式增大选择区域。

※ "隐藏选定对象"按钮 ：隐藏选定的导向头发。

※ "显示隐藏对象"按钮 ：显示任何隐藏的导向头发。

（3）设计

※ "发梳"按钮 ：在该模式下，可以通过拖曳光标来梳理毛发。

※ "剪头发"按钮 ：在该模式下可以修剪导向头发。

※ "选择"按钮 ：单击该按钮可以进入选择模式。

※ 距离褪光：启用该选项时，刷动效果将朝着画刷的边缘产生褪光现象，从而产生柔和的边缘效果（只适用于"发梳"模式）。

※ 忽略背面头发：启用该选项时，背面的头发将不受画刷的影响（适用于"发梳"和"剪头发"模式）。

※ 画刷大小滑块 ：通过拖曳滑块来调整画刷的大小。另外，按住Shift+Ctrl组合键在视图中拖曳光标也可以更改画刷大小。

※ "平移"按钮 ：按照光标的移动方向来移动选定的顶点。

※ "站立"按钮 ：在曲面的垂直方向制作站立效果。

※ "蓬松发根"按钮 ：在曲面的垂直方向制作蓬松效果。

※ "丛"按钮 ：强制选定的导向之间相互更加靠近（向左拖曳光标）或更加分散（向右拖曳光标）。

※ "旋转"按钮 ：以光标位置为中心（位于发梳中心）来旋转导向毛发的顶点。

※ "比例"按钮 ：放大（向右拖动鼠标）或缩小（向左拖动鼠标）选定的导向。

（4）实用程序

"衰减"按钮 ：根据底层多边形的曲面面积来缩放选定的导向。这一工具比较实用，例如，将毛发应用到动物模型上时，毛发较短的区域多边形通常也较小。

"选定弹出"按钮 ：沿曲面的法线方向弹出选定的头发。

"弹出大小为零"按钮 ：与"选定弹出"类似，但只能对长度为0的头发进行编辑。

"重疏"按钮 ：使用引导线对毛发进行梳理。

"重置剩余"按钮 ：在曲面上重新分布毛发的数量，以得到较为均匀的结果。

"切换碰撞"按钮 ：如果激活该按钮，设计发型时将考虑头发的碰撞。

"切换Hair"按钮 ：切换头发在视图中的显示方式，但是不会影响头发导向的显示。

"锁定"按钮 ：将选定的顶点相对于最近曲面的方向和距离锁定。锁定的顶点可以选择但不能移动。

"解除锁定"按钮 ：解除对所有导向头发的锁定。

"撤销"按钮 ：撤销最近的操作。

（5）毛发组

"拆分选定头发组"按钮 ：将选定的导向拆分为一个组。

"合并选定头发组"按钮 ：重新合并选定的导向。

4.常规参数

展开"常规参数"卷展栏，如图11-18所示。

图11-18

重要参数解析

※ 毛发数量：设置生成的毛发总数，如图11-19所示是"毛发数量"分别为1000和9000时的效果对比。

※ 毛发段：设置每根毛发的段数。段数越多，毛发越自然，但是生成的网格对象就越大（对于非常直的直发，可将"毛发段"设置为1），如图11-20所示是"毛发段"为5和60时的效果对比。

※ 毛发过程数：设置毛发的透明度，取值范围为1~20，如图11-121所示是"毛发过程数"为1和4时的效果对比。

※ 密度：设置头发的整体密度。

※ 比例：设置头发的整体缩放比例。

※ 剪切长度：设置将整体的头发长度进行缩放的比例。

※ 随机比例：设置在渲染头发时的随机比例。

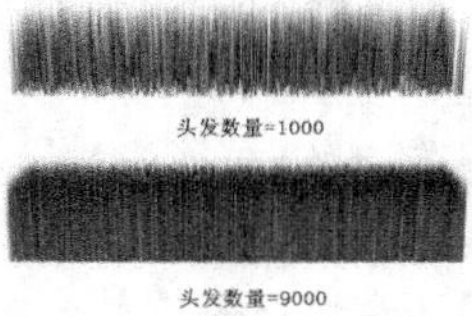

头发数量=1000

头发数量=9000

图11-19

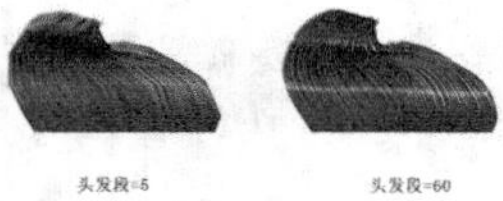

头发段=5

头发段=60

图11-20

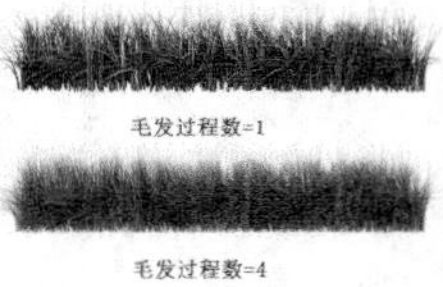

毛发过程数=1

毛发过程数=4

图11-21

※ 根厚度：设置发根的厚度。

※ 梢厚度：设置发梢的厚度。

※ 置换：设置头发从根到生长对象曲面的置换量。

※ 插值：开启该选项后，头发生长将插入到导向头发之间。

5.材质参数

展开"材质参数"卷展栏，如图11-22所示。

图11-22

重要参数解析

※ 阻挡环境光：在照明模型时，控制环境光或漫反射对模型影响的偏差，如图11-23和图11-24所示是"阻挡环境光"分别为0和100时的毛发效果。

※ 发梢褪光：开启该选项后，毛发将朝向梢部而产生淡出到透明的效果。该选项只适用于mental ray渲染器。

※ 梢/根颜色：设置距离生长对象曲面最远或最近的毛发梢部/根部的颜色，如图11-25所示是"梢颜色"为红色、"根颜色"为蓝色时的毛发效果。

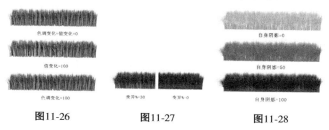

图11-23　　图11-24　　图11-25

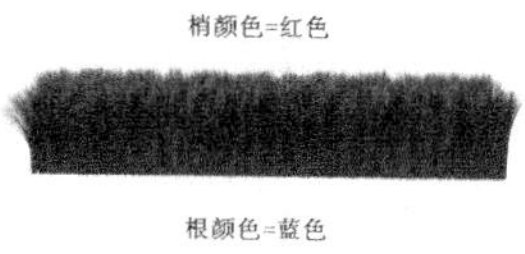

※ 色调/值变化：设置头发颜色或亮度的变化量，如图11-26所示是不同"色调变化"和"值变化"的毛发效果。

※ 变异颜色：设置变异毛发的颜色。

※ 变异%：设置接受"变异颜色"的毛发的百分比，如图11-27所示是"变异%"为30和0时的效果对比。

※ 高光：设置在毛发上高亮显示的亮度。

※ 光泽度：设置在毛发上高亮显示的相对大小。

※ 高光反射染色：设置反射高光的颜色。

※ 自身阴影：设置毛发自身阴影的大小，如图11-28所示"自身阴影"分别为0、50和100时的效果对比。

图11-26　　　　图11-27　　　　图11-28

※ 几何体阴影：设置头发从场景中的几何体接收到的阴影的量。

※ 几何体材质ID：在渲染几何体时设置头发的材质ID。

6.mr参数

展开"mr参数"卷展栏，如图11-29所示。

重要参数解析

※ 应用mr明暗器：开启该选项后，可以应用mental ray的明暗器来生成头发。

※ None（无）按钮　　None　　：单击该按钮可以在弹出的"材质/贴图浏览器"对话框中指定明暗器。

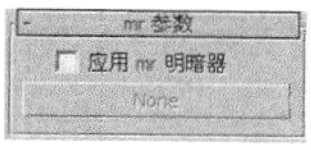

图11-29

7.卷发参数

展开"卷发参数"卷展栏，如图11-30所示。

重要参数解析

※ 卷发根：设置头发在其根部的置换量。

※ 卷发梢：设置头发在其梢部的置换量。

※ 卷发X/Y/Z频率：控制在3个轴中的卷发频率。

※ 卷发动画：设置波浪运动的幅度。

※ 动画速度：设置动画噪波场通过空间时的速度。

※ 卷发动画方向：设置卷发动画的方向向量。

图11-30

8.纽结参数

展开"纽结参数"卷展栏，如图11-31所示。

重要参数解析

※ 纽结根/梢：设置毛发在其根部/梢部的扭结置换量。

※ 纽结X/Y/Z频率：设置在3个轴中的扭结频率。

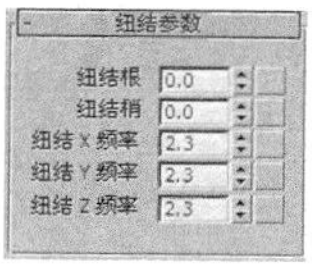

图11-31

9.多股参数

展开"多股参数"卷展栏，如图11-32所示。

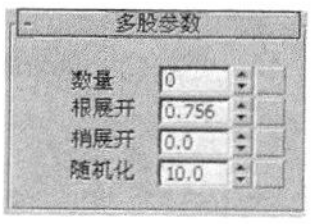

图11-32

重要参数解析

※ 数量：设置每个聚集块的头发数量。

※ 根展开：设置为根部聚集块中的每根毛发提供的随机补偿量。

※ 梢展开：设置为梢部聚集块中的每根毛发提供的随机补偿量。

※ 随机：设置随机处理聚集块中的每根毛发的长度。

10.动力学

展开"动力学"卷展栏，如图11-33所示。

重要参数解析

※ 模式：选择毛发用于生成动力学效果的方法，有"无""现场"和"预计算"3个选项可供选择。

※ 起始：设置在计算模拟时要考虑的第1帧。

※ 结束：设置在计算模拟时要考虑的最后1帧。

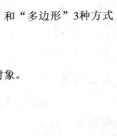

图11-33

※ "运行"按钮 运行 ：单击该按钮可以进入模拟状态，并在"起始"和"结束"指定的帧范围内生成起始文件。

※ 重力：设置在全局空间中垂直移动毛发的力。

※ 刚度：设置动力学效果的强弱。

※ 根控制：在动力学演算时，该参数只影响头发的根部。

※ 衰减：设置动态头发承载前进到下一帧的速度。

※ 碰撞：选择毛发在动态模拟期间碰撞的对象和计算碰撞的方式，共有"无""球体"和"多边形"3种方式可供选择。

※ 使用生长对象：开启该选项后，头发和生长对象将发生碰撞。

※ "添加"按钮 添加 /"更换"按钮 更换 /"删除"按钮 删除 ：在列表中添加/更换/删除对象。

11.显示

展开"显示"卷展栏，如图11-34所示。

※ 显示导向：开启该选项后，头发在视图中会使用颜色样本中的颜色来显示导向。

※ 导向颜色：设置导向所采用的颜色。

※ 显示毛发：开启该选项后，生长毛发的物体在视图中会显示出毛发。

※ 覆盖：关闭该选项后，3ds Max会使用与渲染颜色相近的颜色来显示毛发。

※ 百分比：设置在视图中显示的全部毛发的百分比。

图11-34

※ 最大头发数：设置在视图中显示的最大毛发数量。

※ 作为几何体：开启该选项后，毛发在视图中将显示为要渲染的实际几何体，而不是默认的线条。

11.2.3 VRay毛发

VRay毛发是VRay渲染器自带的一种毛发制作工具，经常用来制作地毯、草地和毛制品等，如图11-35所示。

加载VRay渲染器后，随意创建一个物体，然后设置几何体类型为VRay，接着单击"VRay毛发"按钮 VR-毛发 ，就可以为选中的对象创建VRay毛发，如图11-36所示。

VRay毛发的参数只有3个卷展栏，分别是"参数""贴图"和"视口显示"卷展栏，如图11-37所示。

 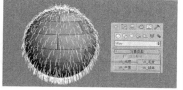

图11-35　　　　　　　　　　图11-36　　　　　　　图11-37

1.参数

展开"参数"卷展栏，如图11-38所示。

重要参数解析

（1）源对象

图11-38

※　源对象：指定需要添加毛发的物体。

※　长度：设置毛发的长度。

※　厚度：设置毛发的厚度。

※　重力：控制毛发在z轴方向被下拉的力度，也就是通常所说的"重量"。

※　弯曲度：设置毛发的弯曲程度。

※　锥度：用来控制毛发锥化的程度。

（2）几何体细节

※　边数：当前这个参数还不可用，在以后的版本中将开发多边形的毛发。

※　节数：用来控制毛发弯曲时的光滑程度。值越大，表示段数越多，弯曲的毛发越光滑。

※　平面法线：这个选项用来控制毛发的呈现方式。当勾选该选项时，毛发将以平面方式呈现；当关闭该选项时，毛发将以圆柱体方式呈现。

（3）变量

※　方向变化：控制毛发在方向上的随机变化。值越大，表示变化越强烈；0表示不变化。

※　长度变化：控制毛发长度的随机变化。1表示变化越强烈；0表示不变化。

※　厚度变化：控制毛发粗细的随机变化。1表示变化越强烈；0表示不变化。

※　重力变化：控制毛发受重力影响的随机变化。1表示变化越强烈；0表示不变化。

（4）分配

※　每个面：用来控制每个面产生的毛发数量，因为物体的每个面都不是均匀的，所以渲染出来的毛发也不均匀。

※　每区域：用来控制每单位面积中的毛发数量，这种方式下渲染出来的毛发比较均匀。

※　参照帧：指定源物体获取到计算面大小的帧，获取的数据将贯穿整个动画过程。

（5）布局

※　整个对象：启用该选项后，全部的面都将产生毛发。

※　被选择的面：启用该选项后，只有被选择的面才能产生毛发。

※　材质ID：启用该选项后，只有指定了材质ID的面才能产生毛发。

（6）贴图

※　产生世界坐标：所有的UVW贴图坐标都是从基础物体中获取，但该选项的W坐标可以修改毛发的偏移量。

※　通道：指定在W坐标上将被修改的通道。

2.贴图

展开"贴图"卷展栏，如图11-39所示。

重要参数解析

※ 基本贴图通道：选择贴图的通道。

※ 弯曲方向贴图（RGB）：用彩色贴图来控制毛发的弯曲方向。

※ 初始方向贴图（RGB）：用彩色贴图来控制毛发根部的生长方向。

※ 长度贴图（单色）：用灰度贴图来控制毛发的长度。

※ 厚度贴图（单色）：用灰度贴图来控制毛发的粗细。

※ 重力贴图（单色）：用灰度贴图来控制毛发受重力的影响。

※ 弯曲贴图（单色）：用灰度贴图来控制毛发的弯曲程度。

※ 密度贴图（单色）：用灰度贴图来控制毛发的生长密度。

图11-39

3.视口显示

展开"视口显示"卷展栏，如图11-40所示。

图11-40

重要参数解析

※ 视口预览：当勾选该选项时，可以在视图中预览毛发的生长情况。

※ 最大毛发数：数值越大，就可以更加清楚地观察毛发的生长情况。

※ 显示图标及文字：勾选该选项后，可以在视图中显示VRay毛发的图标和文字，如图11-41所示。

※ 自动更新：勾选该选项后，当改变毛发参数时，3ds Max会在视图中自动更新毛发的显示情况。

※ "手动更新"按钮 手动更新 ：单击该按钮可以手动更新毛发在视图中的显示情况。

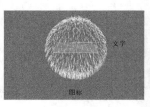

图11-41

课堂练习——制作毛巾

实例文件	案例文件>第11章>课堂练习——制作毛巾>课堂练习——制作毛巾.max
视频教学	多媒体教学>第11章>课堂练习——制作毛巾.flv
难易指数	★★☆☆☆
练习目标	练习VRay毛发的制作方法，案例效果如图11-42所示

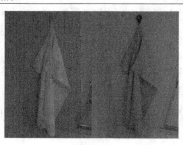

图11-42

课后习题——制作刷子

实例文件	案例文件>第11章>课后习题——制作刷子>课后习题——制作刷子.max
视频教学	多媒体教学>第11章>课后习题——制作刷子.flv
难易指数	★★☆☆☆
练习目标	练习Hair和Fur（WSM）（头发和毛发（WSM））修改器的用法，案例效果如图11-43所示

图11-43

第12章

动画技术

本章将介绍3ds Max 2012的动画技术，包含基础动画和高级动画两大部分。其中重点介绍基础动画中的关键帧动画、约束动画和变形动画。

课堂学习目标

掌握关键帧动画的制作方法

掌握约束动画的制作方法

掌握变形动画的制作方法

了解骨骼与蒙皮的运用

12.1 动画概述

动画是一门综合艺术,是工业社会人类寻求精神解脱的产物,它是集合了绘画、漫画、电影、数字媒体、摄影、音乐、文学等众多艺术门类于一身的艺术表现形式,将多张连续的单帧画面连在一起就形成了动画,如图12-1所示。

3ds Max 2012作为世界上最为优秀的三维软件之一,为用户提供了一套非常强大的动画系统,包括基本动画系统和骨骼动画系统。无论采用哪种方法制作动画,都需要动画师对角色或物体的运动有着细致的观察和深刻的体会,抓住了运动的"灵魂"才能制作出生动逼真的动画作品,如图12-2所示是一些非常优秀的动画作品。

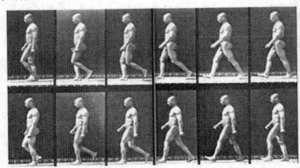

图12-1   图12-2

12.2 基础动画

本节介绍制作动画的相关工具、"轨迹视图-曲线编辑器"、约束和变形器的用法。掌握好了这些基础工具的用法,可以制作出一些简单动画。

本节内容介绍

名称	作用	重要程度
动画制作工具	了解各个动画制作工具的用法	高
曲线编辑器	快速地调节曲线来控制物体的运动状态	中
约束	将事物的变化限制在一个特定的范围内	中
变形器修改器	用来改变网格、面片和NURBS模型的形状,同时还支持材质变形	中

12.2.1 课堂案例——制作钟表动画

🐾 课堂案例
制作钟表动画

案例位置	案例文件>第12章>课堂案例——制作钟表动画>课堂案例——制作钟表动画.max
视频位置	多媒体教学>第12章>课堂案例——制作钟表动画.flv
难易指数	★★☆☆☆
学习目标	学习自动关键点动画的制作方法,案例效果如图12-3所示

图12-3

① 打开本书配套资源中的"案例文件>第12章>课堂案例——制作钟表动画>场景.max"文件，如图12-4所示。

② 选择秒针模型，然后单击"自动关键点"按钮 [自动关键点]，接着将时间线滑块拖曳到第100帧，最后使用"选择并旋转"工具 ◯ （修改"参考坐标系"为 [局部 ▼]）沿z轴将秒针旋转-3600°，如图12-5所示。

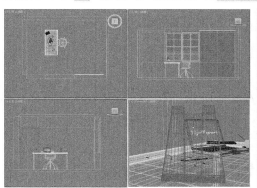

图12-4

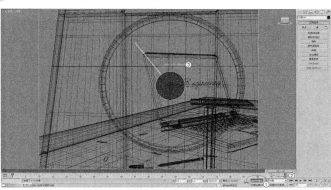

图12-5

③ 采样同样的方法将分针和时针也设置一个旋转动画，然后单击"播放动画"按钮 ▶，效果如图12-6所示。

图12-6

④ 选择动画效果最明显的一些帧，然后按F9键渲染当前帧，最终效果如图12-7所示。

图12-7

12.2.2 动画制作工具

1.关键帧设置

3ds Max的界面的右下角是一些设置动画关键帧的相关工具，如图12-8所示。

图12-8

重要参数解析

※ "自动关键点"按钮 [自动关键点]：单击该按钮或按N键可以自动记录关键帧。在该状态下，物体的模型、材质、灯光和渲染都将被记录为不同属性的动画。启用"自动关键点"功能后，时间尺会变成红色，拖曳时间线滑块可以控制动画的播放范围和关键帧等，如图12-9所示。

图12-9

※ "设置关键点"按钮 设置关键点：激活该按钮后，可以手动设置关键点。

※ 选定对象 选定对象 ：使用"设置关键点"动画模式时，在这里可以快速访问命名选择集和轨迹集。

※ "设置关键点"按钮 ：如果对当前的效果比较满意，可以单击该按钮（快捷键为K键）设置关键点。

※ "关键点过滤器"按钮 关键点过滤器... ：单击该按钮可以打开"设置关键点过滤器"对话框，在该对话框中可以选择要设置关键点的轨迹，如图12-10所示。

图12-10

2.播放控制器

在关键帧设置工具的旁边是一些控制动画播放的相关工具，如图12-11所示。

重要参数解析

图12-11

※ "转至开头"按钮 ：如果当前时间线滑块没有处于第0帧位置，那么单击该按钮可以跳转到第0帧。

※ "上一帧"按钮 ：将当前时间线滑块向前移动一帧。

※ "播放动画"按钮 /"播放选定对象"按钮 ：单击"播放动画"按钮 可以播放整个场景中的所有动画；单击"播放选定对象"按钮 可以播放选定对象的动画，而未选定的对象将静止不动。

※ "下一帧"按钮 ：将当前时间线滑块向后移动一帧。

※ "转至结尾"按钮 ：如果当前时间线滑块没有处于结束帧位置，那么单击该按钮可以跳转到最后一帧。

※ "关键点模式切换"按钮 ：单击该按钮可以切换到关键点设置模式。

※ 时间跳转输入框 ：在这里可以输入数字来跳转时间线滑块，比如输入60，按Enter键就可以将时间线滑块跳转到第60帧。

※ 时间配置 ：单击该按钮可以打开"时间配置"对话框。该对话框中的参数将在下面的内容中进行讲解。

3.时间配置

单击"时间配置"按钮 ，打开"时间配置"对话框，如图12-12所示。

重要参数解析

（1）帧速率

※ 帧速率：共有NTSC（30帧/秒）、PAL（25帧/秒）、Film（电影24帧/秒）和"自定义"4种方式可供选择，但一般情况都采用PAL（25帧/秒）方式。

※ FPS（每秒帧数）：采用每秒帧数来设置动画的帧速率。视频使用30FPS的帧速率、电影使用24 FPS的帧速率，而Web和媒体动画则使用更低的帧速率。

（2）时间显示

※ 帧/SMPTE/帧:TICK/分:秒:TICK：指定在时间线滑块及整个3ds Max中显示时间的方法。

（3）播放

※ 实时：使视图中播放的动画与当前"帧速率"的设置保持一致。

※ 仅活动视口：使播放操作只在活动视口中进行。

※ 循环：控制动画只播放一次或者循环播放。

※ 速度：选择动画的播放速度。

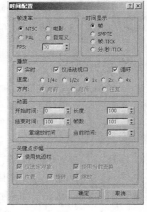

图12-12

※ 方向：选择动画的播放方向。

（4）动画

※ 开始时间/结束时间：设置在时间线滑块中显示的活动时间段。

※ 长度：设置显示活动时间段的帧数。

※ 帧数：设置要渲染的帧数。

※ "重缩放时间"按钮 重缩放时间 ：拉伸或收缩活动时间段内的动画，以匹配指定的新时间段。

※ 当前时间：指定时间线滑块的当前帧。

（5）关键点步幅

※ 使用轨迹栏：启用该选项后，可以使关键点模式遵循轨迹栏中的所有关键点。

※ 仅选定对象：在使用"关键点步幅"模式时，该选项仅考虑选定对象的变换。

※ 使用当前变换：禁用"位置""旋转""缩放"选项时，该选项可以在关键点模式中使用当前变换。

※ 位置/旋转/缩放：指定关键点模式所使用的变换模式。

12.2.3 曲线编辑器

"曲线编辑器"是制作动画时经常使用到的一个编辑器。使用"曲线编辑器"可以快速地调节曲线来控制物体的运动状态。单击"主工具栏"中的"曲线编辑器（打开）"按钮 ，打开"轨迹视图-曲线编辑器"对话框，如图12-13所示。

为物体设置动画属性以后，在"轨迹视图-曲线编辑器"对话框中就会有与之相对应的曲线，如图12-14所示。

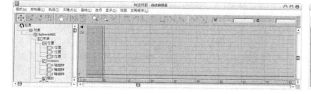

图12-13

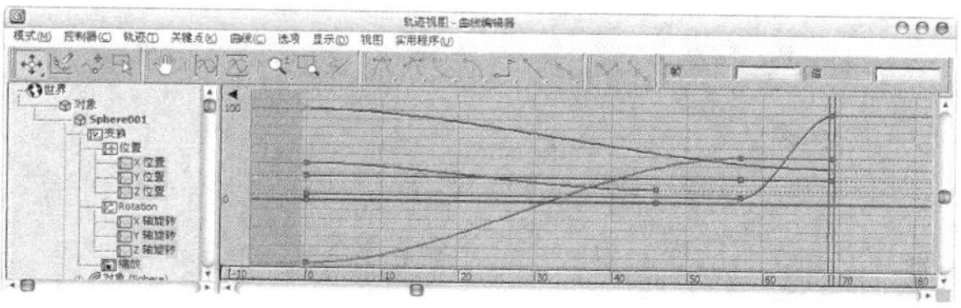

图12-14

在"轨迹视图-曲线编辑器"对话框中，x轴默认使用红色曲线来表示、y轴默认使用绿色曲线来表示，z轴默认使用紫色曲线来表示，这3条曲线与坐标轴的3条轴线的颜色相同，如图12-15所示的x轴曲线为水平直线，这代表物体在x轴上未发生移动。

图12-16中的y轴曲线为抛物线形状，代表物体在y轴方向上正处于加速运动状态。

图12-15

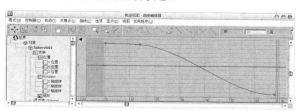

图12-16

图12-17中的z轴曲线为倾斜的均匀曲线，代表物体在z轴方向上处于匀速运动状态。

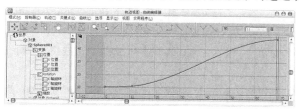

图12-17

下面讲解"轨迹视图-曲线编辑器"对话框中的相关工具。

1.关键点工具

"关键点:轨迹视图"工具栏中的工具主要用来调整曲线基本形状，同时也可以调整关键帧和添加关键点，如图12-18所示。

重要参数解析

图12-18

※ "过滤器"按钮 ：单击该按钮可以打开"过滤器"对话框。

※ "移动关键点"按钮 ／"水平移动关键点"按钮 ／"垂直移动关键点"按钮 ：在函数曲线图上任意、水平或垂直移动关键点。

※ "滑动关键点"按钮 ：使用该工具可以移动一组关键点，并且可以根据移动情况来滑动相邻的关键点。

※ "缩放关键点"按钮 ：在两个关键点之间压缩或扩大时间量。

※ "缩放值"按钮 ：根据一定的比例增加或减小关键点的值，而不是在时间线上移动关键点。

※ "添加关键点"按钮 ：在函数曲线图或"摄影表"中的曲线上创建关键点。

※ "绘制曲线"按钮 ：使用该工具可以绘制新的曲线。

※ "减少关键点"按钮 ：使用该工具可以减少轨迹中的关键点总数。

技巧与提示

设置关键点的常用方法主要有以下两种。

第1种：自动设置关键点。当开启"自动关键点"功能后，就可以通过定位当前帧的位置来记录下动画。比如在图12-19中有一个球体，并且当前时间线滑块处于第0帧位置。将时间线滑块拖曳到第10帧位置，然后移动球体的位置，这时系统会在第0帧和第10帧自动记录下动画信息，如图12-20所示，此时单击"播放动画"按钮 或拖曳时间线滑块就可以观察到球体的位移动画。

第2种：手动设置关键点。单击"设置关键点"按钮 设置关键点 ，开启"设置关键点"功能，然后将时间线滑块拖曳到第20帧，接着移动球体的位置，最后单击"设置关键点"按钮 即可，如图12-21所示。

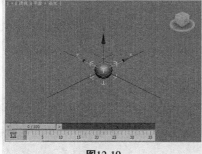

图12-19

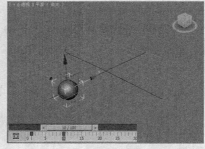

图12-20

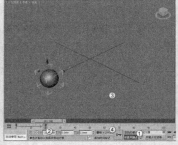

图12-21

2.关键点切线工具

"关键点切线:轨迹视图"工具栏中的工具主要用来调整曲线的切线，如图12-22所示。

重要参数解析

图12-22

※ "将切线设置为自动"按钮 ：选择关键点后，单击该按钮可以切换为自动切线。

※ "将切线设置为自定义"按钮 ：将关键点设置为自定义切线。

※ "将切线设置为快速"按钮 ：将关键点切线设置为快速内切线或快速外切线，也可以设置为快速内切线兼快速外切线。

※ "将切线设置为慢速"按钮 ：将关键点切线设置为慢速内切线或慢速外切线，也可以设置为慢速内切线兼慢速外切线。

※ "将切线设置为阶跃"按钮　：将关键点切线设置为阶跃内切线或阶跃外切线，也可以设置为阶跃内切线兼阶跃外切线。

※ "将切线设置为线性"按钮　：将关键点切线设置为线性内切线或线性外切线，也可以设置为线性内切线兼线性外切线。

※ "将切线设置为平滑"按钮　：将关键点切线设置为平滑切线。

3.曲线工具

"曲线:轨迹视图"工具栏中的工具主要用来调整曲线的基本情况与显示状态，如图12-23所示。

图12-23

重要参数解析

※ "锁定当前选择"按钮　：锁定选中的关键点，这样可以编辑其他关键点。

※ "捕捉帧"按钮　：将关键点移动到限制的帧中。

※ "参数曲线超出范围类型"按钮　：重复移动关键点范围之外的关键点。

※ "显示可设置关键点的图标"按钮　：显示可以设置的关键点。

※ "显示所有切线"按钮　：在曲线上隐藏或显示所有的切线控制柄。

※ "显示切线"按钮　：在曲线上隐藏或显示切线的控制柄。

※ "锁定切线"按钮　：锁定选中的多个切线控制柄，锁定后可以一次性操作多个控制柄。

12.2.4 约束

所谓"约束"，就是将事物的变化限制在一个特定的范围内。将两个或多个对象绑定在一起后，使用"动画>约束"菜单下的子命令可以控制对象的位置、旋转或缩放。执行"动画>约束"菜单命令，可以观察到"约束"命令包含7个子命令，分别是"附着约束""曲面约束""路径约束""位置约束""链接约束""注视约束"和"方向约束"，如图12-24所示。

重要参数解析

※ 附着约束：将对象的位置附到另一个对象的面上。

※ 曲面约束：沿着另一个对象的曲面来限制对象的位置。

※ 路径约束：沿着路径来约束对象的移动效果。

※ 位置约束：使受约束的对象跟随另一个对象的位置。

※ 链接约束：将一个对象中的受约束对象链接到另一个对象上。

※ 注视约束：约束对象的方向，使其始终注视另一个对象。

※ 方向约束：使受约束的对象旋转跟随另一个对象的旋转效果。

图12-24

12.2.5 变形器修改器

"变形器"修改器可以用来改变网格、面片和NURBS模型的形状，同时还支持材质变形，一般用于制作3D角色的口型动画和与其同步的面部表情动画。

在场景中任意创建一个对象，然后进入"修改"面板，接着为其加载一个"变形器"修改器，其参数设置面板如图12-25所示。

重要参数解析

※ 标记下拉列表　：在该列表中可以选择以前保存的标记，或者在文本框中输入新名称来创建新标记。

※ "保存标记"按钮　：在文本框中输入新的标记名称后，单击该按钮可以存储标记。

※ "删除标记"按钮　：在标记下拉列表中选择标记后，单击该按钮可以将其删除。

※ 列出范围：显示通道列表中的可见通道的范围。

※ "加载多个目标"按钮 加载多个目标... ：用于将多个变形目标加载到空的通道中。

※ "重新加载所有变形目标"按钮 重新加载所有变形目标 ：重新加载所有变形目标。

※ "活动通道值清零"按钮 活动通道值清零 ：如果已经开启了"自动关键点"功能，单击该按钮可以为所有活动变形通道创建值为0的关键点。

※ 自动重新加载目标：启用该选项后，允许"变形器"修改器自动更新动画目标。

※ "从场景中拾取对象"按钮 从场景中拾取对象 ：使用该按钮可以在视图中拾取一个对象，然后可以将变形目标指定给当前通道。

※ "捕获当前状态"按钮 捕获当前状态 ：选择一个空的通道后可以激活该按钮。

※ "删除"按钮 删除 ：删除当前通道的指定目标。

※ "提取"按钮 提取 ：选择蓝色通道后，单击该按钮可以使用变形数据来创建对象。

※ 使用限制：如果在"全局参数"卷展栏下禁用了"使用限制"选项，那么该选项可以在当前通道上使用限制。

※ 最小/最大值：设置限制的最小/最大数值。

图12-25

※ "使用顶点选择"按钮 使用顶点选择 ：仅变形当前通道上的选定顶点。

※ 目标列表：列出与当前通道关联的所有中间变形目标。

※ "上移"按钮 ↑ / "下移"按钮 ↓ ：在列表中向上/下移动选定的中间变形目标。

※ 目标%：指定选定的中间变形目标在整个变形解决方案中所占的百分比。

※ 张力：设置选定的中间变形目标之间的顶点在变换时的整体线性张力。

12.3 高级动画

动物的身体是由骨骼、肌肉和皮肤组成的。从功能上看，骨骼主要用来支撑动物的躯体，它本身不产生运动。动物的运动实际上是由肌肉来控制的，在肌肉的带动下，筋腱拉动骨骼沿着各个关节来产生转动或在某个局部发生移动，从而表现出整个形体上的运动效果，如图12-26所示。

图12-26

本节内容介绍

名称	作用	重要程度
骨骼	控制角色的运动效果	高
Biped	创建出的骨骼与真实的人体骨骼基本一致，可以快速地制作出人物动画	高
蒙皮	让骨骼带动角色的形体发生变化	高

12.3.1 课堂案例——创建线性IK

课堂案例

创建线性IK

案例位置	案例文件>第12章>课堂案例——创建线性IK>课堂案例——创建线性IK.max
视频位置	多媒体教学>第12章>课堂案例——创建线性IK.flv
难易指数	★★☆☆☆
学习目标	学习使用"骨骼"工具和解算器创建线性IK，案例效果如图12-27所示

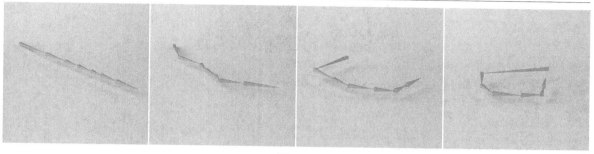

图12-27

01 在"创建"面板中单击"系统"按钮 ，然后设置系统类型为"标准"，接着单击"骨骼"按钮 ，最后在视图中创建出如图12-28所示的骨骼。

02 执行"动画/IK解算器/ HI解算器"菜单命令，此时在视图中会出现一条虚线，将光标放置在骨骼的末端并单击鼠标左键，将骨骼的始端和末端链接起来，如图12-29所示，完成后的效果如图12-30所示。

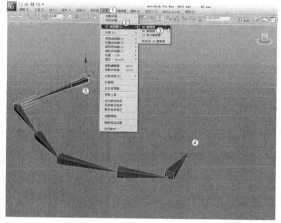

图12-28

图12-29

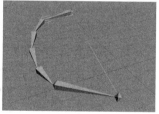

图12-30

技巧与提示

链接成功后，虚线会变成一条实线，如图12-31所示。

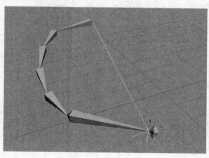

图12-31

⑩ 使用"选择并移动"工具 ✛ 移动解算器，可以调节出各种各样的骨骼效果，如图12-32所示。

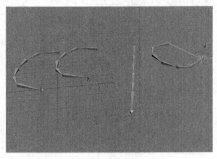

图12-32

⑩ 对不同的骨骼样式进行渲染，最终效果如图12-33所示。

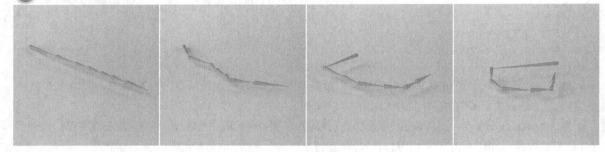

图12-33

12.3.2 骨骼

3ds Max 2012提供了一套非常优秀的动画控制系统——骨骼。利用骨骼，可以控制角色的运动效果。

1.创建骨骼

在3ds Max 2012中，创建骨骼的方法主要有以下两种。

第1种：执行"动画>骨骼工具"菜单命令，打开"骨骼工具"对话框，然后单击"创建骨骼"按钮 ▭创建骨骼▭，接着在视图中拖曳光标即可创建一段骨骼，再次拖曳光标即可继续创建骨骼，如图12-34所示。

第2种：在"创建"面板中单击"系统"按钮 ▨，设置系统类型为"标准"，然后单击"骨骼"按钮 ▭骨骼▭，接着在视图中拖曳光标即可创建一段骨骼，再次拖曳光标即可继续创建骨骼，如图12-35所示。

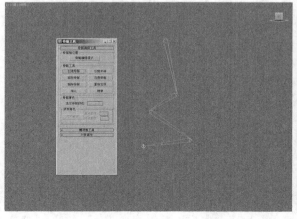

图12-34

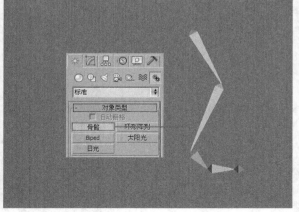

图12-35

2.线性IK

线性IK使用位置约束控制器将IK链约束到一条曲线上，使其能够在曲线节点的控制下在上、下、左、右进行扭动，以此来模拟软体动物的运动效果。

在创建骨骼时，如果在"IK链指定"卷展栏下勾选了"指定给子对象"选项，那么创建出来的骨骼会出现一条IK链，如图12-36所示。

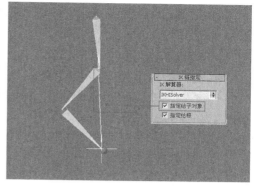

图12-36

3.父子骨骼

创建好多个骨骼节点后，单击"主工具栏"中的"按名称选择"按钮，在弹出的对话框中可以观察到骨骼节点之间的父子关系，其关系是Bone001>Bone002>Bone003>Bone004，如图12-37所示。

图12-37

技巧与提示

选择骨骼Bone003，然后使用"选择并移动"工具拖曳该骨骼节点，可以观察到Bone004会随着Bone03一起移动，而Bone01和Bone02不会跟随Bone03移动，这就很好地体现了骨骼节点之间的父子关系，如图12-38所示。

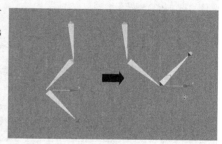

图12-38

4.添加骨骼

在创建完骨骼后，还可以继续添加骨骼节点，将光标放置在骨骼节点的末端，当光标变成十字形时单击并拖曳光标即可继续添加骨骼，如图12-39所示。

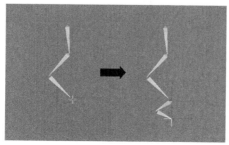

图12-39

5.骨骼参数

选择创建的骨骼，然后进入"修改"面板，其参数设置面板如图12-40所示。

重要参数解析

（1）骨骼对象

※ 宽度/高度：设置骨骼的宽度和高度。

※ 锥化：调整骨骼形状的锥化程度。如果设置数值为0，生成的骨骼形状为长方体形状。

（2）骨骼鳍

※ 侧鳍：在所创建的骨骼的侧面添加一组鳍。

※ 大小：设置鳍的大小。

※ 始端/末端锥化：设置鳍的始端和末端的锥化程度。

※ 前鳍：在所创建的骨骼的前端添加一组鳍。

※ 后鳍：在所创建的骨骼的后端添加一组鳍。

※ 生成贴图坐标：由于骨骼是可渲染的，启用该选项后可以对其使用贴图坐标。

图12-40

技巧与提示

如果需要修改骨骼，可以执行"动画/骨骼工具"菜单命令，然后在弹出的"骨骼工具"对话框中调整骨骼的参数，如图12-41所示。

图12-41

12.3.3　Biped

3ds Max 2012还为用户提供了一套非常方便的人体骨骼工具——Biped。使用Biped工具创建出的骨骼与真实的人体骨骼基本一致，因此使用该工具可以快速地制作出人物动画，同时还可以通过修改Biped的参数来制作出其他生物。

在"创建"面板中单击"系统"按钮 ，然后设置系统类型为"标准"，接着单击Biped按钮 Biped ，最后在场景中拖曳光标创建一个Biped，如图12-42所示。

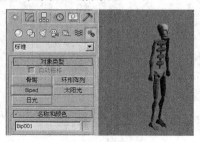

图12-42

技巧与提示

单击Biped按钮 Biped 后，在"创建"面板下会弹出Biped的创建参数设置面板，如图12-43所示。

这些参数比较容易理解，主要用来控制骨骼的数量和形态。比如默认的"手指"和"手指链接"都为1，但是人体一只手掌的手指数为5，手指链接数为3，所以在创建手掌时就需要设置"手指"为5、"手指链接"为3，如图12-44所示。

Biped还可以拥有尾巴，将"尾部链接"设置为6，然后使用"选择并旋转"工具 旋转骨骼的关节部分，使Biped产生弯曲效果，这样看起来就像其他生物，如图12-45所示。

如果勾选"指节"选项，会出现人体真实的手部骨骼关节，如图12-46所示。

图12-43

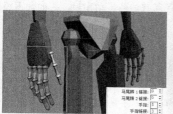

图12-44

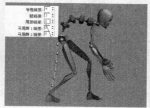

图12-45

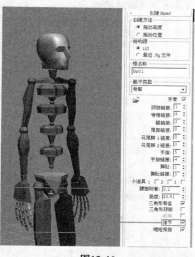

图12-46

创建出Biped后，在"运动"面板中可以修改Biped的效果，如图12-47所示。

重要参数解析

※ "体形模式"按钮 ：用于更改两足动物的骨骼结构，并使两足动物与网格对齐。单击"形体模式"按钮 ，其参数设置面板如图12-48所示。

* "躯干水平"按钮 ↔：选择质心后可以编辑两足动物的水平运动效果。

* "躯干垂直"按钮 ↕：选择质心后可以编辑两足动物的垂直运动效果。

* "躯干旋转"按钮 ↻：选择质心后可以编辑两足动物的旋转运动效果。

* "锁定COM关键点"按钮 ：激活该按钮后，可以同时选择多个COM轨迹。

* "对称"按钮 ：选择两足动物另一侧的匹配对象。

* "相反"按钮 ：选择两足动物另一侧的匹配对象，并取消当前选择对象。

※ "足迹模式"按钮 ：用于创建和编辑足迹动画。单击"足迹模式"按钮 ，其参数设置面板如图12-49所示。

* "创建足迹（附加）"按钮 ：单击该按钮可启用"创建足迹"模式。

* "创建足迹（在当前帧上）"按钮 ：在当前帧中创建足迹。

* "创建多个足迹"按钮 ：自动创建行走、跑动或跳跃的足迹图标。

* "行走"按钮 ：将两足动物的步态设为行走。

* "跑动"按钮 ：将两足动物的步态设为跑动。

* "跳跃"按钮 ：将两足动物的步态设为跳跃。

* 行走足迹：指定在行走期间新足迹着地时的帧数（仅用于"行走"模式，当切换为"跑动"或"跳跃"模式

图12-47

图12-48

图12-49

时，该参数会进行相应地调整）。

    ＊ 双脚支撑：指定在行走期间双脚都着地时的帧数（仅用于"行走"模式，当切换为"跑动"或"跳跃"模式时，该参数会进行相应地调整）。

    ＊ "为非活动足迹创建关键点"按钮 ：单击该按钮可一激活所有的非活动足迹。

    ＊ "取消激活足迹"按钮 ：删除指定给选定足迹的躯干关键点，使这些足迹成为非活动足迹。

    ＊ "删除足迹"按钮 ：删除选定的足迹。

    ＊ "复制足迹"按钮 ：将选定的足迹和两足动物的关键点复制到足迹缓冲区中。

    ＊ "粘贴足迹"按钮 ：将足迹从足迹缓冲区粘贴到场景中。

    ＊ 弯曲：设置所选择的足迹路径的弯曲量。

    ＊ 缩放：设置所选择足迹的缩放比例。

    ＊ 长度：启用该选项后，"缩放"选项会更改所选足迹的步幅长度。

    ＊ 宽度：启用该选项后，"缩放"选项会更改所选足迹的步幅宽度。

    ※ "运动流模式"按钮 ：用于将运动文件集成到较长的动画脚本中。

    ※ "混合器模式"按钮 ：用于查看、保存和加载使用运动混合器创建的动画。

    ※ "Biped播放"按钮 ：仅在"显示首选项"对话框中删除了所有的两足动物后，才能使用该工具播放它们的动画。

    ※ "加载文件"按钮 ：加载bip、fig或stp文件。

    ※ "保存文件"按钮 ：保存Biped文件（.bip）、体形文件（.fig）以及步长文件（.stp）。

    ※ "转换"按钮 ：将足迹动画转换成自由形式的动画。

    ※ "移动所有模式"按钮 ：一起移动和旋转两足动物及其相关动画。

12.3.4 蒙皮

    为角色创建好骨骼后，就需要将角色的模型和骨骼绑定在一起，让骨骼带动角色的形体发生变化，这个过程就称为"蒙皮"。3ds Max 2012提供了两个蒙皮修改器，分别是"蒙皮"修改器和Physique修改器，这里重点讲解"蒙皮"修改器的使用方法。

    创建好角色的模型和骨骼后，选择角色模型，然后为其加载一个"蒙皮"修改器，接着在"参数"卷展栏下单击"编辑封套"按钮 编辑封套 激活其他参数，如图12-50所示。

重要参数解析

    （1）编辑封套

    ※ "编辑封套"按钮 编辑封套 ：激活该按钮可以进入子对象层级，进入子对象层级后可以编辑封套和顶点的权重。

    （2）选择

    ※ 顶点：启用该选项后可以选择顶点，并且可以使用"收缩"工具 收缩 、"扩大"工具 扩大 、"环"工具 环 和"循环"工具 循环 来选择顶点。

    ※ 选择元素：启用该选项后，只要至少选择所选元素的一个顶点，就会选择它的所有顶点。

    ※ 背面消隐顶点：启用该选项后，不能选择指向远离当前视图的顶点（位于几何体的另一侧）。

    ※ 封套：启用该选项后，可以选择封套。

    ※ 横截面：启用该选项后，可以选择横截面。

图12-50

（3）骨骼

※ "添加"按钮 添加 /"移除"按钮 移除 ：使用"添加"工具 添加 可以添加一个或多个骨骼；使用"移除"工具 移除 可以移除选中的骨骼。

（4）横截面

※ "添加"按钮 添加 /"移除"按钮 移除 ：使用"添加"工具 添加 可以添加一个或多个横截面；使用"移除"工具 移除 可以移除选中的横截面。

（5）封套属性

※ 半径：设置封套横截面的半径大小。

※ 挤压：设置所拉伸骨骼的挤压倍增量。

※ "绝对"按钮 A /"相对"按钮 R ：用来切换计算内外封套之间的顶点权重的方式。

※ "封套可见性"按钮 / ：用来控制未选定的封套是否可见。

※ "衰减"按钮 / / / ：为选定的封套选择衰减曲线。

※ "复制"按钮 /"粘贴"按钮 ：使用"复制"工具 可以复制选定封套的大小和图形；使用"粘贴"工具 可以将复制的对象粘贴到所选定的封套上。

（6）权重属性

※ 绝对效果：设置选定骨骼相对于选定顶点的绝对权重。

※ 刚性：启用该选项后，可以使选定顶点仅受一个最具影响力的骨骼的影响。

※ 刚性控制柄：启用该选项后，可以使选定面片顶点的控制柄仅受一个最具影响力的骨骼的影响。

※ 规格化：启用该选项后，可以强制每个选定顶点的总权重合计为1。

※ "排除选定的顶点"按钮 /"包含选定的顶点"按钮 ：将当前选定的顶点排除/添加到当前骨骼的排除列表中。

※ "选定排除的顶点"按钮 ：选择所有从当前骨骼排除的顶点。

※ "烘焙选定顶点"按钮 ：单击该按钮可以烘焙当前的顶点权重。

※ "权重工具"按钮 ：单击该按钮可以打开"权重工具"对话框，如图12-51所示。

※ "权重表"按钮 权重表 ：单击该按钮可以打开"蒙皮权重表"对话框，在该对话框中可以查看和更改骨骼结构中所有骨骼的权重，如图12-52所示。

※ "绘制权重"按钮 绘制权重 ：使用该工具可以绘制选定骨骼的权重。

※ "绘制选项"按钮 ... ：单击该按钮可以打开"绘制选项"对话框，在该对话框中可以设置绘制权重的参数，如图12-53所示。

※ 绘制混合权重：启用该选项后，通过均分相邻顶点的权重，然后可以基于笔刷强度来应用平均权重，这样可以缓和绘制的值。

图12-51   图12-52   图12-53

课堂练习——制作足球位移动画

实例文件	案例文件>第12章>课堂练习——制作足球位移动画>课堂练习——制作足球位移动画.max
视频教学	多媒体教学>第12章>课堂练习——制作足球位移动画.flv
难易指数	★★☆☆☆
练习目标	练习"曲线编辑器"的使用方法，案例效果如图12-54所示

图12-54

课堂练习——制作人体行走动画

实例文件	案例文件>第12章>课堂练习——制作人体行走动画>课堂练习——制作人体行走动画.max
视频教学	多媒体教学>第12章>课堂练习——制作人体行走动画.flv
难易指数	★★☆☆☆
练习目标	练习Biped工具的使用方法，案例效果如图12-55所示

图12-55

课后习题——制作蜻蜓飞舞动画

实例文件	案例文件>第12章>课后习题——制作蜻蜓飞舞动画>课后习题——制作蜻蜓飞舞动画.max
视频教学	多媒体教学>第12章>课后习题——制作蜻蜓飞舞动画.flv
难易指数	★★★☆☆
练习目标	练习自动关键点动画的制作方法，案例效果如图12-56所示

图12-56

课后习题——制作路径约束摄影机动画

实例文件	案例文件>第12章>课后习题——制作路径约束摄影机动画>课后习题——制作路径约束摄影机动画.max
视频教学	多媒体教学>第12章>课后习题——制作路径约束摄影机动画.flv
难易指数	★★☆☆☆
练习目标	练习摄影机路径约束的制作方法，案例效果如图12-57所示

图12-57

第13章

商业案例制作实训

本章将通过1个家装客厅案例、1个家装卧室案例和1个CG案例来学习商业案例的制作方法。

课堂学习目标

掌握家装效果图的制作思路及相关技巧

掌握大型CG场景的制作思路及相关技巧

13.1 商业案例——家装客厅日光效果表现

商业案例

家装客厅日光效果表现

案例位置	案例文件>第13章>商业案例——家装客厅日光效果表现>商业案例——家装客厅日光效果表现.max
视频位置	多媒体教学>第13章>商业案例——家装客厅日光效果表现.flv
难易指数	★★★☆☆
学习目标	本例是一个现代风格的家装客厅空间，白纱窗帘材质、灰色窗帘材质、地板材质、沙发材质制作方法是本例的学习重点，效果如图13-1所示

图13-1

13.1.1 材质制作

本例的场景对象材质主要包括地板材质、沙发材质、电视墙材质、地毯材质、白色塑料材质、白纱窗帘材质、灰色窗帘材质和金属材质，如图13-2所示。

图13-2

1.制作地板材质

地板材质的模拟效果如图13-3所示。

地板材质的基本属性主要有以下两点。

※ 具有一定的反射效果。

※ 具有一定的凹凸效果。

图13-3

⓪1 打开本书配套资源中的"案例文件>第13章>商业案例——家装客厅日光效果表现>场景.max"文件，如图13-4所示。

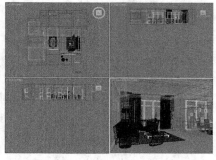

图13-4

02 选择一个空白材质球，然后设置材质类型为VRayMtl材质，具体参数设置如图13-5所示，制作好的材质球效果如图13-6所示。

设置步骤

① 在"漫反射"贴图通道中加载一张本书配套资源中的"案例文件>第13章>商业案例——家装客厅日光效果表现>材质>地板.jpg"文件。

② 在"反射"贴图通道中加载一张"衰减"程序贴图，然后在"衰减参数"卷展栏下设置"衰减类型"为Fresnel，接着设置"侧"通道的颜色为（红:120，绿:120，蓝:120），最后设置"高光光泽度"为0.7、"反射光泽度"为0.92、"细分"为16。

③ 展开"贴图"卷展栏，然后在"凹凸"贴图通道中加载和"漫反射"通道一样的贴图，接着设置凹凸的强度为5。

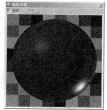

图13-5

图13-6

2.制作沙发材质

沙发材质的模拟效果如图13-7所示。

沙发材质的基本属性主要有以下两点。

※ 带有布纹纹理。

※ 具有一定的凹凸效果。

图13-7

选择一个空白材质球，然后设置材质类型为VRayMtl材质，具体参数设置如图13-8所示，制作好的材质球效果如图13-9所示。

设置步骤

① 在"漫反射"贴图通道中加载一张本书配套资源中的"案例文件>第13章>商业案例——家装客厅日光效果表现>材质>沙发.jpg"文件。

② 展开"贴图"卷展栏，然后在"凹凸"贴图通道中加载一张本书配套资源中的"案例文件>第13章>商业案例——家装客厅日光效果表现>材质>cloth_01.jpg"文件，接着设置凹凸的强度为20。

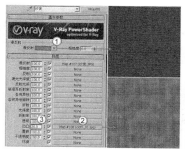

图13-8

图13-9

3.制作电视墙材质

电视墙材质的模拟效果如图13-10所示。

图13-10

选择一个空白材质球，然后设置材质类型为VRayMtl材质，具体参数设置如图13-11所示，制作好的材质球效果如图13-12所示。

设置步骤

① 在"漫反射"贴图通道中加载一张本书配套资源中的"案例文件>第13章>商业案例——家装客厅日光效

果表现>材质>电视墙.jpg"文件。

② 设置"反射"颜色为（红:57，绿:57，蓝:57），然后勾选"菲涅耳反射"选项并单击█按钮，设置"菲涅耳折射率"为2.0，接着设置"高光光泽度"为0.61、"反射光泽度"为0.85、"细分"为10。

③ 展开"贴图"卷展栏，然后在"凹凸"贴图通道中加载一张本书配套资源中的"案例文件>第13章>商业案例——家装客厅日光效果表现>材质>电视墙-凹凸.jpg"文件，接着设置凹凸的强度为30。

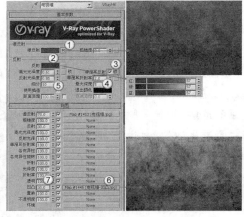

图13-11

图13-12

4.制作地毯材质

地毯材质的模拟效果如图13-13所示。

地毯材质的基本属性主要有以下两点。

※ 具有布纹纹理。

※ 带有较大的凹凸。

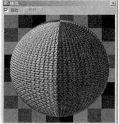

图13-13

选择一个空白材质球，然后设置材质类型为VRayMtl材质，具体参数设置如图13-14所示，制作好的材质球效果如图13-15所示。

设置步骤

① 在"漫反射"贴图通道中加载一张本书配套资源中的"案例文件>第13章>商业案例——家装客厅日光效果表现>材质>1221186022.jpg"文件。

② 展开"贴图"卷展栏，然后在"凹凸"贴图通道中加载一张本书配套资源中的"案例文件>第13章>商业案例——家装客厅日光效果表现>材质>cloth_01.jpg"文件，接着设置凹凸的强度为100。

图13-14

图13-15

5.制作白色塑料材质

白色塑料材质的模拟效果如图13-16所示。

白色塑料材质的基本属性主要有以下两点。

※ 具有衰减效果。

※ 具有较大的高光和模糊反射。

图13-16

选择一个空白材质球，设置材质类型为VRayMtl材质，具体参数设置如图13-17所示，制作好的材质球效果如图13-18所示。

设置步骤

① 设置"漫反射"颜色为（红:254，绿:254，蓝:254）。

② 在"反射"贴图通道中加载一张"衰减"程序贴图，然后在"衰减参数"卷展栏下设置"衰减类型"为Fresnel，接着设置"侧"通道的颜色为（红:254，绿:254，蓝:254），最后设置"高光光泽度"为0.85、"反射光泽度"为0.93、"细分"为12。

图13-17　　　　　　　　　　　图13-18

6.制作白纱窗帘材质

白纱窗帘材质的模拟效果如图13-19所示。

白纱窗帘材质的基本属性主要有以下特点。

※　透光不透明。

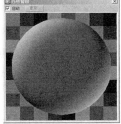

图13-19

选择一个空白材质球，然后设置材质类型为VRayMtl材质，具体参数设置如图13-20所示，制作好的材质球效果如图13-21所示。

设置步骤

① 设置"漫反射"颜色为（红:220，绿:220，蓝:220）。

② 在"折射"贴图通道中加载一张"衰减"程序贴图，然后在"衰减参数"卷展栏下设置"衰减类型"为"垂直/平行"，接着设置"前"通道的颜色为（红:200，绿:200，蓝:200）、"侧"通道的颜色为黑色，在接着设置"折射率"为1.001、"光泽度"为0.92、"细分"为10，最后勾选"影响阴影"选项并将"影响通道"设置为"颜色+alpha"。

图13-20　　　　　　　　　　图13-21

7.制作灰色窗帘材质

灰色窗帘材质的模拟效果如图13-22所示。

灰色窗帘的基本属性主要有以下特点。

※　具有较大的高光。

图13-22

选择一个空白材质球，然后设置材质类型为VRayMtl材质，具体参数设置如图13-23所示，制作好的材质球效果如图13-24所示。

设置步骤

① 设置"漫反射"颜色为（红:95，绿:97，蓝:100）。

② 设置"反射"颜色为（红:100，绿:100，蓝:100）。

③ 展开"选项"卷展栏，取消勾选"跟踪反射"选项。

图13-23　　　　　　　　　　图13-24

8.制作金属材质

金属材质的模拟效果如图13-25所示。

金属材质的基本属性主要有以下两点。

※ 具有很强的反射效果。

※ 带有较大的高光。

图13-25

选择一个空白材质球，然后设置材质类型为VRayMtl材质，具体参数设置如图13-26所示，制作好的材质球效果如图13-27所示。

设置步骤

① 设置"漫反射"颜色为（红:128，绿:128，蓝:128）。

② 设置"反射"颜色为（红:226，绿:226，蓝:226），然后设置"高光光泽度"为0.85、"反射光泽度"为0.88、"细分"为20。

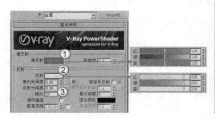

图13-26　　　　　　　　图13-27

13.1.2 设置测试渲染参数

01 按F10键打开"渲染设置"对话框，然后设置渲染器为VRay渲染器，接着在"公用参数"卷展栏下设置"宽度"为500、"高度"为344，最后单击"图像纵横比"选项后面的"锁定" 🔒，锁定渲染图像的纵横比，如图13-28所示。

02 单击"VRay基项"选项卡，然后在"图像采样器（抗锯齿）"卷展栏下设置"图像采样器"的"类型"为"固定"，接着设置"抗锯齿过滤器"类型为"区域"，如图13-29所示。

03 展开"颜色映射"卷展栏，然后设置"类型"为"VRay指数"，接着勾选"子像素映射"和"钳制输出"选项，如图13-30所示。

图13-28　　　　　　　　图13-29　　　　　　　　图13-30

04 单击"VRay间接照明"选项卡，然后在"间接照明（全局照明）"卷展栏下勾选"开启"选项，接着设置"首次反弹"的"全局光引擎"为"发光贴图"、"二次反弹"的"全局光引擎"为"灯光缓存"，如图13-31所示。

05 展开"发光贴图"卷展栏，然后设置"当前预置"为"非常低"，接着设置"半球细分"为20、"插值采样值"为10，最后勾选"显示计算过程"和"显示直接照明"选项，如图13-32所示。

图13-31　　　　　　　　　　图13-32

06 展开"灯光缓存"卷展栏，然后设置"细分"为100，接着勾选"显示计算状态"选项，如图13-33所示。

07 单击"VRay设置"选项卡，然后在"系统"卷展栏下设置"区域排序"为"从上->下"，接着关闭"显示信息窗口"选项，如图13-34所示。

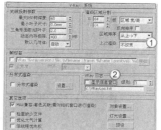

图13-33   图13-34

13.1.3 灯光设置

本场景的光源很多，有使用VRay太阳来制作阳光效果，使用VRay光源来模拟天光、灯带和台灯效果，以及使用目标灯光模拟筒灯效果。

1.创建阳光

01 在"顶"视图中创建一盏VRay阳光，在弹出的对话框中选择"是"，如图13-35所示；其位置如图13-36所示。

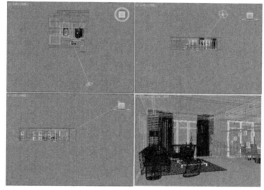

图13-35   图13-36

02 选择上一步创建的VRay太阳，然后展开"VRay太阳参数"卷展栏，具体参数设置如图13-37所示。

设置步骤

① 设置"强度倍增"为0.03。

② 设置"尺寸倍增"为1.2。

③ 设置"阴影细分"为8。

图13-37

03 按F9键测试渲染当前场景，效果如图13-38所示。

图13-38

2.创建室内天光

(01) 设置"灯光类型"为VRay，然后在窗外创建两盏VRay光源作为天光，其位置如图13-39所示。

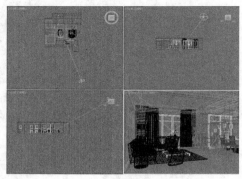

图13-39

(02) 选择上一步创建的VRay灯光，然后进入"修改"面板，接着展开"参数"卷展栏，具体参数设置如图13-40所示。

设置步骤

① 在"基本"选项组下设置"类型"为"平面"。

② 在"亮度"选项组下设置"倍增器"为4.75，然后设置"颜色"为（红:230，绿:241，蓝:255）。

③ 在"大小"选项组下设置"半长度"为1186.178mm、"半宽度"为1067.691mm。

④ 在"选项"选项组下勾选"不可见"选项。

⑤ 在"选项"选项组下取消"影响高光""影响反射"选项。

⑥ 在"采样"选项组下设置"细分"为16。

图13-40

(03) 按F9键测试渲染当前场景，效果如图13-41所示。

图13-41

3.创建灯带效果

(01) 设置"灯光类型"为VRay，然后在吊顶的位置创建8盏VRay光源作为灯带，其位置如图13-42所示。

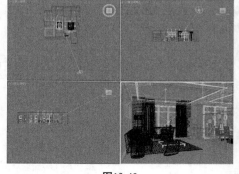

图13-42

02 选择上一步创建的VRay灯光，然后进入"修改"面板，接着展开"参数"卷展栏，具体参数设置如图13-43所示。

设置步骤

① 在"基本"选项组下设置"类型"为"平面"。

② 在"亮度"选项组下设置"倍增器"为15，然后设置"颜色"为（红:255，绿:183，蓝:105）。

③ 在"大小"选项组下设置"半长度"为1847.083mm、"半宽度"为25mm。

④ 在"选项"选项组下勾选"不可见"选项。

⑤ 在"选项"选项组下取消"影响高光""影响反射"选项。

⑥ 在"采样"选项组下设置"细分"为15。

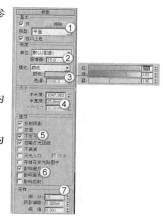

图13-43

03 按F9键测试渲染当前场景，效果如图13-44所示。

图13-44

4.创建电视墙射灯

01 设置灯光类型为"光度学"，然后在场景中电视墙上的筒灯孔处创建一盏目标灯光，其位置如图13-45所示。

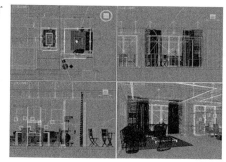

图13-45

02 选择上一步创建的目标灯光，然后进入"修改"面板，具体参数设置如图13-46所示。

设置步骤

① 展开"常规参数"卷展栏，然后在"阴影"选项组下勾选"启用"选项，接着设置阴影类型为VRayShadow（VRay阴影），最后设置"灯光分布（类型）"为"光度学Web"。

② 展开"分布（光度学Web）"卷展栏，然后在其通道中加载一个本书配套资源中的"案例文件>第13章>商业案例——家装客厅日光效果表现>材质>00.ies"文件。

③ 展开"强度/颜色/衰减"卷展栏，然后设置"过滤颜色"为（红:255，绿:224，蓝:175），接着设置"强度"为6000。

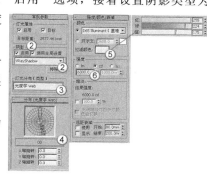

图13-46

03 选择目标灯光，然后复制两盏目标灯光到其他筒灯处，如图13-47所示的位置。

04 按F9键测试渲染当前场景，效果如图13-48所示。

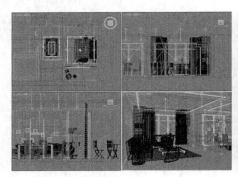 

图13-47　　　　　　　　　　　　　　　　　图13-48

5.创建台灯效果

01 设置"灯光类型"为VRay，然后在台灯位置创建2盏VRay灯光作为光源，其位置如图13-49所示。

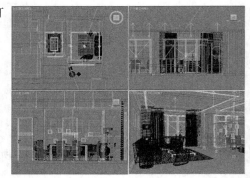

图13-49

02 选择上一步创建的VRay灯光，然后进入"修改"面板，接着展开"参数"卷展栏，具体参数设置如图13-50所示。

设置步骤

① 在"基本"选项组下设置"类型"为"球体"。

② 在"亮度"选项组下设置"倍增器"为1000，然后设置"颜色"为（红:255，绿:208，蓝:135）。

③ 在"大小"选项组下设置"半径"为25mm。

④ 在"选项"选项组下勾选"不可见"选项。

⑤ 在"选项"选项组下取消"影响高光""影响反射"选项。

⑥ 在"采样"选项组下设置"细分"为25。

图13-50

03 按F9键测试渲染当前场景，效果如图13-51所示。

图13-51

13.1.4 设置最终渲染参数

01 按F10键打开"渲染设置"对话框，然后在"公用参数"卷展栏下设置"宽度"为1600、"高度"为1101，如图13-52所示。

02 单击"VRay基项"选项卡，然后在"图像采样器（抗锯齿）"卷展栏下设置"图像采样器"的"类型"为"自适应DMC"，接着设置"抗锯齿过滤器"类型为Mitchell-Netravali，最后设置"模糊"和"圆环"为0，具体参数设置如图13-53所示。

03 展开"自适应DMC图像采样器"卷展栏，然后设置"最小细分"为1、"最大细分"为4，如图13-54所示。

 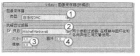 

图13-52　　　　　　　　　　图13-53　　　　　　　　　　图13-54

04 单击"VRay间接照明"选项卡，然后展开"发光贴图"卷展栏，接着设置"当前预置"为"中"，最后设置"半球细分"为50、"插值采样值"为20，具体参数设置如图13-55所示。

05 展开"灯光缓存"卷展栏，然后设置"细分"为1200，如图13-56所示。

图13-55　　　　　　　　　　图13-56

06 单击"VRay设置"选项卡，然后在"DMC采样器"卷展栏下设置"自适应数量"为0.75、"噪波阈值"为0.001、"最少采样"为16，如图13-57所示。

07 按F9键渲染当前场景，最终效果如图13-58所示。

图13-57　　　　　　　　　　图13-58

13.2 商业案例——家装卧室日光效果表现

商业案例

家装卧室日光效果表现

案例位置	案例文件>第13章>商业案例——家装卧室日光效果表现>商业案例——家装卧室日光效果表现.max
视频位置	多媒体教学>第13章>商业案例——家装卧室日光效果表现.flv
难易指数	★★★☆☆
学习目标	本例是一个现代风格的家装卧室空间，地砖材质、地毯材质、墙纸材质制作方法是本例的学习重点，效果如图13-59所示

图13-59

13.2.1 材质制作

本例的场景对象材质主要包括地砖材质、墙纸材质、木纹材质、地毯材质、白色床单材质和台灯材质，如图13-60所示。

图13-60

1.制作地砖材质

地砖材质的模拟效果如图13-61所示。

图13-61

①　打开本书配套资源中的"案例文件>第13章>商业案例——家装卧室日光效果表现>场景.max"文件，如图13-62所示。

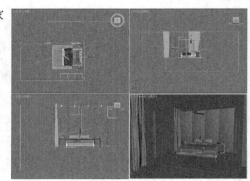

图13-62

②　选择一个空白材质球，然后设置材质类型为VRayMtl材质，具体参数设置如图13-63所示，制作好的材质球效果如图13-64所示。

设置步骤

①　在"漫反射"贴图通道中加载一张本书配套资源中的"案例文件>第13章>商业案例——家装卧室日光效果表现>材质>02 marble.jpg"文件。

②　在"反射"贴图通道中加载一张"衰减"程序贴图，然后在"衰减参数"卷展栏下设置"衰减类型"为Fresnel，接着设置"侧"通道的颜色为（红:255，绿:255，蓝:255），最后设置"高光光泽度"为0.85、"反射光泽度"为0.9、"细分"为10。

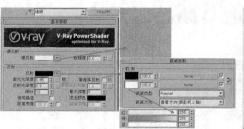

图13-63

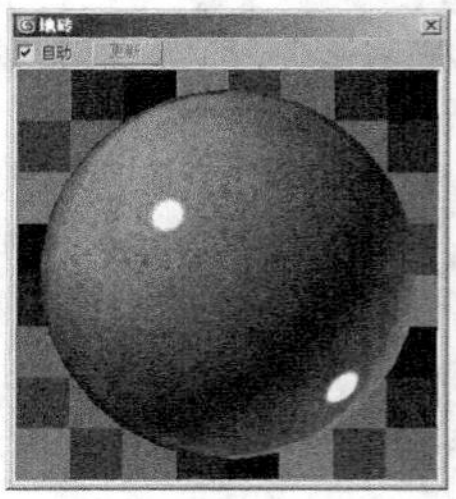

图13-64

2.制作墙纸材质

墙纸材质的模拟效果如图13-65所示。

图13-65

选择一个空白材质球，然后设置材质类型为VRayMtl材质，具体参数设置如图13-66所示；制作好的材质球效果如图13-67所示。

设置步骤

① 在"漫反射"贴图通道中加载一张本书配套资源中的"案例文件>第13章>商业案例——家装卧室日光效果表现>材质>09.jpg"文件。

② 拖曳"漫反射"贴图通道中的贴图到"凹凸"贴图通道，设置凹凸的强度为30。

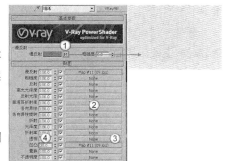

图13-66

图13-67

3.制作木纹材质

木纹材质的模拟效果如图13-68所示。

图13-68

选择一个空白材质球，然后设置材质类型为VRayMtl材质，具体参数设置如图13-69所示；制作好的材质球效果如图13-70所示。

设置步骤

① 在"漫反射"贴图通道中加载一张本书配套资源中的"案例文件>第13章>商业案例——家装卧室日光效果表现>材质>木纹.jpg"文件。

② 在"反射"贴图通道中加载一张"衰减"程序贴图，然后在"衰减参数"卷展栏下设置"衰减类型"为Fresnel，接着设置"侧"通道的颜色为（红:150，绿:150，蓝:150），最后设置"高光光泽度"为0.85、"反射光泽度"为0.92、"细分"为10。

③ 拖曳"漫反射"贴图通道中的贴图到"凹凸"贴图通道，设置凹凸的强度为10。

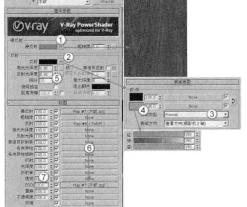

图13-69

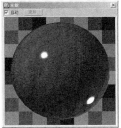

图13-70

4.制作地毯材质

地毯材质的模拟效果如图13-71所示。

图13-71

选择一个空白材质球，然后设置材质类型为"标准"材质，具体参数设置如图13-72所示；制作好的材质球效果如图13-73所示。

设置步骤

① 在"明暗器基本参数"中设置类型为（O）Oren-Nayar-Blinn，然后设置"漫反射"颜色为（红:190，绿:155，蓝:101），接着设置"粗糙度"为20。

② 展开"贴图"卷展栏，然后在"凹凸"贴图通道中加载一张本书配套资源中的"案例文件>第13章>商业案例——家装卧室日光效果表现>材质>Bu-55.jpg"文件，接着设置凹凸的强度为60。

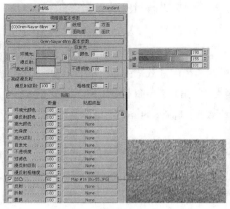

图13-72   图13-73

5.制作白色床单材质

白色床单材质的模拟效果如图13-74所示。

图13-74

选择一个空白材质球，设置材质类型为"标准"材质，然后设置"漫反射"颜色为（红:245，绿:245，蓝:245）如图13-75所示，制作好的材质球效果如图13-76所示。

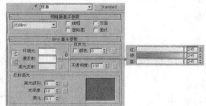

图13-75   图13-76

6.制作台灯材质

台灯材质的模拟效果如图13-77所示。

图13-77

选择一个空白材质球，然后设置材质类型为VRay发光材质，具体参数设置如图13-78所示，制作好的材质球效果如图13-79所示。

设置步骤

在"颜色"贴图通道中加载一张本书配套资源中的"案例文件>第13章>商业案例——家装卧室日光效果表现>材质>台灯.jpg"文件，然后设置亮度为2.5，最后勾选"背面发光"选项。

图13-78   图13-79

13.2.2 设置测试渲染参数

01 按F10键打开"渲染设置"对话框，然后设置渲染器为VRay渲染器，接着在"公用参数"卷展栏下设置"宽度"为500、"高度"为375，最后单击"图像纵横比"选项后面的"锁定"按钮，锁定渲染图像的纵横比，如图13-80所示。

⑫ 单击"VRay基项"选项卡，然后在"图像采样器（抗锯齿）"卷展栏下设置"图像采样器"的"类型"为"固定"，接着设置"抗锯齿过滤器"类型为"区域"，如图13-81所示。

⑬ 展开"颜色映射"卷展栏，然后设置"类型"为"VRay指数"，接着勾选"子像素映射"和"钳制输出"选项，如图13-82所示。

图13-80

图13-81

图13-82

⑭ 单击"VRay间接照明"选项卡，然后在"间接照明（全局照明）"卷展栏下勾选"开启"选项，接着设置"首次反弹"的"全局光引擎"为"发光贴图"、"二次反弹"的"全局光引擎"为"灯光缓存"，如图13-83所示。

⑮ 展开"发光贴图"卷展栏，然后设置"当前预置"为"非常低"，接着设置"半球细分"为20、"插值采样值"为10，最后勾选"显示计算过程"和"显示直接照明"选项，如图13-84所示。

图13-83

图13-84

⑯ 展开"灯光缓存"卷展栏，然后设置"细分"为100，接着勾选"显示计算状态"选项，如图13-85所示。

⑰ 单击"VRay设置"选项卡，然后在"系统"卷展栏下设置"区域排序"为"从上->下"，接着关闭"显示信息窗口"选项，如图13-86所示。

图13-85

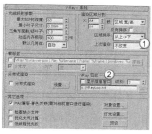
图13-86

13.2.3 灯光设置

本场景的光源较少，使用目标平行光制作阳光效果，使用VRay光源来模拟天光、灯带效果，以及使用目标灯光模拟筒灯效果。

1.创建阳光

⑴ 使用目标平行光在场景中创建阳光，在"顶"视图拖曳一盏目标平行光，其位置如图13-87所示。

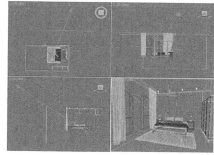
图13-87

02 选择上一步创建的目标平行光，然后进入"修改"面板，具体参数设置如图13-88所示。

设置步骤

① 展开"常规参数"卷展栏，然后在"阴影"选项组下勾选"启用"选项，接着设置阴影类型为VRayShadow（VRay阴影）。

② 展开"强度/颜色/衰减"卷展栏，设置"倍增"为2.5，然后设置颜色为（红:255，绿:208，蓝:135）。

③ 展开"VRayShadows params"卷展栏，勾选"区域阴影"选项并设置类型为"盒体"，最后设置"U向尺寸"为100、"V向尺寸"为100、"W向尺寸"为100。

图13-88

2.创建室内天光

01 设置"灯光类型"为VRay，然后在窗外创建1盏VRay光源作为天光，其位置如图13-89所示。

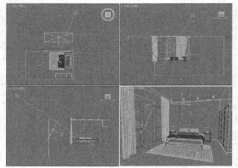

图13-89

02 选择上一步创建的VRay灯光，然后进入"修改"面板，接着展开"参数"卷展栏，具体参数设置如图13-90所示。

设置步骤

① 在"基本"选项组下设置"类型"为"平面"。

② 在"亮度"选项组下设置"倍增器"为25，然后设置"颜色"为（红:175，绿:209，蓝:255）。

③ 在"大小"选项组下设置"半长度"为2100、"半宽度"为1500。

④ 在"选项"选项组下勾选"不可见"选项。

⑤ 在"选项"选项组下取消"影响高光""影响反射"选项。

⑥ 在"采样"选项组下设置"细分"为10。

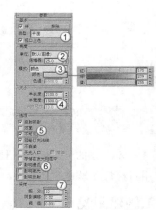

图13-90

3.创建灯带效果

01 设置"灯光类型"为VRay，然后在吊顶的位置创建1盏VRay光源作为灯带，其位置如图13-91所示。

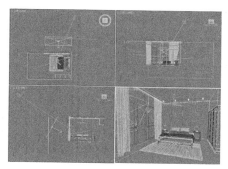

图13-91

02 选择上一步创建的VRay灯光，然后进入"修改"面板，接着展开"参数"卷展栏，具体参数设置如图13-92所示。

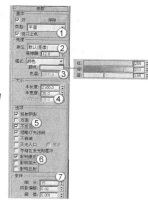

设置步骤

① 在"基本"选项组下设置"类型"为"平面"。

② 在"亮度"选项组下设置"倍增器"为12，然后设置"颜色"为（红:255，绿:211，蓝:105）。

③ 在"大小"选项组下设置"半长度"为2100、"半宽度"为35。

④ 在"选项"选项组下勾选"不可见"选项。

⑤ 在"选项"选项组下取消"影响高光""影响反射"选项。

⑥ 在"采样"选项组下设置"细分"为15。

图13-92

4.创建背景墙射灯

01 设置灯光类型为"光度学"，然后在场景中背景墙上的筒灯孔处一盏目标灯光，接着复制3盏到其他筒灯处，其位置如图13-93所示。

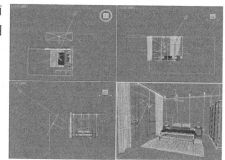

图13-93

02 选择上一步创建的目标灯光，然后进入"修改"面板，具体参数设置如图13-94所示。

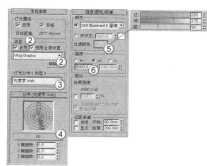

设置步骤

① 展开"常规参数"卷展栏，然后在"阴影"选项组下勾选"启用"选项，接着设置阴影类型为VRayShadow（VRay阴影），最后设置"灯光分布（类型）"为"光度学Web"。

② 展开"分布（光度学Web）"卷展栏，然后在其通道中加载一张本书配套资源中的"案例文件>第13章>商业案例——家装卧室日光效果表现>材质>00.ies"文件。

图13-94

③ 展开"强度/颜色/衰减"卷展栏，然后设置"过滤颜色"为（红:255，绿:175，蓝:90），接着设置"强度"为8000。

03 按F9键测试渲染当前场景，效果如图13-95所示。

图13-95

13.2.4 设置最终渲染参数

01 按F10键打开"渲染设置"对话框，然后在"公用参数"卷展栏下设置"宽度"为1600、"高度"为1200，如图13-96所示。

02 单击"VRay基项"选项卡，然后在"图像采样器（抗锯齿）"卷展栏下设置"图像采样器"的"类型"为"自适应DMC"，接着设置"抗锯齿过滤器"类型为Mitchell-Netravali，最后设置"模糊"和"圆环"为0，具体参数设置如图13-97所示。

03 展开"自适应DMC图像采样器"卷展栏，然后设置"最小细分"为1、"最大细分"为4，如图13-98所示。

图13-96

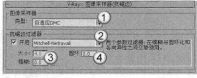

图13-97

图13-98

04 单击"VRay间接照明"选项卡，然后展开"发光贴图"卷展栏，接着设置"当前预置"为"中"，最后设置"半球细分"为50、"插值采样值"为20，具体参数设置如图13-99所示。

05 展开"灯光缓存"卷展栏，然后设置"细分"为1200，如图13-100所示。

图13-99

图13-100

06 单击"VRay设置"选项卡，然后在"DMC采样器"卷展栏下设置"自适应数量"为0.75、"噪波阈值"为0.001、"最少采样"为16，如图13-101所示。

07 按F9键渲染当前场景，最终效果如图13-102所示。

图13-101

图13-102

13.3 商业案例——雪山雄鹰CG表现

商业案例

雪山雄鹰CG表现

案例位置	案例文件>第13章>商业案例——雪山雄鹰CG表现>商业案例——雪山雄鹰CG表现.max
视频位置	多媒体教学>第13章>商业案例——雪山雄鹰CG表现.flv
难易指数	★★☆☆☆
学习目标	本例是一个大型CG场景，体积光、雪材质和尾气材质的制作方法是本例的学习重点，案例效果如图13-103所示，局部特写效果如图13-104所示

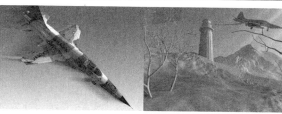

图13-103   图13-104

13.3.1 灯光设置

本例的灯光分为两个部分，先用VRay太阳作为主光源，然后使用目标聚光灯创建辅助光源。

1.创建主光源

01 打开本书配套资源中的"案例文件>第13章>商业案例——雪山雄鹰CG表现>场景.max"文件，如图13-105所示。

02 考虑到本场景属于室外场景，因此选用VRay太阳来模拟室外真实的太阳光照效果，在场景中创建一盏VRay太阳，其位置如图13-106所示。

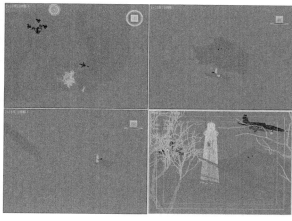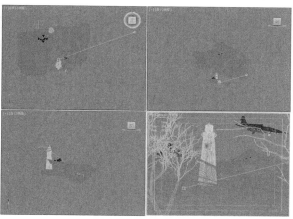

图13-105   图13-106

03 选择上一步创建的VRay太阳，然后展开"VRay太阳参数"卷展栏，具体参数设置如图13-107所示。

设置步骤

① 设置"强度倍增"为0.015。

② 设置"尺寸倍增"为0.2。

③ 设置"光子放射半径"为800。

图13-107

269

04 按F9键测试渲染下当前灯光效果，如图13-108所示。

图13-108

2.创建辅助光源

01 在场景中创建一盏目标聚光灯，其位置如图13-109所示。

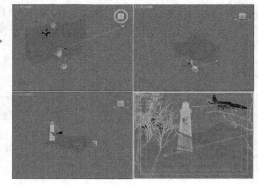

图13-109

02 选择上一步创建的目标聚光灯，然后进入"修改"面板，具体参数设置如图13-110所示。

设置步骤

① 展开"强度/颜色/衰减"卷展栏，设置"倍增"为0.5。

② 在"聚光灯参数"卷展下设置"聚光区/光束"为43、"衰减区/区域"为85。

03 按F9键测试渲染下当前灯光效果，如图13-111所示。

图13-110   图13-111

技巧与提示

从图13-108和图13-111的光照对比中不难发现布置辅助光源后雪地的明暗对比明显增强了，采用这种方法可以比较理想地表现空旷场景的光照效果。

3.创建体积光

01 在场景中继续创建一盏目标聚光灯，将其命名为"体积光"，其位置如图13-112所示。

02 因为只需要灯光产生体积光，而不是对物体产生照明效果，因此需要进行排光处理。选择"体积光"，然后在"常规参数"卷展栏下单击"排除"按钮，并在弹出的"排除/包含"对话框中选择左侧的所有物体，再单击"向右"按钮 >> ，将左侧的对象全部排除到右侧，这样这些物体就不会接收体积光，如图13-113所示。

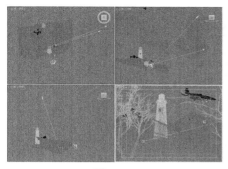
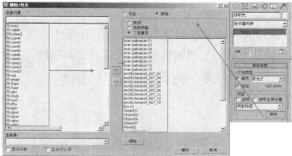

图13-112   图13-113

03 设置"体积光"灯光的参数，如图13-114所示。

设置步骤

① 展开"强度/颜色/衰减"卷展栏，然后设置"倍增"为0.07，接着在"远距衰减"面板下勾选"使用"选项，然后设置"开始"为880，"结束"为999.999。

② 展开"高级效果"卷展栏，然后设置"柔化漫反射边"为4，接着在"投影贴图"贴图通道加载一张本书配套资源中的"案例文件>第13章>商业案例——雪山雄鹰CG表现>材质>Volumask00.bmp"文件。

③ 展开"聚光灯参数"卷展栏，然后设置"聚光区/光束"为4、"衰减区/区域"为10。

04 按8键打开"环境和效果"对话框，然后展开"大气"卷展栏，单击"添加"按钮 ，并在弹出的"添加大气效果"对话框中选择"体积光"选项，如图13-115所示。

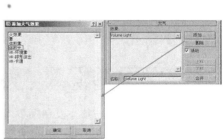

图13-114   图13-115

05 在"环境和效果"对话框中展开"体积光参数"卷展栏，具体参数设置如图13-116所示。

设置步骤

① 单击"拾取灯光"按钮，然后在场景中选择"体积光"灯光，此时可以看到"体积光"被添加到了后面的选项框内。

图13-116

② 在"体积"面板下设置"密度"为0.15，然后设置"过滤阴影"为"高"，并关闭"自动"选项，最后设置"采样体积%"为100。

06 按F9键测试渲染下体积光效果，如图13-117所示。

图13-117

271

4.添加雾特效

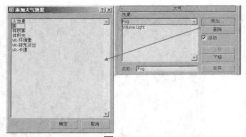

图13-118

(01) 按8键打开"环境和效果"对话框，展开"大气"卷展栏，然后单击"添加"按钮 添加... ，并在弹出的"添加大气"对话框中选择"雾"选项，如图13-118所示。

(02) 展开"雾参数"卷展栏，具体参数设置如图13-119所示。

设置步骤

① 设置"雾化背景"的类型为"分层"。

② 在"分层"面板下设置"顶"为0、"底"为300、"密度"为8，然后设置"衰减"为"底"，再勾选"地平线噪波"选项，并设置"大小"为20000。

(03) 按F9键测试渲染下雾效果，如图13-120所示。

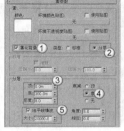

图13-119

图13-120

技巧与提示

从图13-120的渲染效果中可以发现添加了雾特效后的效果更加真实了，由于远处的物体受到雾气的影响而被虚化，使得画面具有了虚实效果。

13.3.2 材质制作

本例的场景对象材质主要包括雪山材质、雪材质、树干材质、飞机材质、塔材质和烟雾材质等。首先要制作的是雪山材质，场景中共有两座雪山，前景雪山和远景雪山。

1.制作前景雪山材质

前景雪山材质的模拟效果如图13-121所示。

图13-121

(01) 选择一个材质球，并将其命名为"前景雪山"，然后设置材质类型为"顶/底"，如图13-122所示。

图13-122

02 单击"顶材质"后面的Standard（标准材质）按钮 ，然后将其命名为snow，如图13-123所示，再展开"贴图"卷展栏，勾选"光泽度"选项，并在该贴图通道中加载一张"细胞"贴图，接着展开"细胞参数"卷展栏，最后在"细胞特性"面板下勾选"分形"选项，并设置"大小"为1，如图13-124所示。

图13-123　　　　　　　　图13-124

 技巧与提示

这一步涉及了3个层级：雪山、snow和"细胞"层级，这3个层级都是用来制作雪（雪山）材质的。

03 返回到snow层级面板，单击"自发光"后面的None按钮，然后在弹出的面板中双击"遮罩"选项，进入"遮罩"层级面板，具体参数设置如图13-125和图13-126所示。

设置步骤

① 单击"贴图"后面的None按钮，然后在弹出的面板中双击"渐变坡度"选项，展开"渐变坡度参数"卷展栏，将其设置为5种蓝色的渐变，再设置"渐变类型"为"贴图"，单击"源贴图"后面的None按钮，并在弹出的面板中双击"衰减"选项。

② 展开"衰减参数"卷展栏，然后分别设置两个衰减颜色为白色和黑色，再设置"衰减类型"为"投影/灯光"，最后在"混合曲线"卷展栏下调整好曲线的形状。

③ 返回到"渐变坡度"层级面板，在"源贴图"后面的 "衰减"上单击右键，然后在弹出的菜单中选择"复制"命令，再"遮罩"层级面板，并在"遮罩"后面的None上单击右键，在弹出的菜单中选择"粘贴（实例）"命令。

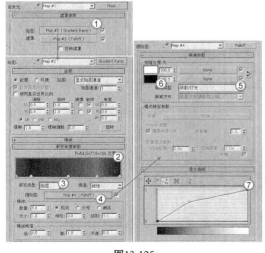

图13-125　　　　　　　　图13-126

04 回到snow层级面板，展开"贴图"卷展栏，具体参数设置如图13-127所示。

设置步骤

① 勾选"凹凸"选项，并设置其强度为20，然后在其贴图通道中加载一张"细胞"程序贴图。

② 展开"细胞参数"卷展栏，然后在"细胞特性"面板下勾选"分形"选项，并设置"大小"为0.4。

05 返回到snow层级面板，具体参数设置如图13-128所示。

设置步骤

① 设置"环境光"颜色、"漫反射"颜色和"高光反射"颜色为白色。

② 设置"光泽度"为99。

图13-127　　　　　　　　　　　　图13-128

06 返回到"前景雪山"层级面板，单击"底材质"后面的Standard（标准）按钮 Standard ，然后将其命名为hill，具体参数设置如图13-129所示。

设置步骤

① 设置"光泽度"为0。

② 展开"贴图"卷展栏，然后在"漫反射"贴图通道中加载一张本书配套资源中的"案例文件>第13章>商业案例——雪山雄鹰CG表现>材质>hill.jpg"文件，并在"凹凸"贴图通道中添加一张相同的hill.jpg贴图。

07 返回到"前景雪山"层级面板，然后设置"混合"为1、"位置"为85，如图13-130所示。

图13-129　　　　　　　　　　　　图13-130

技巧与提示

远景雪山在真实环境中的颜色偏向于蓝色，这样才能产生较强的空间感，远景雪山材质不需要重新制作，只需要将近景雪山材质复制到远景雪山上，然后将材质颜色更改为蓝色即可。

2.制作远景雪山材质

01 选择"前景雪山"材质球，使用左键将其拖曳到另一个材质球上，并将其命名为"远景雪山"，然后单击"顶材质"后面的Standard（标准）按钮 Standard ，在snow层级下设置"漫反射"颜色为（红:181，绿:191，蓝:222），如图13-131所示。

02 将制作好的"近景雪山"和"远景雪山"材质分别赋予两座山体，然后按F9键测试渲染下当前场景，效果如图13-132所示。

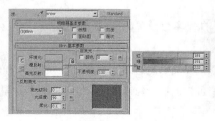

图13-131　　　　　　　　　　　图13-132

图13-133

3.制作树干材质

树干材质的模拟效果如图13-133所示。

树干材质的制作方法与雪山材质的制作方法比较相似，都是使用"顶/底"材质来制作。由于树干上的雪材质与雪山上的雪材质是相同的，因此只需要将雪山上的雪材质复制到树干上即可。

01 选择一个材质球，将其命名为"树干"，然后设置材质类型为"顶/底"材质，接着复制"前景雪山"中的snow材质到"树干"材质的"顶材质"通道中，并选择"粘贴（实例）"方式，如图13-134所示。

图13-134

02 单击"底材质"按钮，然后展开"贴图"卷展栏，具体参数设置如图13-135所示。

设置步骤

① 在"漫反射"贴图通道中加载一张本书配套资源中的"案例文件>第13章>商业案例——雪山雄鹰CG表现>材质>bark02.jpg"文件。

② 拖曳"漫反射"贴图通道中的贴图到"凹凸"通道，并设置凹凸强度为100。

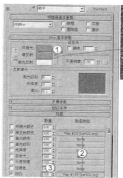

图13-135

03 返回到"树干"材质最初层级，然后设置"混合"为10，"位置"为50，如图13-136所示。

04 测试渲染下当前场景，效果如图13-137所示。

图13-136

图13-137

4.制作塔身材质

塔身材质的模拟效果如图13-138所示。

图13-138

275

选择一个材质球，将其命名为"塔身"，然后设置材质类型为VRayMtl材质，具体参数设置如图13-139所示。

设置步骤

① 在"漫反射"贴图通道中加载一张本书配套资源中的"案例文件>第13章>商业案例——雪山雄鹰CG表现>材质>ta.jpg"文件。

② 在"凹凸"通道中加载一张"法线凹凸"程序贴图，然后在"法线"贴图通道中加载一张本书配套资源中的"案例文件>第13章>商业案例——雪山雄鹰CG表现>材质>tafaxian.jpg"文件，最后设置凹凸强度为100。

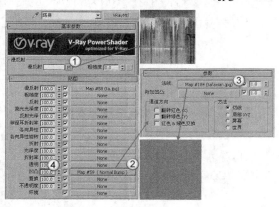

图13-139

技巧与提示

塔的其他材质在前面的章节中有类似的制作方法，在这里就不多加介绍了。

 测试渲染下当前场景，效果如图13-140所示。

图13-140

5.制作飞鸟材质

飞鸟材质的模拟效果如图13-141所示。

图13-141

因为本场景的飞鸟离摄像机比较远，因此在这里使用透明度黑白通道的方法来制作飞鸟材质，这样可以节省大量时间。

⓪① 选择一个材质球，将其命名为"鸟"，具体参数设置如图13-142所示。

设置步骤

① 在"漫反射"贴图通道中加载一张本书配套资源中的"案例文件>第13章>商业案例——雪山雄鹰CG表现>材质>bird.jpg"文件。

② 在"不透明度"贴图通道中加载一张本书配套资源中的"案例文件>第13章>商业案例——雪山雄鹰CG表现>材质>bird02.jpg"文件。

⓪② 测试渲染下当前场景，效果如图13-143所示。

图13-142

图13-143

6.制作机身材质

机身材质的模拟效果如图13-144所示。

图13-144

⓪① 选择一个材质球，将其命名为"飞机"，设置材质类型为"多维/子对象"，然后将ID1命名为f5-left，具体参数设置如图13-145所示。

设置步骤

① 在"漫反射"贴图通道中加载一张本书配套资源中的"案例文件>第13章>商业案例——雪山雄鹰CG表现>材质>F5-lft副本.jpg"文件。

② 设置"高光级别"和"光泽度"为100。

③ 在"凹凸"贴图通道中加载一张本书配套资源中的"案例文件>第13章>商业案例——雪山雄鹰CG表现>材质>F5-sdbp.jpg"文件，并设置凹凸强度为15。

④ 在"反射"贴图通道中加载一张本书配套资源中的"案例文件>第13章>商业案例——雪山雄鹰CG表现>材质>Lakerem.jpg"文件，并设置反射的强度为15。

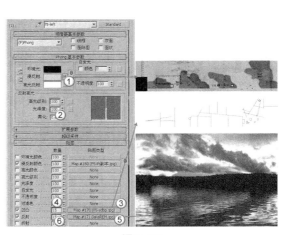
图13-145

02 使用同样的方法，设置其他9个ID，如图13-146所示。

03 飞机测试效果如图13-147所示。

图13-146　　　　　　　　　　　　图13-147

7.制作尾气材质

尾气材质的模拟效果如图13-148所示。

图13-148

01 在制作飞机尾气材质之前，首先要用粒子系统创建尾气模型。在创建面板中单击"几何体"按钮 ，然后在其下拉列表中选择"粒子系统"选项，如图13-149所示，再单击"超级喷射"按钮

　　超级喷射　。

图13-149

02 将粒子命名为SuperSpray02，具体参数设置如图13-150所示。

设置步骤

① 在"粒子分布"面板下设置"轴偏离"为10、"扩散"为20、"平面偏离"为10、"扩散"为16。

② 在"显示图标"面板下设置"图标大小"为0.687。

③ 在"视口显示"面板下勾选"网格"选项，然后设置"粒子数百分比"为20。

图13-150

03 展开"粒子生成"卷展栏，具体参数设置如图13-151所示。

设置步骤

① 在"粒子计时"面板下设置"发射开始"为-1500、"发射停止"和"显示时限"分别为300、"寿命"为800、"变化"为0。

② 在"粒子大小"面板下设置"大小"为1。

图13-151

04 选择SuperSpray02粒子，然后按Ctrl+V组合键复制一份粒子，并将其命名为SuperSpray03，再分别将其放置在飞机的排气位置，如图13-152所示。

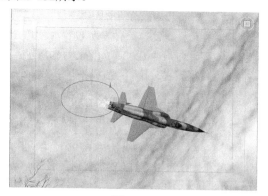

图13-152

05 选择一个材质球，然后将其命名为"尾气"，具体参数设置如图13-153所示。

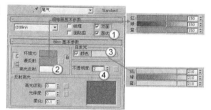

设置步骤

① 在"明暗器基本参数"卷展栏下勾选"双面"和"面状"选项。

② 设置"漫反射"颜色为（红:150，绿:150，蓝:150）。

③ 在"Blinn基本参数"卷展栏勾选"自发光"选项，然后设置"颜色"为（红:210，绿:210，蓝:210），最后设置"不透明度"为2。

图13-153

06 将制作好的机身材质和尾气材质分别赋予飞机模型的相应部分，然后按F9键测试渲染下当前场景，效果如图13-154所示。

图13-154

13.3.3 设置最终渲染参数

01 按F10键打开"渲染设置"对话框，然后在"公用参数"卷展栏下设置"宽度"为2500、"高度"为1868，如图13-155所示。

02 单击"VRay基项"选项卡，然后在"图像采样器（抗锯齿）"卷展栏下设置"图像采样器"的"类型"为"自适应DMC"，接着设置"抗锯齿过滤器"类型为Mitchell-Netravali，最后设置"模糊"和"圆环"分别为0，具体参数设置如图13-156所示。

图13-155

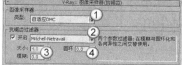

图13-156

03 展开"自适应DMC图像采样器"卷展栏，然后设置"最小细分"为1、"最大细分"为4，如图13-157所示。

04 单击"VRay间接照明"选项卡，然后展开"发光贴图"卷展栏，接着设置"当前预置"为"中"，最后设置"半球细分"为50、"插值采样值"为20，具体参数设置如图13-158所示。

05 展开"灯光缓存"卷展栏，然后设置"细分"1200，如图13-159所示。

图13-157

图13-158

图13-159

06 单击"VRay设置"选项卡，然后在"DMC采样器"卷展栏下设置"自适应数量"为0.75、"噪波阈值"为0.001、"最少采样"为16，如图13-160所示。

07 按F9键渲染当前场景，最终效果如图13-161所示。

图13-160

图13-161

课后习题——家装客厅日光表现

实例文件	案例文件>第13章>课后习题——家装客厅日光表现>课后习题——家装客厅日光表现.max
视频教学	多媒体教学>第13章>课后习题——家装客厅日光表现.flv
难易指数	★★☆☆☆
练习目标	练习家装客厅场景材质、灯光和渲染参数的设置方法，案例效果如图13-162所示

图13-162

布光参考如图13-163所示。

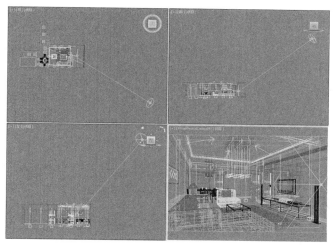

图13-163

　　本习题的场景材质包含地砖材质、墙纸材质、电视墙材质、茶几材质、水晶材质、沙发材质和画框材质，各种材质的模拟效果如图13-164所示。

图13-164

课后习题——家装卧室灯光表现

实例文件	案例文件>第13章>课后习题——家装卧室灯光表现>课后习题——家装卧室灯光表现.max
视频教学	多媒体教学>第13章>课后习题——家装卧室灯光表现.flv
难易指数	★★☆☆☆
练习目标	练习家装卧室场景材质、灯光和渲染参数的设置方法，案例效果如图13-165所示

　　布光参考如图13-166所示。

图13-165

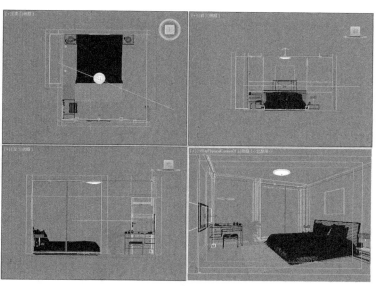

图13-166

本习题的场景材质包含木地板材质、木纹材质、床单材质、床头材质、靠垫材质，各种材质的模拟效果如图13-167所示。

图13-167

课后习题——乡村小镇CG表现

实例文件	案例文件>第13章>课后习题——乡村小镇CG表现>课后习题——乡村小镇CG表现.max
视频教学	多媒体教学>第13章>课后习题——乡村小镇CG表现.flv
难易指数	★★★☆☆
练习目标	练习CG场景材质、灯光和渲染参数的设置方法，案例效果如图13-168所示，局部特写效果如图13-169所示

图13-168

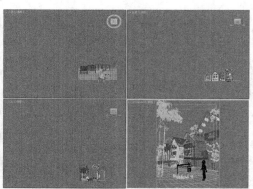

图13-169

布光参考如图13-170所示。

图13-170

本习题的场景材质包含地面材质、墙面1材质、墙面2材质、屋顶1材质、屋顶2材质、树叶1材质、树叶2材质、石头材质、井材质、木头材质，各种材质的模拟效果如图13-171所示。

图13-171

3ds Max 2012快捷键索引

NO.1 主界面快捷键

操作	快捷键
显示降级适配（开关）	O
适应透视图格点	Shift+Ctrl+A
排列	Alt+A
角度捕捉（开关）	A
动画模式（开关）	N
改变到后视图	K
背景锁定（开关）	Alt+Ctrl+B
前一时间单位	.
下一时间单位	,
改变到顶视图	T
改变到底视图	B
改变到摄影机视图	C
改变到前视图	F
改变到等用户视图	U
改变到右视图	R
改变到透视图	P
循环改变选择方式	Ctrl+F
默认灯光（开关）	Ctrl+L
删除物体	Delete
当前视图暂时失效	D
是否显示几何体内框（开关）	Ctrl+E
显示第一个工具条	Alt+1
专家模式，全屏（开关）	Ctrl+X
暂存场景	Alt+Ctrl+H
取回场景	Alt+Ctrl+F
冻结所选物体	6
跳到最后一帧	End
跳到第一帧	Home
显示/隐藏摄影机	Shift+C
显示/隐藏几何体	Shift+O
显示/隐藏网格	G
显示/隐藏帮助物体	Shift+H
显示/隐藏光源	Shift+L
显示/隐藏粒子系统	Shift+P
显示/隐藏空间扭曲物体	Shift+W
锁定用户界面（开关）	Alt+0
匹配到摄影机视图	Ctrl+C
材质编辑器	M
最大化当前视图（开关）	W
脚本编辑器	F11
新建场景	Ctrl+N
法线对齐	Alt+N
向下轻推网格	小键盘-
向上轻推网格	小键盘+
NURBS表面显示方式	Alt+L或Ctrl+4
NURBS调整方格1	Ctrl+1
NURBS调整方格2	Ctrl+2
NURBS调整方格3	Ctrl+3
偏移捕捉	Alt+Ctrl+Space（Space键即空格键）
打开一个max文件	Ctrl+O
平移视图	Ctrl+P
交互式平移视图	I
放置高光	Ctrl+H
播放/停止动画	/
快速渲染	Shift+Q
回到上一场景操作	Ctrl+A
回到上一视图操作	Shift+A
撤销场景操作	Ctrl+Z
撤销视图操作	Shift+Z
刷新所有视图	1
用前一次的参数进行渲染	Shift+E或F9
渲染配置	Shift+R或F10
在XY/YZ/ZX锁定中循环改变	F8
约束到x轴	F5
约束到y轴	F6
约束到z轴	F7
旋转视图模式	Ctrl+R或V
保存文件	Ctrl+S

操作	快捷键
透明显示所选物体（开关）	Alt+X
选择父物体	PageUp
选择子物体	PageDown
根据名称选择物体	H
选择锁定（开关）	Space（Space键即空格键）
减淡所选物体的面（开关）	F2
显示所有视图网格（开关）	Shift+G
显示/隐藏命令面板	3
显示/隐藏浮动工具条	4
显示最后一次渲染的图像	Ctrl+I
显示/隐藏主要工具栏	Alt+6
显示/隐藏安全框	Shift+F
显示/隐藏所选物体的支架	J
百分比捕捉（开关）	Shift+Ctrl+P
打开/关闭捕捉	S
循环通过捕捉点	Alt+Space（Space键即空格键）
间隔放置物体	Shift+I
改变到光线视图	Shift+4
循环改变子物体层级	Ins
子物体选择（开关）	Ctrl+B
帖图材质修正	Ctrl+T
加大动态坐标	+
减小动态坐标	-
激活动态坐标（开关）	X
精确输入转变量	F12
全部解冻	7
根据名字显示隐藏的物体	5
刷新背景图像	Alt+Shift+Ctrl+B
显示几何体外框（开关）	F4
视图背景	Alt+B
用方框快显几何体（开关）	Shift+B
打开虚拟现实	数字键盘1
虚拟视图向下移动	数字键盘2
虚拟视图向左移动	数字键盘4
虚拟视图向右移动	数字键盘6
虚拟视图向中移动	数字键盘8
虚拟视图放大	数字键盘7
虚拟视图缩小	数字键盘9
实色显示场景中的几何体（开关）	F3
全部视图显示所有物体	Shift+Ctrl+Z
视窗缩放到选择物体范围	E
缩放范围	Alt+Ctrl+Z
视窗放大两倍	Shift++（数字键盘）
放大镜工具	Z
视窗缩小两倍	Shift+-（数字键盘）
根据框选进行放大	Ctrl+W
视窗交互式放大	[
视窗交互式缩小	]

NO.2 轨迹视图快捷键

操作	快捷键
加入关键帧	A
前一时间单位	<
下一时间单位	>
编辑关键帧模式	E
编辑区域模式	F3
编辑时间模式	F2
展开对象切换	O
展开轨迹切换	T
函数曲线模式	F5或F
锁定所选物体	Space（Space键即空格键）
向上移动高亮显示	↓
向下移动高亮显示	↑
向左轻移关键帧	←
向右轻移关键帧	→
位置区域模式	F4
回到上一场景操作	Ctrl+A
向下收拢	Ctrl+↓
向上收拢	Ctrl+↑

NO.3 渲染器设置快捷键

操作	快捷键
用前一次的配置进行渲染	F9
渲染配置	F10

NO.4 示意视图快捷键

操作	快捷键
下一时间单位	>
前一时间单位	<
回到上一场景操作	Ctrl+A

NO.5 Active Shade快捷键

操作	快捷键
绘制区域	D
渲染	R
锁定工具栏	Space（Space键即空格键）

NO.6 视频编辑快捷键

操作	快捷键
加入过滤器项目	Ctrl+F
加入输入项目	Ctrl+I
加入图层项目	Ctrl+L
加入输出项目	Ctrl+O
加入新的项目	Ctrl+A
加入场景事件	Ctrl+S
编辑当前事件	Ctrl+E
执行序列	Ctrl+R
新建序列	Ctrl+N

NO.7 NURBS编辑快捷键

操作	快捷键
CV约束法线移动	Alt+N
CV约束到U向移动	Alt+U
CV约束到V向移动	Alt+V
显示曲线	Shift+Ctrl+C
显示控制点	Ctrl+D
显示格子	Ctrl+L
NURBS面显示方式切换	Alt+L
显示表面	Shift+Ctrl+S
显示工具箱	Ctrl+T
显示表面整齐	Shift+Ctrl+T
根据名字选择本物体的子层级	Ctrl+H
锁定2D所选物体	Space（Space键即空格键）
选择U向的下一点	Ctrl+→
选择V向的下一点	Ctrl+↑
选择U向的前一点	Ctrl+←
选择V向的前一点	Ctrl+↓
根据名字选择子物体	H
柔软所选物体	Ctrl+S
转换到CV曲线层级	Alt+Shift+Z
转换到曲线层级	Alt+Shift+C
转换到点层级	Alt+Shift+P
转换到CV曲面层级	Alt+Shift+V
转换到曲面层级	Alt+Shift+S
转换到上一层级	Alt+Shift+T
转换降级	Ctrl+X

NO.8 FFD快捷键

操作	快捷键
转换到控制点层级	Alt+Shift+C

效果图制作实用附录

常用物体折射率

NO.1 材质折射率

物体	折射率	物体	折射率	物体	折射率
空气	1.0003	液体二氧化碳	1.200	冰	1.309
水（20°）	1.333	丙酮	1.360	30%的糖溶液	1.380
普通酒精	1.360	酒精	1.329	面粉	1.434
溶化的石英	1.460	Calspar$_2$	1.486	80%的糖溶液	1.490
玻璃	1.500	氯化钠	1.530	聚苯乙烯	1.550
翡翠	1.570	天青石	1.610	黄晶	1.610
二硫化碳	1.630	石英	1.540	二碘甲烷	1.740
红宝石	1.770	蓝宝石	1.770	水晶	2.000
钻石	2.417	氧化铬	2.705	氧化铜	2.705
非晶硒	2.920	碘晶体	3.340		

NO.2 液体折射率

物体	分子式	密度（g/cm³）	温度（℃）	折射率
甲醇	CH_3OH	0.794	20	1.3290
乙醇	C_2H_5OH	0.800	20	1.3618
丙酮	CH_3COCH_3	0.791	20	1.3593
苯醇	C_6H_6	1.880	20	1.5012
二硫化碳	CS_2	1.263	20	1.6276
四氯化碳	CCl_4	1.591	20	1.4607
三氯甲烷	$CHCl_3$	1.489	20	1.4467
乙醚	$C_2H_5O \cdot C_2H_5$	0.715	20	1.3538
甘油	$C_3H_8O_3$	1.260	20	1.4730
松节油		0.87	20.7	1.4721
橄榄油		0.92	0	1.4763
水	H_2O	1.00	20	1.3330

NO.3 晶体折射率

物体	分子式	最小折射率	最大折射率
冰	H_2O	1.309	1.313
氟化镁	MgF_2	1.378	1.390
石英	SiO_2	1.544	1.553
氢氧化镁	$Mg(OH)_2$	1.559	1.580
锆石	$ZrSiO_2$	1.923	1.968
硫化锌	ZnS	2.356	2.378
方解石	$CaCO_3$	1.486	1.740
钙黄长石	$2CaO \cdot Al_2O_3 \cdot SiO_2$	1.658	1.669
碳酸锌（菱锌矿）	$ZnCO_3$	1.618	1.818
刚石	Al_2O_3	1.760	1.768
三氧化二铝（金刚砂）	$3Ag_2S \cdot AS_2S_3$	2.711	2.979

常用家具尺寸

单位：mm

家具	长度	宽度	高度	深度	直径
衣橱		700（推拉门）	400~650（衣橱门）	600~650	
推拉门		750~1500	1900~2400		
矮柜		300~600（柜门）		350~450	
电视柜			600~700	450~600	
单人床	1800、1806、2000、2100	900、1050、1200			
双人床	1800、1806、2000、2100	1350、1500、1800			
圆床					>1800
室内门		800~950、1200（医院）	1900、2000、2100、2200、2400		
卫生间、厨房门		800、900	1900、2000、2100		
窗帘盒			120~180	120（单层布），160~180（双层布）	
单人式沙发	800~950		350~420（坐垫），700~900（背高）	850~900	
双人式沙发	1260~1500			800~900	
三人式沙发	1750~1960			800~900	
四人式沙发	2320~2520			800~900	
小型长方形茶几	600~750	450~600	380~500（380最佳）		
中型长方形茶几	1200~1350	380~500或600~750			
正方形茶几	750~900	430~500			
大型长方形茶几	1500~1800	600~800	330~420（330最佳）		
圆形茶几			330~420		750、900、1050、1200
方形茶几		900、1050、1200、1350、1500	330~420		
固定式书桌			750	450~700（600最佳）	
活动式书桌			750~780	650~800	
餐桌		1200、900、750（方桌）	750~780（中式），680~720（西式）		
长方桌	1500、1650、1800、2100、2400	800、900、1050、1200			
圆桌					900、1200、1350、1500、1800
书架	600~1200	800~900		250~400（每格）	

室内物体常用尺寸

NO.1 墙面尺寸

单位：mm

物体	高度
踢脚板	60~200
墙裙	800~1500
挂镜线	1600~1800

NO.2 餐厅

物体	高度	宽度	直径	间距
餐桌	750~790			>500（其中座椅占500）
餐椅	450~500			
二人圆桌			500或800	
四人圆桌			900	
五人圆桌			1100	
六人圆桌			1100~1250	
八人圆桌			1300	
十人圆桌			1500	
十二人圆桌			1800	
二人方餐桌		700×850		
四人方餐桌		1350×850		
八人方餐桌		2250×850		
餐桌转盘			700~800	
主通道		1200~1300		
内部工作道宽		600~900		
酒吧台	900~1050	500		
酒吧凳	600~750			

NO.3 商场营业厅

物体	长度	宽度	高度	厚度	直径
单边双人走道		1600			
双边双人走道		2000			
双边三人走道		2300			
双边四人走道		3000			
营业员柜台走道		800			
营业员货柜台			800~1000	600	
单靠背立货架			1800~2300	300~500	
双靠背立货架			1800~2300	600~800	
小商品橱窗			400~1200	500~800	
陈列地台			400~800		
敞开式货架			400~600		
放射式售货架					2000
收款台	1600	600			

NO.4 饭店客房

物体	长度	宽度	高度	面积	深度
标准间				25（大）、16~18（中）、16（小）	
床			400~450，850~950（床靠）		
床头柜		500~800	500~700		
写字台	1100~1500	450~600	700~750		
行李台	910~1070	500	400		
衣柜		800~1200	1600~2000		500
沙发		600~800	350~400，1000（靠背）		
衣架			1700~1900		

NO.5 卫生间

物体	长度	宽度	高度	面积
卫生间				3~5
浴缸	1220、1520、1680	720	450	
坐便器	750	350		
冲洗器	690	350		
盥洗盆	550	410		
淋浴器		2100		
化妆台	1350	450		

NO.6 交通空间

物体	宽度	高度
楼梯间休息平台	≥2100	
楼梯跑道	≥2300	
客房走廊		≥2400
两侧设座的综合式走廊	≥2500	
楼梯扶手		850~1100
门	850~1000	≥1900
窗	400~1800	
窗台		800~1200

NO.7 灯具

物体	高度	直径
大吊灯	≥2400	
壁灯	1500~1800	
反光灯槽		≥2倍灯管直径
壁式床头灯	1200~1400	
照明开关	1000	

NO.8 办公用具

物体	长度	宽度	高度	深度
办公桌	1200~1600	500~650	700~800	
办公椅	450	450	400~450	
沙发		600~800	350~450	
前置型茶几	900	400	400	
中心型茶几	900	900	400	
左右型茶几	600	400	400	
书柜		1200~1500	1800	450~500
书架		1000~1300	1800	350~450